固体推进剂组合装药技术

张晓宏　卜昭献　李宏岩　齐晓飞　赵　昱　著

科学出版社

北京

内 容 简 介

本书主要针对固体推进剂组合装药技术，从组合装药的需求和性能指标出发，介绍不同类型多推力组合装药的结构特性、设计方法和工艺难点，重点介绍组合装药固体推进剂的燃烧特性，包括过渡段的燃烧特性和转级燃烧特性等。此外，针对组合装药在各种受力和温差下的结构完整性、组合装药药柱淤浆浇铸和浇铸-粒铸成型工艺、包覆成型工艺及组合装药的综合性能评估等进行较全面的介绍。

本书可为从事推进剂研究的科研人员和工程人员提供参考，也可供高等院校材料学、应用化学等专业的师生参考。

图书在版编目（CIP）数据

固体推进剂组合装药技术 / 张晓宏等著.—北京:科学出版社,2025.3
ISBN 978-7-03-077852-9

Ⅰ.①固… Ⅱ.①张… Ⅲ.①固体推进剂–推进剂装药 Ⅳ.①V435

中国国家版本馆 CIP 数据核字（2024）第 023055 号

责任编辑：祝 洁 罗 瑶 / 责任校对：郝璐璐
责任印制：徐晓晨 / 封面设计：陈 敬

科 学 出 版 社 出版
北京东黄城根北街 16 号
邮政编码：100717
http://www.sciencep.com

北京中科印刷有限公司印刷
科学出版社发行 各地新华书店经销

*

2025 年 3 月第 一 版 开本：720×1000 1/16
2025 年 3 月第一次印刷 印张：21 1/2
字数：431 000
定价：365.00 元
（如有印装质量问题，我社负责调换）

前　言

　　组合装药是指采用不同的药形和不同性能的推进剂制成的装药。组合装药可以满足固体推进剂单室多推力发动机设计的技术要求，可在单一燃烧室内燃烧并使发动机产生多级推力，满足战术导弹不同飞行弹道的需求，并使导弹结构紧凑，飞行效能高。

　　战术导弹多采用单室多推力固体发动机，包括单室双推力发动机、单室三推力发动机。单室四推力发动机已完成研发，在实战场景中有较强的需求背景。多级推力发动机装药与单级推力发动机装药相比，需要满足的指标参数较多，推力和压强随时间的变化曲线也比单级发动机更加复杂。

　　本书主要介绍了单室多推力发动机的组合装药技术，包括组合装药的结构工艺特点、燃烧力学特性等，对组合装药的综合性能进行较全面的介绍。撰写分工如下：第1章为绪论，由张晓宏撰写。第2章为组合装药过渡段设计及燃烧特性，由卜昭献撰写。这两章内容完善了单室多推力发动机组合装药的设计。第3章为组合装药推进剂燃烧特性，由齐晓飞撰写，较全面阐述组合装药推进剂的燃烧特性。第4章为组合装药结构完整性，由李宏岩撰写，介绍在各种受力和温度冲击条件下，组合装药结构完整性的设计与分析。第5章为推进剂组合装药成型工艺，第6章为组合装药综合性能评估，由赵昱撰写，对组合药柱淤浆浇铸和浇铸-粒铸新工艺，以及包覆特殊成型工艺与推进剂的综合性能进行了较全面的介绍。

　　特别感谢国家国防科技工业局相关研究项目对本书出版的资助。感谢西北工业大学严启龙教授对本书提出的宝贵意见和建议。

　　由于本书研究内容较新且作者水平和专业知识有限，书中不足乃至疏漏之处在所难免，恳请各位读者批评指正，不胜感激。

作　者

西安近代化学研究所

2024 年 8 月

目　　录

第1章 绪 论

组合装药是指采用不同的药形和不同性能的推进剂制成的装药。组合装药可以满足固体推进剂单室多推力发动机设计的技术要求,可在单一燃烧室内燃烧并使发动机产生多级推力,满足战术导弹不同飞行弹道的需求,并使导弹结构紧凑、飞行效能高。组合装药设计与单级推力发动机装药相比,发动机推力和燃烧室压强随工作时间变化大,不同推力之间的过渡段需要合理设计与计算[1,2]。多推力的过渡段有多种过渡形式,有的需要采用不同的燃面和不同推进剂混合燃烧的设计,导致多推力发动机组合装药设计计算步骤多,内容也较复杂。

1.1 多推力组合装药概述

国内外的战术导弹采用单室多推力固体发动机较多,包括单室双推力发动机、单室三推力发动机等。此外,单室四推力发动机已完成研发,也有较强的需求背景。这些发动机装药与单级推力发动机装药相比,需要满足的指标参数较多,推力和压强随时间的变化曲线也比单级推力发动机更加复杂[1]。

1.1.1 多推力组合装药的分类

1. 单室双推力组合装药

单室双推力组合装药,由发射级药柱和续航级药柱组成,发射级药柱燃烧时,发动机要为导弹发射提供足够的推力冲量,使其达到预定的初始速度;续航级药柱则为导弹巡航飞行提供飞行动力,以达到长时间保持导弹发射后获得的较大飞行速度,并满足射程要求。

单室双推力组合装药的推力曲线如图 1-1-1 所示。

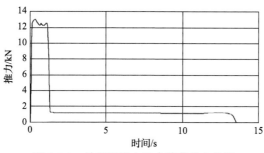

图 1-1-1 单室双推力组合装药推力曲线

2. 单室三推力组合装药

单室三推力组合装药在发动机工作中连续产生三级推力，简称三推力组合装药，其有两种形式。

第一种形式是第一级为发射级，满足导弹发射动力要求；第二级为增速级，工作时发动机产生增速动力，使导弹在发射后再增速，以获得更大的飞行速度；第三级为续航级，导弹在续航飞行时，可保持高速飞行，从而达到增加导弹射程或缩短导弹飞行时间的目的。

这种三推力组合装药弹道曲线如图1-1-2所示。

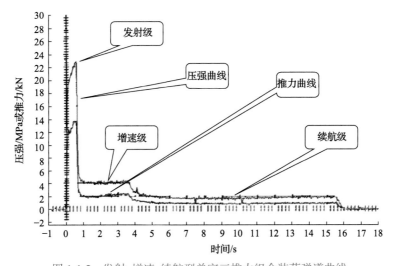

图1-1-2　发射-增速-续航型单室三推力组合装药弹道曲线

第二种形式是发射级首先工作，其次是续航级，最后是加速级。这种推力方案可使导弹长时间续航飞行，进入加速级高推力飞行后，导弹具有较大的飞行过载，增加对导弹在飞行末段的控制力。这种三推力组合装药推力曲线如图1-1-3所示。

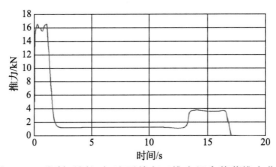

图1-1-3　发射-续航-加速型单室三推力组合装药推力曲线

3. 单室四推力组合装药

单室四推力组合装药是在单室三推力组合装药的基础上研发的。在导弹发射、增速和续航三级飞行后，具有较高的飞行速度，再通过装药的第四级工作，增大导弹飞行过载，增加对导弹的控制力。对采用杀伤爆破类型战斗部的导弹，第四级装药工作产生的动力，将增加导弹的着靶速度，增大战斗部的毁伤效果。单室四推力组合装药推力曲线如图 1-1-4 所示。

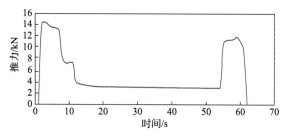

图 1-1-4 单室四推力组合装药推力曲线

1.1.2 多推力组合装药的弹道性能参数

1. 组合装药弹道性能参数要求

单室多推力发动机设计中，各级装药弹道参数要求包括：

(1) 发射级平均推力和燃烧时间；

(2) 增速级平均推力和燃烧时间；

(3) 续航级平均推力和燃烧时间；

(4) 加速级平均推力和燃烧时间；

(5) 发动机总工作时间；

(6) 发动机总推力冲量。

2. 燃烧时间参数

在发动机设计技术要求中，各级工作时间要求是根据导弹飞行弹道需要合理分配的结果。恰当选择多推力组合装药药形及推进剂燃烧速率(简称"燃速")，才能满足各级工作时间要求。

1) 发射级时间

发射级要在导弹发射的初始瞬间，为导弹发射提供较大的初始推力冲量，以保证足够的发射初始速度。有的导弹发射，要求发射级工作在发射筒内结束。在各级工作时间中，发射级工作时间最短，大多在 0.6s 以内。

2) 增速级时间

增速级的工作时间要比发射级长。由于导弹的飞行弹道和飞行要求不同，增速级工作时间也不同，一般在 1～5s。在增速级工作时间内，继续使导弹增速并使导弹尽快飞离载机或其他发射平台。由增速级为导弹飞行提供的较大推力和冲量，使导弹保持较高的飞行速度，以缩短导弹飞行时间。

3) 续航级时间

续航级的工作时间最长，现装备的导弹续航级时间多在 12～28s，有的续航时间更长。在这一飞行时间段，可保持导弹高速平飞或等速飞行，使其达到足够的射程。

4) 加速级时间

加速级时间常根据导弹的飞行末速和使用过载要求而定，使导弹在飞抵目标时具有足够的飞行速度和使用过载，保证导弹在歼毁目标时具有足够的控制力。

5) 发动机总工作时间

由装药燃烧形成的发动机总工作时间，包括装药起始燃烧压强上升段时间、各级工作段时间、各转级的过渡段时间和熄火后(燃终)压强下降段时间。各工作时间由设计的各级药柱燃层厚度和推进剂燃速决定，其余各阶段时间，由经验公式计算或根据药形和燃速进行推算，详见各设计实例。

3. 各级动力推进参数

发动机设计技术要求给出的各级平均推力参数，是根据导弹飞行弹道需要确定的。恰当选择各级推进剂的燃烧性能和能量特性参数，合理确定各级装药燃烧面积，才能保证各级平均推力参数满足设计技术要求。

1) 发射级平均推力

一般发射级平均推力较高，在发射时间内尽量提供较大的推力冲量，以保证导弹发射时具有较大的初始速度，克服风偏对导弹发射的影响，使导弹飞行很快进入受控区域。

2) 增速级平均推力

增速级平均推力要略小于发射级平均推力，其效能是进一步增加导弹的飞行速度，在导弹进入续航飞行时巡航速度更高，在相同飞行时间内飞行时间短、射程远。

3) 续航级平均推力

续航级平均推力最小，工作时间最长，装药质量最大，为导弹射程提供足够的推力冲量。

4) 加速级平均推力

单室三推力(发射-续航-增速型)和四推力发动机最后一级的平均推力较大，常要求导弹飞行弹道飞行速度高，以提高导弹飞行后段的过载，增加对导弹的控制力。

5) 推力比

推力比作为装药设计技术要求的参数之一，一般指发射级平均推力与续航级平均推力之比。推力比越大，组合装药发动机的使用范围越大。目前，多推力组合装药发动机的最大推力比已达到 16∶1。

6) 发动机总推力冲量

发动机总推力冲量是各级推力冲量之和，是保证达到射程的最重要的指标参数之一。它主要由各级装药的能量特性和发动机的工作效率决定。

1.1.3 多推力组合装药设计的步骤和内容

1. 续航级装药设计

多推力组合装药的设计步骤要比单级推力装药多。在各级装药中，续航级推力最小，装药药形多为端面燃烧，工作过程中燃烧的压强较低，为保证装药稳定燃烧，续航级装药工作压强要大于续航级推进剂的临界压强，从续航级开始设计更方便。对于推力比较小，过渡段的不同推力级之间，具有不同燃烧性能的推进剂和不同燃烧面积混合燃烧特性的组合装药，也可从高推力级开始设计。

2. 设计计算顺序

对最高推力的发射级，计算最大压强，当最大压强高于发射级所选推进剂使用压强范围的上限时，需要进行调整，使发射级装药的最大压强低于推进剂使用压强范围的上限，避免压强过大，推进剂燃速压强指数(简称"压强指数")过高，使得装药工作不可靠。

3. 设计计算步骤

为适应产品研制过程，将组合装药设计连同发动机设计一起分成两个阶段：第一阶段为初步设计，第二阶段为详细设计。在初步设计阶段，根据发动机设计技术要求，计算出初步结果，包括装药结构、药形参数和发动机主要性能参数，即根据设计技术要求，初步选定推进剂的有关性能，如比冲、燃速、压强指数、密度和压强温度敏感系数等。在详细设计阶段，根据所选推进剂燃烧性能测试结果进行详细设计计算，包括用燃速测试结果修正初步计算中的弹道性能参数；再根据装药燃面随燃层厚度变化的逐点数据，结合推进剂的实测性能，计算组合装药发动机的推力和压强随时间变化的逐点数据，绘出推力和压强随时间变化曲线，其变化规律和弹道参数计算结果都应满足各项设计技术要求。由此可见，其设计内容也较单级推力装药的内容更多。

4. 设计计算内容

在详细设计计算内容时需要更加全面，包括起始燃烧压强和推力上升段、级间转换过程的过渡段和燃终压强下降段等各项参数，以及计算压强和推力随时间变化的逐点参数等。

5. 设计计算重点

组合装药发动机的内弹道曲线是设计计算中最重要的内容。首先，需要计算出组合装药各级药柱燃烧面积随燃层厚度变化的逐点数据。其次，根据燃层厚度和所对应的燃烧面积等参数计算出燃速，依次确定对应燃层厚度的燃烧时间、压强和推力。最后，获得该组合装药发动机的推力及压强随时间变化的逐点数据。

计算组合装药各级药柱燃烧面积随燃层厚度变化量的方法较多，较直观的一种方法是三维图形法。利用通用三维作图软件，绘制各级药柱分层燃烧各燃烧层的图形，同时给出各燃层的燃烧面积，获得各级药柱燃烧面积随燃层厚度变化的逐点数据。另一种方法是采用固体推进剂发动机程序进行计算，根据计算要求输入各种推进剂性能参数和装药药形结构参数，由计算机完成计算，同时给出组合装药发动机的弹道曲线。

有关具体设计计算步骤和内容见第 2 章典型组合装药设计实例。

1.1.4　多推力组合装药设计的理论依据

多推力组合装药发动机，同单级推力发动机一样，都是根据固体推进剂发动机原理，固体推进剂装药在燃烧时间内燃烧，将推进剂的化学能转化成热能；生成的燃气流进喷管时，又将热能转化成动能，产生反作用推力冲量，形成发动机的反作用推进动力。根据此理论，在准一元流的假设下，推导出各项设计计算公式，这些公式对多推力组合装药和发动机的各项设计计算同样适用。在初步设计阶段的计算通常采用工程计算方法，经推导将发动机的弹道性要求参数和发动机对推进剂设计技术要求中的参数直接联系起来，形成工程计算公式，与理论计算公式相比，设计计算更为方便直观。

常用的工程计算公式主要包括以下计算式。

(1) 推力工程计算式：

$$F_{cp} = S_b \cdot u \cdot I_{sp} \cdot r_p \tag{1-1-1}$$

式中，F_{cp} 为平均推力；u 为推进剂燃速；r_p 为推进剂密度；S_b 为装药燃烧面积；I_{sp} 为推进剂比冲。可将 $S_b \cdot u$ 称为推进强度，将 $I_{sp} \cdot r_p$ 称为密度比冲，可见平均推力是由这两项的乘积决定的。当装药的燃层厚度确定后，燃速 u 决定了装药的燃烧时间。设计计算就是按照指标参数与这些参数间的联系，进行计算和协调确定的。

(2) 压强工程计算式：

$$p_c = (S_b \cdot u \cdot I_{sp} \cdot r_p) / (C_F \cdot A_t) \tag{1-1-2}$$

式中，p_c 为燃烧时的压强；C_F 为推力系数；A_t 为喷喉面积。

在装药设计中，燃烧室压强的选择，通常要考虑以下情况：①推进剂在燃烧室燃烧时，选择能够使推进剂的能量得到充分发挥的压强，在该压强下工作，推进剂的比冲最高。②当燃烧室压强过高时，推进剂的压强指数过大使燃烧性能变差；当燃烧室压强过低，且低于推进剂的临界压强时，会引起装药燃烧断续等不稳定燃烧的问题，这些都是选择推进剂时需要考虑的。

(3) 质量流量计算式：

$$m = C_D \cdot p_c \cdot A_t \tag{1-1-3}$$

式中，m 为质量流量；C_D 为流量系数。

(4) 特征速度计算式：

$$C^* = p_c \cdot A_t / m \tag{1-1-4}$$

1.2 多推力组合装药设计

组合装药设计是单室多推力发动机的主要设计内容之一，要根据发动机设计技术要求，提出对推进剂的技术要求；在方案研制阶段，应完成组合装药的初步设计；在样机研制阶段应完成详细设计；在鉴定和定型阶段，通过试验验证的各项性能参数，应能全面满足发动机设计技术要求[3]。

组合装药设计的另一个内容是根据两级选择不同性能的推进剂，设计好两级的过渡段，包括过渡界面位置的确定，两级推进剂在过渡段混合燃烧的状况，以及各自参与混合燃烧的燃烧面积等。根据在燃烧室压强变化的条件下，给定的两级推进剂性能数据，计算出过渡段压强及推力随时间变化的逐点数据，绘制变化曲线。结合三维图形法计算，从理论上阐述双推力组合装药过渡段的设计内容及其燃烧特性。

单室双推力组合装药发动机可连续为导弹提供发射和续航动力。对于单独使用这种双推力组合装药发动机来说，第一级需提供足够的发射动力，以保证发射导弹时有足够的初始速度，常称为发射级；第二级提供的动力，主要用于克服导弹飞行时产生的空气阻力，使导弹保持继续巡航飞行的速度，常称续航级。现以设计实例加以说明。

1.2.1 双推力组合装药设计

1. 技术要求

按照导弹总体(简称"总体")对发动机提出的各项技术要求，其中的弹道性能要求包括：平均推力、推力冲量和工作时间。在发动机设计中，这些要作为装药设计和推进剂选择的依据。

导弹总体对组合装药发动机弹道性能要求：在发动机各项技术要求中，将常温下各项弹道性能指标参数的数值范围列于表 1-2-1。

表 1-2-1　双推力组合装药发动机的弹道性能指标参数

分级	主要参数	符号	单位	数值
发射级	平均推力	F_{cpf}	kN	10～12
	工作时间	t_f	s	1.3～1.5
	推力冲量	I_f	kN·s	>15
续航级	平均推力	F_{cpx}	kN	1.0～1.2
	工作时间	t_x	s	≤25
	推力冲量	I_x	kN·s	>26
装药	总工作时间	t_0	s	≤26
	总推力冲量	I_0	kN·s	>40
	推力比	—	—	10

注：①表中推力比是指发射级平均推力与续航级平均推力之比。②符号中的下标 f 表示发射级，x 表示续航级。

发动机对装药的结构尺寸要求：根据总体对发动机结构的要求，要初步确定对装药的主要结构尺寸和质量要求，包括药柱外径 D_p 为 170mm，药柱长度 $L_p \leqslant$ 600mm，药柱质量 $m_p \leqslant$24kg。

2. 药形与推进剂选择

1) 药形选择
由于该装药发动机的两极推力比较大，发射级采用八角星形药形，续航级采用端面燃烧药形。

2) 推进剂选择
发射级采用淤浆浇铸改型双基推进剂，续航级采用造粒浇铸(又称"浇铸-粒铸")改型双基推进剂。
常温下双推力组合药柱推进剂的性能指标参数见表 1-2-2。

表 1-2-2　双推力组合药柱推进剂的性能指标参数

分级	主要参数	符号	单位	数值
发射级	推进剂比冲	I_{spf}	kN·s/kg	2.3
	推进剂密度	r_p	g/cm³	1.68
	推进剂燃速	u_f	mm/s	21～23

分级	主要参数	符号	单位	数值
发射级	压强指数	n_f	—	0.3
	压强敏感系数	α_f	%/℃	0.3
续航级	推进剂比冲	I_{spx}	kN·s/kg	2.0
	推进剂密度	r_p	g/cm³	1.68
	推进剂燃速	u_x	mm/s	14~16
	压强指数	n_x	—	0.25
	压强敏感系数	α_p	%/℃	1.68

3. 续航级初步设计

续航级初步设计，在装药发动机开始设计阶段进行，属于产品研制方案阶段进行的计算，根据发动机结构尺寸和各项弹道性能指标参数的要求，初步计算出对所选推进剂的性能要求，包括比冲、燃速、压强指数、压强温度敏感系数和密度等性能要求。通过初步设计计算，应获得多推力组合装药及发动机方案的可行结果。

该双推力组合装药，选择八角星形和端面燃烧组合药形的装药，由于端面燃烧药形的燃烧面积小，装药工作时间长，燃烧时压强较低，因此所选的续航级推进剂在低温下工作的临界压强要尽量低，以保证这种药形组合装药发动机稳定正常燃烧。经试验测试，所选续航级造粒浇铸改性双基推进剂的临界压强为 0.1MPa。因此，选择续航级燃烧室常温下的压强为 0.2~0.25MPa，在该压强范围内，推进剂的燃速为 14~16mm/s。下面对续航级进行计算。

由公式(1-1-1)，算出端面燃烧的燃烧面积为

$$S_{bx} = F_{cpx} / (u_x \cdot I_{spx} \cdot r_p) = 218.25 (cm^2)$$

式中，F_{cpx} 为平均推力，属指标参数，已给定其数值为 1.0~1.2kN，取 1.1kN。在此压强下，所选推进剂的燃速 u_x 为 15mm/s；密度 r_p 为 1.68g/cm³；比冲 I_{spx} 为 2.0kN·s/kg。

由此得该组合药柱的直径为 170mm。续航级药柱长度 $L_{px} = u_x \cdot t_x = 33 (cm)$。

按续航级药柱结构尺寸计算结果，其药柱质量为 13kg。初步设计的续航级药柱如图 1-2-1 所示。

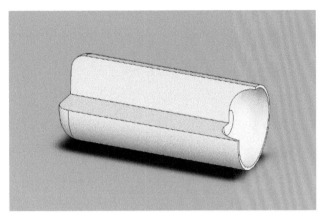

图 1-2-1　双推力组合装药续航级药柱

根据续航级确定的常温下燃烧室压强 p_{cx} 为 0.15MPa，该装药发动机续航级的推力系数 C_{Fx} 确定为 1.25 时，计算得该组合装药发动机的喷喉面积 A_t 与喷喉直径 D_t 分别为

$$A_t = F_{cpx} / (p_{cx} \cdot C_{Fx}) = 5.87(\text{cm}^2)$$

$$D_t = 2.73(\text{cm})$$

由此确定喷喉直径为 2.73cm。

图 1-2-1 的续航级药柱采用弧形端面设计，其圆弧半径较大，在浇铸发射级药柱前按设计尺寸加工而成，浇铸发射级药柱后，形成两级过渡段的工艺界面。这个界面也是从增速级向续航级过渡的初始界面。这种大圆弧设计，可使续航级药柱的初始燃烧面积较大，用来解决续航级推进剂燃速低且难以点燃的问题。有关两级过渡段设计的内容，见 2.3 节相同形状燃面不同推进剂燃速的过渡段设计。

4. 发射级初步设计

发射级药形选择八角星形，按指标要求，工作时间 t_f 为 1.4s，燃烧时间取 1.36s，燃层厚度 $e_f = 2.2 \times 1.36 = 3(\text{cm})$，由此计算其星顶圆直径为 110mm。

由发射级平均推力指标值和所选推进剂的性能，发射级燃烧面积 $S_{bf} = F_{cpf} / (u_f \cdot I_{spf} \cdot r_p) = 1265(\text{cm}^2)$。

发射级药柱结构和八角星形药形参数分别如图 1-2-2 和图 1-2-3 所示。将选择的药形几何参数列在表 1-2-3 中。按照所确定的药形参数及尺寸，计算的发射级药柱燃烧面积，连同所选推进剂的比冲、燃速及密度等性能数据，均能满足发射级的推力指标要求。

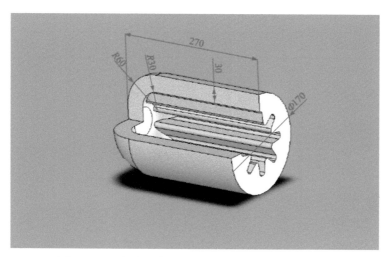

图 1-2-2　双推力组合装药发射级药柱结构(单位：mm)

R-半径；*Φ*-直径

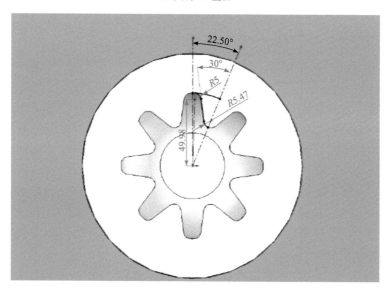

图 1-2-3　双推力组合装药八角星形药形(单位：mm)

表 1-2-3　双推力组合装药药形几何参数

几何参数	符号	单位	数值
药柱直径	D_p	mm	170
燃层厚度	e_f	mm	30
星孔深度	L_s	mm	220

续表

几何参数	符号	单位	数值
过渡圆弧	R_f	mm	30
星孔顶圆直径	d_*	mm	110
星边半角	θ	(°)	30
特征长度	L	mm	50
星顶圆弧半径	r_1	mm	5
星根圆弧半径	r_2	mm	4.5
星角系数	ε	%	0.95
星角数	n	—	8

经计算发射级药柱的质量为 6.8kg，满足推力冲量要求。

5. 整体装药初步设计

1) 两级过渡段长度确定

相似产品的研制表明，由于两级推力比大，燃烧面积、推进剂燃速和压强差都较大，常出现续航级初始燃烧，燃烧面积小，续航级推进剂的燃速低，点燃续航级药柱时很困难等问题，有时发生续航级压强突然下降，严重时出现断续燃烧。设计上采取减少发射级过渡段的长度，在过渡段发射级燃烧中，续航推进剂就参与燃烧，可有效地解决续航级推进剂难点燃的问题。

可见，过渡段的设计，使药柱在某一时间段燃烧时，出现发射级和续航级两种不同燃速的推进剂混合燃烧的问题，这就给确定过渡段的燃烧时间、过渡段压强等内弹道参数的计算带来困难，需要根据该阶段燃烧面积的变化，两级推进剂燃烧性能的改变，进行综合分析和计算。

2) 药柱末端的圆弧过渡结构

多推力组合装药，多采用自由装填形式，装药在装入燃烧室后，须保证装药燃烧中，装药包覆和燃烧内壁之间的燃气流处于滞止状态，以保证装药包覆阻燃可靠，常在药柱的后端面和燃烧室的底面之间，采用加耐高温橡胶垫的方式，实现对装药的密封和缓冲。

根据发动机燃烧室壳体结构的需要，药柱后端圆弧用 R30 来过渡。

3) 整体装药结构的性能参数

整体装药结构的性能参数如表 1-2-4 所示。

表 1-2-4 整体装药结构的性能参数

结构参数	符号	单位	数值
装药外径	D_p	mm	170
包覆厚度	h	mm	3
发射级药柱长	L_f	mm	270
续航级药柱长	L_x	mm	330
装药总长	L_p	mm	603
过渡段长	L_g	mm	15
发射级药柱过渡圆弧	R_g	mm	30

4) 双推力组合装药

发射和续航双推力组合装药如图 1-2-4 所示。

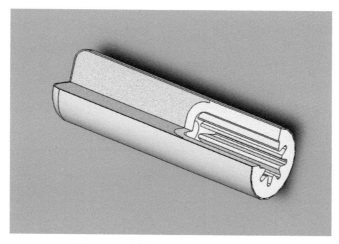

图 1-2-4 发射和续航双推力组合装药

6. 续航级详细设计

装药续航级详细设计是最重要的设计步骤之一。

续航级设计的条件：对所选的推进剂，需要获得发动机使用工作温度下的试验测试结果和数据。根据推进剂研制技术标准，有的采用燃速仪测试推进剂在临近使用压强下的逐点燃速数据，并给出燃速公式；有的采用标准试验发动机，在推进剂使用压强下，获得燃速和比冲试验结果。用以上结果再对各级发动机装药进行计算和验算，对初步计算结果进行修正。

详细设计是产品研制进入样机研制阶段后进行的,利用推进剂性能的实测值,计算装药的各项性能,其结果应能满足装药各项性能指标要求。

在装药的详细设计计算阶段,计算药柱的燃烧面积随燃层厚度变化,推力和压强随燃烧时间的变化是否符合装药的燃烧规律,确定装药燃烧是否稳定,推力和压强随燃烧时间的变化规律是否与燃烧面积随燃层厚度变化一致,都是很重要的设计计算内容。这些计算,一般采用两种方法:三维图形法和计算机程序计算法。

三维图形法是根据药柱燃烧按照平行层燃烧的规律进行的,即燃烧时是沿着与燃面垂直方向进行的。用三维图形法,是先按药柱的三维图形,依次作出燃面向燃烧方向推移的各燃烧层的三维图,再计算出各燃层厚度的燃烧面积,就可获得燃烧面积随燃层厚度变化的情况,并可作出各燃烧层的三维图。按照所选推进剂的燃速,可以确定推移的燃层厚度在所处压强下的燃烧时间;根据推进剂的燃烧性能、能量特性参数(如特征速度、比冲)、所选推进剂的密度等,计算出对应时间段的推力和压强,就可以算出推力和压强随时间变化的逐点数据。这种方法的优点是简单、直观。

若将上述作图过程和计算方法进行计算机编程,可获得装药计算的分程序,即计算机程序计算法,用计算机程序计算更加系统、准确。现已开发出固体推进剂发动机设计计算的软件,可在各研制阶段进行设计计算。

1) 推进剂主要性能测试结果

将单室双推力续航级推进剂燃速仪测试结果列于表 1-2-5。

表 1-2-5　单室双推力续航级推进剂燃速测试结果

压强/MPa	0.1	0.13	0.15	0.17	0.19
燃速/(mm/s)	13.8	14.5	15.0	15.3	15.7

燃速公式为

$$u_x = 2.43 \cdot p_x^{0.25}$$

50mm 标准发动机测试推进剂的比冲测试结果为 $2.0\text{kN} \cdot \text{s/kg}$,推进剂密度为 1.68g/cm^3。

2) 计算推进剂续航级药柱燃烧面积随燃层厚度的变化

用三维图形法,先作出单室双推力续航级药柱燃烧面积随燃层厚度变化的分层燃烧图,如图 1-2-5 所示。

单室双推力续航级推力、压强等随燃烧时间变化的逐点数据列于表 1-2-6。推力、压强随时间变化关系分别如图 1-2-6、图 1-2-7 所示。

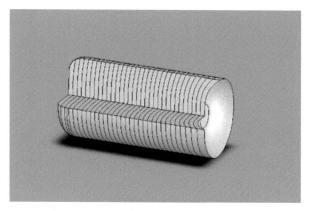

图 1-2-5 单室双推力续航级药柱分层燃烧图

表 1-2-6 单室双推力续航级推力、压强等随时间变化的逐点数据

时间/s	燃层厚度/mm	燃烧面积/cm²	压强/MPa	燃速 /(mm/s)	推力/kN
0	0	262.7	0.1877	15.99	1.377
0.625	10	242.7	0.1718	15.64	1.261
1.264	20	233.3	0.1638	15.46	1.201
1.916	30	226.7	0.1582	15.33	1.161
2.573	40	222.7	0.1545	15.23	1.134
3.225	50	220.0	0.1510	15.15	1.111
2.885	60	218.5	0.1500	15.00	1.100
3.552	70	216.0	0.1484	15.00	1.088
4.219	80	214.7	0.1475	15.00	1.082
4.886	90	213.3	0.1465	15.00	1.075
5.553	100	213.2	0.1464	15.00	1.074
8.329	110	212.0	0.1456	15.00	1.068
8.995	120	212.0	0.1456	15.00	1.068
9.662	130	212.0	0.1456	15.00	1.068
10.33	140	212.0	0.1456	15.00	1.068
16.34	230	212.0	0.1456	15.00	1.068
23.01	330	212.0	0.1456	15.00	1.068

将续航级装药设计计算结果列于表 1-2-7。

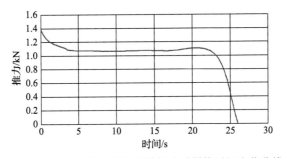

图 1-2-6　单室双推力组合装药推力随燃烧时间变化曲线

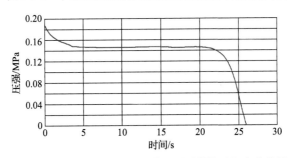

图 1-2-7　单室双推力组合装药压强随燃烧时间变化曲线

表 1-2-7　单室双推力续航级装药设计计算结果

主要参数	数值
平均推力/kN	1.1
平均压强/MPa	0.15
燃烧时间/s	23.01
平均燃烧面积/cm²	218.5
药柱直径/mm	170
药柱长度/mm	330
药柱质量/kg	13

参数验算结果：

$$F_{cpx} = C_{Fx} \cdot p_{cpx} \cdot A_t = 1.25 \times 0.15 \times 5.87 = 1.1(kN)$$

$$F_{cpx} = S_{bx} \cdot u_x \cdot I_{spx} \cdot r_p = 218.5 \times 1.5 \times 2 \times 1.68 \times 10^{-3} = 1.1(kN)$$

$$I_{0x} = F_{cpx} \cdot t_x = 1.1 \times 23.01 = 25.31(kN \cdot s)$$

$$I_{0x} = I_{spx} \cdot W_{px} = 2 \times 13 = 26(kN \cdot s)$$

核算参数中，采用不同计算方法对同一个参数进行计算，如续航级药柱质量

W_{px} =13kg 和燃烧面积 S_{bx} =218.5cm^2 都是采用三维图形法计算的, t_x =23.01s。按确定的药柱长度和所选推进剂燃速计算(L_{px}/u_x),平均推力要保持的时间也能满足总推力冲量($F_{cpx} \cdot t_x$)的要求。因此,采用不同计算方法进行计算的结果基本上是一致的;参数验算结果与设计计算结果也是一致的。续航级详细计算结果表明,设计出的药形结构和选择推进剂各项性能参数是正确的,且主要性能要求都可以满足技术要求中的续航级指标参数要求。续航级装药方案是可行的。

7. 发射级详细设计

1) 推进剂燃速测试结果

燃速仪测试的单室双推力发射级推进剂燃速结果如表 1-2-8 所示。

表 1-2-8 单室双推力发射级推进剂燃速测试结果

压强/MPa	8	10	12	14	16
燃速/(mm/s)	19.6	21.0	22.0	23.2	24.1

燃速公式为 $u_x = 1.05 p_x^{0.3}$,50mm 标准发动机测试推进剂的比冲测试结果为 2.28kN · s/kg。推进剂密度为 1.68g/cm^3。

2) 燃烧面积随燃层厚度的变化

和续航级一样,先用三维图形法作出发射级药柱燃烧面积随燃层厚度变化的分层燃烧图,再按分层燃烧图由内向外分别计算各层燃烧面积,获得燃烧面积随燃层厚度变化的逐点数据。发射级药柱分层燃烧如图 1-2-8 所示。

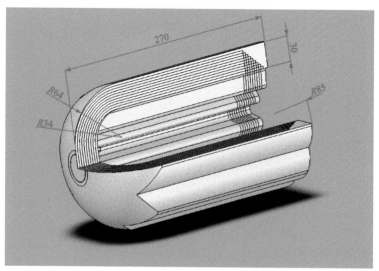

图 1-2-8 发射级药柱分层燃烧图(单位:mm)

3) 压强和推力随时间的变化

双推力组合装药发射级压强和推力随时间变化的逐点数据和曲线如表 1-2-9 和图 1-2-9 所示。

表 1-2-9　双推力组合装药发射级推力、压强随时间变化的逐点数据

时间/s	燃层厚度/mm	燃烧面积/cm²	燃速/(mm/s)	压强/MPa	推力/kN
0	0	1220.30	0	0	0
0.127	3	1227.32	20.27	13.07	11.12
0.322	6	1277.03	23.46	14.15	12.12
0.455	9	1313.00	30.80	13.45	11.98
0.591	12	1284.89	22.56	12.80	11.20
0.726	15	1257.00	22.00	12.60	11.00
0.860	18	1229.74	22.30	12.28	10.55
0.994	21	1223.67	22.30	12.39	10.54
1.13	24	1245.38	22.50	12.61	10.73
1.25	27	1277.96	22.70	13.05	11.11
1.30	30	1316.16	23.00	13.56	11.54

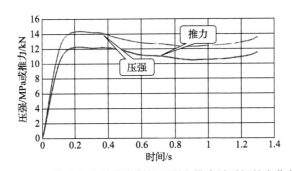

图 1-2-9　双推力组合装药发射级压强和推力随时间的变化曲线

8. 发射级详细设计计算结果

参数验算结果：

$$F_{cpf} = C_{Ff} \cdot p_{cpf} \cdot A_t = 1.45 \times 1.2 \times 5.87 = 10.2(kN)$$

$$F_{cpf} = S_{bf} \cdot u_f \cdot I_{spf} \cdot r_p = 1260.22 \times 2.2 \times 2.3 \times 1.68 \times 10^{-3} = 10.7(kN)$$

$$I_{0f} = F_{cpf} \cdot t_f = 10.7 \times 1.4 = 15.0(kN \cdot s)$$ (不包括发射级在过渡段的推力冲量)

$$I_{0f} = I_{spf} \cdot W_{pf} = 2.3 \times 6.8 = 15.6(kN \cdot s)$$

与续航级一样，核算参数中，均采用不同计算方法对同一个参数进行计算。发射级药柱质量 W_{pf} =6.8kg 和燃烧面积 S_{bf} =1260.22cm² 都是采用三维图形作图法

计算的。t_x =1.36s，按确定的药柱燃层厚度和所选推进剂燃速计算(L_f / u_f)。平均推力工作时间也能满足总推力冲量($F_{cpf} \cdot t_f$)的要求。发射级详细计算结果表明，设计的八角星形药形结构和选择推进装药方案是可行的。

9. 组合装药设计结果

发射-续航两级药柱分层燃烧如图 1-2-10 所示。

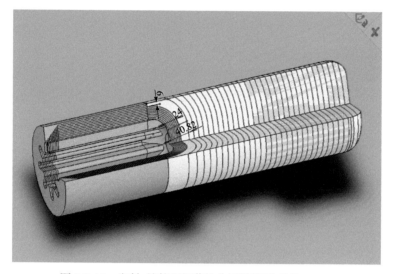

图 1-2-10　发射-续航两级药柱分层燃烧图(单位：mm)

发射-续航两级药柱压强随时间的变化曲线如图 1-2-11 所示。

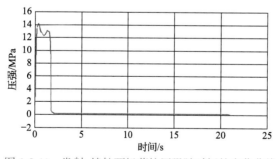

图 1-2-11　发射-续航两级药柱压强随时间的变化曲线

发射-续航两级药柱推力随时间的变化曲线如图 1-2-12 所示。

10. 组合药柱两级过渡段界面的设计和成型

如前文所述，为解决续航级起始燃烧时压强曲线下凹的问题，在过渡段要进行两种推进剂组合燃烧的设计，就是在发射级燃烧结束前，续航级推进剂也要参与燃烧。

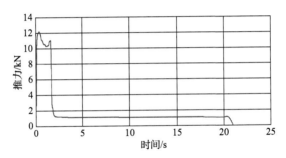

图 1-2-12　发射-续航两级药柱推力随时间的变化曲线

由于该双推力组合装药，发射级药柱采用了改性双基淤浆浇铸推进剂，续航级采用造粒浇铸改性双基推进剂，这两种推进剂要通过两次浇铸和两次固化成型：先浇铸续航级药柱坯件，固化后按尺寸加工成续航级药柱，形成两级过渡段机加成型的弧形界面，如图 1-2-13 所示。

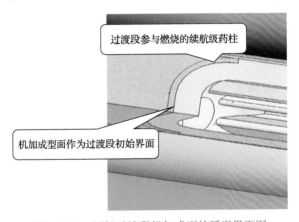

图 1-2-13　两级过渡段机加成型的弧形界面图

将续航级药柱放入模具中第二次浇铸发射级推进剂，待固化后整体加工成两级组合药柱，经包覆后完成双推力组合装药。

1.2.2　发射-增速-续航型三推力组合装药设计

单室三推力组合装药发动机有两种推进形式。一种是发射-增速-续航型。这种发动机在装药开始工作时，发射级和增速级药柱同时燃烧，以高推力和较短的燃烧时间，为导弹提供发射动力，保证导弹具有足够的初始速度和初始过载。发射级药柱燃完后，剩余的增速级侧燃药柱继续燃烧，在增速级工作结束时，可为导弹飞行提供更高的飞行速度。随后续航级工作，其特点是推力小，工作时间长，只用来克服导弹的飞行阻力和导弹的重力，可长时间使导弹保持高速度飞行，保证导弹达到足够的射程。

另一种是发射-续航-加速型。除了仍具有发射和续航的功能以外，在导弹飞行末段，加速级可为导弹飞行提供较大的推力，以增加导弹的飞行过载，保证对导弹有足够的控制力。

发射-增速-续航型的单室三推力发动机已应用在空地导弹上。与多个发动机组合的动力推进系统相比，这两种类型的单室三推力发动机使导弹的结构紧凑，质量减轻，有效地改善了导弹的飞行性能。现以实例计算的形式，说明该类型装药设计计算过程。

除了这两种三推力组合装药的设计内容以外，利用发射-续航-加速型三推力组合装药的设计结果，采用造粒浇铸新型工艺成型组合药柱，给出高压向低压过渡及低压向高压过渡的设计方法和内容。

发射-增速-续航型三推力组合装药设计实例如下。

1. 技术要求

总体对发动机提出的各项技术要求中，与发动机装药设计直接相关的弹道参数主要包括：平均推力、推力冲量和工作时间，这是装药设计和推进剂选择的依据。

1) 主要弹道性能要求

将常温下发射-增速-续航型三推力组合装药各项弹道性能指标参数的范围列于表 1-2-10。

表 1-2-10 发射-增速-续航型三推力组合装药发动机的弹道性能指标参数

分级	主要参数	符号	单位	数值
发射级	平均推力	F_{cpf}	kN	9.0
	工作时间	t_f	s	1.2
	推力冲量	I_f	kN·s	>10
增速级	平均推力	F_{cpz}	kN	6.0
	工作时间	t_z	s	0.6
	推力冲量	I_z	kN·s	>3.6
续航级	平均推力	F_{cpx}	kN	1.0
	工作时间	t_x	s	<24
	推力冲量	I_x	kN·s	>20
总参数	总工作时间	t_0	s	<26
	总推力冲量	I_0	kN·s	>74
	推力比	—	—	9～10

注：符号中的下标 f 表示发射级，z 表示增速级，x 表示续航级。推力比表示发射级与续航级推力比。

2) 发动机对装药结构尺寸的要求

根据总体对发动机的结构要求,要初步确定对装药的主要结构尺寸和质量的要求,包括药柱外径 D_p 为 170mm,药柱长度 $L_p \leqslant 500mm$,药柱质量 m_p 为 16～17kg。

2. 药形与推进剂选择

1) 药形选择

由于该装药发动机的发射与续航两级推力比较大,发射级采用八角星形药形,增速级采用四个内管槽形药形,续航级采用端面燃烧药形。

2) 推进剂选择

发射级、增速级采用淤浆浇铸改性双基推进剂,续航级均采用造粒浇铸改性双基推进剂,与单室双推力组合药柱一样,通过两次浇铸和两次固化成型。对常温下发射-增速-续航型三推力组合药柱推进剂性能指标的要求见表 1-2-11。

表 1-2-11 发射-增速-续航型三推力组合药柱推进剂的性能指标参数

分级	主要参数	单位	符号	数值
发射级	推进剂比冲	kN·s/kg	I_{spf}	2.3
	推进剂密度	g/cm³	r_p	1.68
	推进剂燃速	mm/s	u_f	21～23
	压强指数	—	n_f	0.3
增速级	推进剂比冲	kN·s/kg	I_{spz}	2.2
	推进剂密度	g/cm³	r_p	1.68
	推进剂燃速	mm/s	u_z	19～20
	压强指数	—	n_z	0.3
续航级	推进剂比冲	kN·s/kg	I_{spx}	2.1
	推进剂密度	g/cm³	r_p	1.68
	推进剂燃速	mm/s	u_x	11～12
	压强指数	—	n_x	0.25

3. 续航级初步设计

由于端面燃烧药形的燃烧面积小,装药工作时间长,燃烧时压强较低,所选的续航级工作压强要尽量高,以保证续航级推进剂稳定正常燃烧。

根据给定的续航级推力要求,可按公式计算出端面燃烧的燃烧面积:

$$S_{bx} = F_{cpx} / (u_x \cdot r_p \cdot I_{spx}) = 244(cm^2)$$

式中，F_{cpx} 为平均推力，属指标参数，已给定该数值为 1.0kN。按所选推进剂的燃速 u_x 为 11.6mm/s，密度 r_p 为 1.68g/cm³，比冲 I_{spx} 为 2.1kN · s/kg。

由此得该组合药柱的直径为 17mm。续航级药柱长度为 $L_{px} = u_x \cdot t_x = 23.5(cm)$。

按续航级药柱结构尺寸计算结果，其药柱质量为 9.45kg。初步设计的发射-增速-续航型三推力续航级药柱如图 1-2-14 所示。

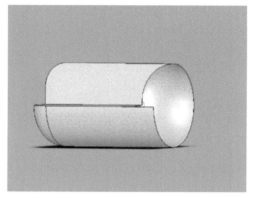

图 1-2-14　发射-增速-续航型三推力续航级药柱

根据续航级确定的常温下燃烧室压强 p_{cx} 为 1.5MPa，该装药发动机续航级的推力系数 C_{Fx} 确定为 1.25 时，计算得该组合装药发动机的喷喉面积和喷喉直径：

$$A_t = F_{cpx} / (p_{cx} \cdot C_{Fx}) = 0.53(cm^2)$$

$$D_t = 0.82(cm)$$

由此确定喷喉直径为 0.82cm。

4. 发射级初步设计

发射级药形选择八角星形，按指标要求，工作时间 t_f 为 2.25s，燃烧时间为 2.2s 的燃层厚度应为

$$e_f = u_f \cdot t_f = 1.4 \times 2.2 = 3.1(cm)$$

由此计算其星顶圆半径为 54mm。

由发射级平均推力指标和所选推进剂的性能，发射级燃烧面积应为

$$S_{bf} = F_{cpf} / (u_f \cdot r_p \cdot I_{spf}) = 1062(cm^2)$$

发射-增速-续航型三推力发射级药柱结构和药形参数分别如图 1-2-15、图 1-2-16 和图 1-2-17 所示。将选择的药形几何参数列于表 1-2-12。按照确定的药

形参数及尺寸，计算的发射级和增速级药柱燃烧面积，满足发射级要求的燃烧面积。所选发射级推进剂的比冲、燃速及密度等性能数据，均能满足发射级的推力指标要求。这里所指的燃烧面积，包含增速级在发射级工作时的燃烧面积。

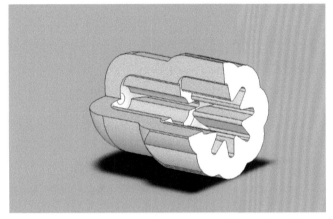

图 1-2-15　发射-增速-续航型三推力发射级燃烧的药柱

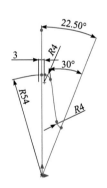
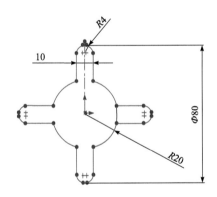

图 1-2-16　八角星形药形参数(单位：mm)　　图 1-2-17　内孔槽形药形参数(单位：mm)

表 1-2-12　发射-增速-续航型三推力组合装药药形几何参数

分级	几何参数	符号	单位	数值
发射级	药柱直径	D_p	mm	170
	燃层厚度	e_f	mm	31
	星孔深度	R_f	mm	120
	过渡圆弧	—	mm	30
	星孔顶圆直径	d_*	mm	108
	星边半角	θ	°	30

续表

分级	几何参数	符号	单位	数值
发射级	特征长度	L	mm	59
	星顶圆弧半径	r_1	mm	4
	星根圆弧半径	r_2	mm	4
	星角系数	ε	%	0.95
	星角数	n	—	8
增速级	槽顶直径	D_z	mm	80
	槽根直径	d_z	mm	40
	槽宽	h	mm	10
	开槽数	—	—	4
	过渡半径	R	mm	4

经计算发射级药柱的质量为 5.9kg，推力冲量可达 13.5kN·s，满足推力冲量要求。

按续航级确定的喷喉面积 0.53cm^2 计算，发射级推力系数 C_{Ff} 为 1.45，燃烧室压强为 11.7MPa。

5. 增速级初步设计

增速和发射两级推进剂采用同种推进剂，在发射级药柱燃烧中，增速级药柱已被燃烧，烧掉的燃层厚度为 31mm。在增速级工作中，燃烧的推进级药柱已成为图 1-2-18 中的结构形状。这些三维结构图可以体现该三级组合药柱的燃烧及工作过程。

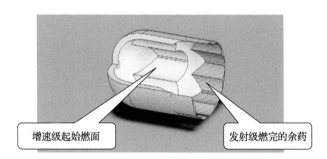

增速级起始燃面　　　　发射级燃完的余药

图 1-2-18　发射-增速-续航型三推力增速级燃烧药柱

按弹道性能指标要求，增速级的平均推力为 6.0kN，燃烧时间为 0.6s。按选择的增速级推进剂的性能，计算的增速级药柱的平均燃烧面积为 $S_{bz} = F_{cpz} / (u_z \cdot r_p \cdot I_{spz}) =$

832.8(cm^2)。

因增速级初始燃烧时，发射级药柱余药也参与了燃烧，初始燃烧面积要比计算值大。满足推力冲量要求的增速级药柱质量应为 2.63kg。

上述计算参数，包括增速级药柱尺寸和药柱质量等，在初步设计中已得到了满足。

6. 续航级详细设计

要具备详细设计的条件，包括所选推进剂的燃烧性能和能量特性，应有试验测试的结果，如果这些结果与初步设计时基本一致，就可以进一步修正初步设计，以试验性能参数作为设计计算的结果，就可更准确达到总体弹道性能要求。一般在产品设计进入样机研制阶段，这一步设计是很重要的。

将发射-增速-续航型三推力续航级推进剂燃速测试结果列于表 1-2-13。

表 1-2-13   发射-增速-续航型三推力续航级推进剂燃速测试结果

压强/MPa	0.8	1	1.5	2	2.5
燃速/(mm/s)	9.8	10.4	11.5	12.3	13.1

燃速计算公式为 $u_x = 1.039 p_{cx}^{0.25}$，50mm 标准发动机测试推进剂的比冲测试结果为 2.1kN·s/kg，推进剂密度为 1.68g/cm^3。

用三维图形法，先作出续航级药柱燃烧面积随燃层厚度变化的分层燃烧图，如图 1-2-19 所示。

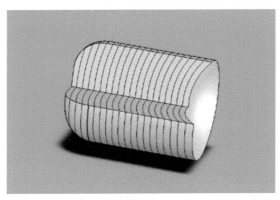

图 1-2-19   续航级药柱燃烧面积随燃层厚度变化的分层燃烧图

按三维图形法计算结果，将续航级药柱燃烧面积随燃层厚度变化的逐点数据和续航级推力、压强随燃烧时间变化的逐点数据计算结果，一并列于表 1-2-14。将续航级装药设计计算结果列于表 1-2-15。

表 1-2-14 发射-增速-续航型三推力续航级燃烧面积、推力、压强的逐点变化数据

时间/s	燃层厚度/mm	燃烧面积/cm²	燃速/(mm/s)	压强/MPa	推力/kN
2.903	52	317	12.4	2.033	1.3420
3.736	62	284	12.0	1.776	1.1723
5.445	82	259	11.7	1.606	1.0600
7.169	102	248	11.6	1.538	1.0150
10.62	152	237	11.3	1.413	0.9328
13.27	182	234	11.3	1.413	0.9323
16.81	222	232	11.3	1.395	0.9208
19.46	252	223	11.3	1.395	0.9209
22.11	282	256	11.7	1.587	1.048

表 1-2-15 发射-增速-续航型三推力续航级装药设计计算结果

主要参数	单位	数值
平均推力	kN	1.034
平均压强	MPa	1.567
平均燃烧面积	cm²	243
药柱直径	mm	170
药柱长度	mm	23.5
药柱质量	kg	9.45

参数验算结果：

$$F_{cpx} = C_{Fx} \cdot p_{cpx} \cdot A_t = 1.25 \times 1.038 \times 0.53 = 0.69 (kN)$$

$$F_{cpx} = S_{bx} \cdot u_x \cdot I_{spx} \cdot r_p = 254.4 \times 1.031 \times 2.1 \times 1.68 \times 10^{-3} = 0.9 (kN)$$

$$I_{0x} = F_{cpx} \cdot t_x = 1.573 \times 13 = 20.4 (kN \cdot s)$$

$$I_{0x} = I_{spx} \cdot W_{px} = 2.1 \times 9.45 = 19.8 (kN \cdot s)$$

可以看出，经对续航级推力和总推力冲量的验算，结果较为一致，均符合指标要求，设计计算结果是可应用的。

7. 发射级详细设计

同样要获取推进剂性能的实测结果，燃速仪测试的发射-增速-续航型三推力发射级推进剂燃速结果见表 1-2-16。

表 1-2-16　发射-增速-续航型三推力发射级推进剂燃速测试结果

压强/MPa	8	10	12	14	16
燃速/(mm/s)	19.5	20.8	22.0	23.0	24.0

燃速公式为 $u_f = 1.044 p_f^{0.3}$，50mm 标准发动机测试推进剂的比冲测试结果为 2.3kN·s/kg，推进剂密度为 1.68g/cm³。

用三维图形法作出发射级和增速级药柱燃烧面积随燃层厚度变化的分层燃烧图，分别计算各层燃烧面积的逐点数据。发射级药柱分层燃烧如图 1-2-20 所示。将发射-增速-续航型三推力组合装药发射级燃烧面积随燃层厚度变化的逐点数据和推力、压强随燃烧时间变化的逐点数据列于表 1-2-17。

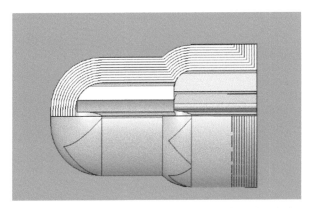

图 1-2-20　发射-增速-续航型三推力发射级药柱分层燃烧图

表 1-2-17　发射-增速-续航型三推力组合装药发射级燃烧面积、推力、压强的逐点变化数据

时间/s	燃层厚度/mm	燃烧面积/cm²	燃速/(mm/s)	压强/MPa	推力/kN
0	0	1046	—	0	0
0.14	3	1069	21.70	11.46	8.827
0.151	6	1070	21.84	11.69	9.013
0.288	9	1068	21.82	11.68	8.992
0.425	12	1049	21.75	11.55	8.893
0.563	15	1042	21.65	11.38	8.759
0.782	18	1038	21.61	11.31	8.709
0.921	21	1048	21.63	11.33	8.728
1.06	24	1065	21.76	11.57	8.910
1.198	27	1084	22.02	11.70	9.012

续表

时间/s	燃层厚度/mm	燃烧面积/cm²	燃速/(mm/s)	压强/MPa	推力/kN
1.347	30	1105	21.98	11.97	9.215
1.483	33	1062	22.10	11.90	9.230

参数验算结果:

$$F_{cpf} = C_{Ff} \cdot p_{cpf} \cdot A_t = 1.45 \times 11.59 \times 0.53 = 8.9 (kN)$$

$$F_{cpf} = S_{bf} \cdot u_f \cdot I_{spf} \cdot r_p = 1062 \times 2.18 \times 2.3 \times 1.68 \times 10^{-3} = 8.95 (kN)$$

$$I_{0f} = F_{cpf} \cdot t_f = 8.95 \times 1.483 = 13.3 (kN \cdot s) (不包括发射级在过渡段的推力冲量)$$

$$I_{0f} = I_{spf} \cdot W_{pf} = 2.3 \times 5.9 = 13.57 (kN \cdot s)$$

推力和总推力冲量的验算结果较为一致,结果均符合指标要求,设计计算结果是可应用的。

8. 增速级详细设计

燃速仪测试的发射-增速-续航型三推力增速级推进剂燃速结果见表 1-2-18。

表 1-2-18 发射-增速-续航型三推力增速级推进剂燃速测试结果

压强/MPa	6	8	10	12	14
燃速/(mm/s)	17.9	19.5	20.8	22.0	23.1

燃速公式为 $u_z = 1.045 p_z^{0.3}$,50mm 标准发动机测试推进剂的比冲测试结果为 2.2kN · s/kg,推进剂密度为 1.68g/cm³。

发射-增速-续航型三推力增速级分层燃烧如图 1-2-21 所示。

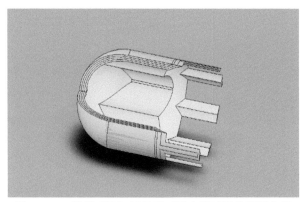

图 1-2-21 发射-增速-续航型三推力增速级分层燃烧图

发射-增速-续航型三推力增速级燃烧面积随燃层厚度变化的逐点数据和推

力、压强随燃烧时间变化的逐点数据如表 1-2-19 所示。

表 1-2-19　发射-增速-续航型三推力增速级燃烧面积、推力、压强的逐点变化数据

时间/s	燃层厚度/mm	燃烧面积/cm²	燃速/(mm/s)	压强/MPa	推力/kN
1.631	33	944	20.3	9.17	6.80
1.785	36	841	19.5	7.96	5.91
1.939	39	781	19.0	7.78	5.77
2.097	42	800	20.0	8.77	6.51

增速级详细设计的参数验算结果：

$$F_{cpz} = C_{Fz} \cdot p_{cpz} \cdot A_t = 1.45 \times 8.42 \times 0.53 = 6.5(kN)$$

$$F_{cpz} = S_{bz} \cdot u_z \cdot I_{spz} \cdot r_p = 841.5 \times 1.95 \times 2.2 \times 1.68 \times 10^{-3} = 6.06(kN)$$

9. 组合装药设计结果

将三级药柱燃烧面积随燃层厚度变化的逐点数据，推力和压强随燃烧时间变化的逐点数据汇总到一起，就可作出整体三推力药柱的推力和压强曲线。发射-增速-续航型三推力药柱的分层燃烧如图 1-2-22 所示，压强、推力随时间变化曲线分别如图 1-2-23、图 1-2-24 所示。

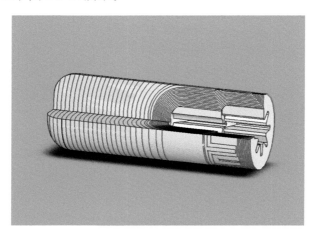

图 1-2-22　发射-增速-续航型三推力药柱分层燃烧图

1.2.3　发射-续航-加速型三推力组合装药设计

发射-续航-加速型组合装药发动机，是适用于长时间飞行导弹的动力推进系统，除在发射导弹时能提供所需要的大推力外，在获得较大的初始飞行速度后，

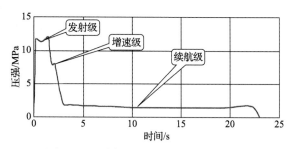

图 1-2-23　发射-增速-续航型三推力药柱压强随时间的变化曲线

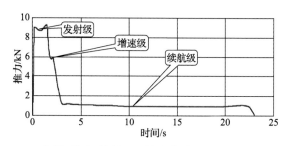

图 1-2-24　发射-增速-续航型三推力药柱推力随时间的变化曲线

又在续航飞行段为导弹长时间飞行提供动力，以使导弹具有足够的射程；在第三级工作时，由加速级在导弹飞行的末段提供较大的推力，以增加导弹的飞行过载，保证对导弹有足够的控制力；有的导弹在飞行到终点时，获得较高的着靶速度，以提高对目标的毁伤效果。

现以实例的形式，给出这种发射-续航-加速型三推力组合装药设计的过程和方法。以这种三推力组合装药形式，给出各级药柱使用相同推进剂时，两级过渡段的设计方法。

1. 技术要求

在战术导弹动力系统的需求中，除了发射导弹时需要足够的初始推力以外，需要在飞行末端也提供较大的推力，以保证有足够的飞行过载，从而对导弹具有足够的控制力。在续航级，要求的续航推力较高，除了用于克服飞行阻力以外，允许导弹缓慢增速飞行，以缩短弹丸飞行时间。对于这种组合装药发动机，选择发动机续航级推进剂的燃速较高。为使续航级达到较高的燃速，选择的燃烧室压强应较高，就不会出现高推力比发动机续航级药柱点火困难的问题。

设计这种组合装药时，对三级药柱常选择同种推进剂，可以大大简化组合药柱成型工艺，降低研制成本。本部分对这种组合装药的设计加以说明。

总体对发动机提出的各项技术要求中，与发动机装药设计直接相关的弹道参数主要包括：平均推力、推力冲量和燃烧时间，这些要求是装药设计和推进剂选择的依据。

将常温下发射-续航-加速型三推力组合装药各项发动机的弹道性能指标参数列于表 1-2-20。

表 1-2-20　发射-续航-加速型三推力组合装药发动机的弹道性能指标参数

分级	主要参数	单位	符号	数值
发射级	平均推力	kN	F_{cpf}	12
	燃烧时间	s	t_f	0.8～0.9
	推力冲量	kN·s	I_f	>11
续航级	平均推力	kN	F_{cpx}	1.2～1.4
	燃烧时间	s	t_x	13～15
	推力冲量	kN·s	I_x	>17.5
加速级	平均推力	kN	F_{cpj}	2.5
	燃烧时间	s	t_j	3
	推力冲量	kN·s	I_j	>7.5
总参数	总燃烧时间	s	t_0	<20
	总推力冲量	kN·s	I_0	>36
	推力比	—	—	9.2

注：符号中的下标 f 表示发射级，x 表示续航级，j 表示加速级。推力比表示发射级与续航级推力比。

根据总体对发动机的结构要求，要给出装药的主要结构尺寸和质量要求，作为初步设计装药结构时的依据，包括药柱外径 D_p 为 170mm，药柱长度 $L_p \leqslant 500$mm，药柱质量 $m_p >17$kg。

2. 药形与推进剂选择

该装药发动机的发射级采用六臂车轮形药形，续航级采用端燃药形，加速级为侧面燃烧药形。

发射级、续航级和加速级均采用造粒浇铸改性双基推进剂，发射级、续航级和加速级均采用中等燃速粒子。该药柱采用特种浇铸成型工艺：在药模中按尺寸要求装好发射级和加速级模芯，一次装填同种燃速的粒子，从药模底部一次通入硝化甘油溶剂，浇铸后经一次固化成型。这种造粒浇铸工艺，是近年来针对粒铸药研发的新工艺，成型工艺简单；过渡段不形成工艺界面，且过渡段压强变化只对推进剂燃烧性能产生影响。受过渡段压强变化的影响，过渡段设计计算简单。常温下该推进剂的性能指标参数要求见表 1-2-21。

表 1-2-21 发射–续航–加速型三推力组合药柱推进剂的性能指标参数

分级	主要参数	单位	符号	数值
发射级	推进剂比冲	kN · s/kg	I_{spf}	2.4
	推进剂密度	g/cm³	r_p	1.7
	推进剂燃速	mm/s	u_f	28
	压强指数	—	n_f	0.25
续航级	推进剂比冲	kN · s/kg	I_{spx}	2.2
	推进剂密度	g/cm³	r_p	1.7
	推进剂燃速	mm/s	u_x	15
	压强指数	—	n_x	0.15
加速级	推进剂比冲	kN · s/kg	I_{spj}	2.3
	推进剂密度	g/cm³	r_p	1.7
	推进剂燃速	mm/s	u_j	10
	压强指数	—	n_j	0.2

表 1-2-21 中所列推进剂的性能指标要求，是根据发动机总体对装药的燃烧时间、推力及装药质量等要求确定的，如侧燃药形的燃层厚度，决定了推进剂的燃速大小，而与推进剂其他性能一样，所选燃速也要满足推力指标要求。由此计算的燃速就是推进剂燃速的选择依据；确定的药柱质量需能满足推力冲量和发动机结构质量的要求等。

3. 续航级初步设计

虽然端面燃烧药形的燃烧面积小，但在续航级推力较高，选择燃烧室压强也较高的条件下，推进剂的燃速必然较高，续航级燃烧稳定性也能得到保证。

因发射级药形根部采用弧形设计，续航级初始燃烧的端面也形成弧形燃面，按此计算，药柱外径为 17cm，燃烧面积为端面圆弧面积 227cm²。

按所确定的推进剂性能，满足推力指标参数要求的推进剂燃速应为

$$u_x = F_{cpx} / (S_{bx} \cdot r_p \cdot I_{spx}) = 1.5 (\text{cm/s})$$

式中，F_{cpx} 为平均推力，属指标参数，已给定该数值为 1.3kN；密度 r_p 为 1.7g/cm³；比冲 I_{spx} 为 2.2kN · s/kg。

如果按续航级初步计算结果，所选推进剂的比冲和燃速应在上述结果范围内。由此得续航级药柱长度为 $L_{px} = u_x \cdot t_x = 1.5 \times 14 = 21 (\text{cm})$。

初步设计的续航级药柱直径为 17cm 时，长度初步定为 21cm 的圆柱形药柱。计算出的药柱质量可以满足推力冲量的要求。

根据续航级确定的常温下燃烧室压强 p_{cx} 为 2.0MPa，此压强远大于该推进剂的临界压强。装药发动机续航级的推力系数 C_{Fx} 确定为 1.2 时，计算得该组合装药发动机的喷喉面积和喷喉直径分别为

$$A_t = F_{cpx} / (p_{cx} \cdot C_{Fx}) = 0.54(\text{cm}^2)$$

$$D_t = 0.82(\text{cm})$$

4. 发射级初步设计

发射级药形选择六臂车轮形，按指标要求，燃烧时间 t_f 为 0.89s，燃层厚度应为

$$e_f = u_f \cdot t_f = 2.8 \times 0.89 = 2.5(\text{cm})$$

由此计算其车轮药形顶圆半径为 120cm。

由发射级平均推力指标和所选推进剂的性能，发射级燃烧面积应为

$$S_{bf} = F_{cpf} / (u_f \cdot r_p \cdot I_{spf}) = 1050(\text{cm}^2)$$

式中，$F_{cpf} = 12\text{kN}$，为指标参数；u_f、r_p、I_{spf} 分别表示所选推进剂的燃速、密度、比冲。由上述计算结果，可以确定发射级药柱的结构与尺寸。

从所选发射级推进剂的比冲、燃速及密度等性能数据，结合此药形参数计算得：发射级药柱的质量为 5.5kg，推力冲量可达 13kN·s，初步满足推力冲量要求。

按续航级确定的喷喉面积 $A_t = 0.53\text{cm}^2$，发射级推力系数 C_{Ff} 为 1.5，燃烧室压强为 15.7MPa。发射-续航-加速型三推力发射级药柱如图 1-2-25 所示。发射级药柱结构和药形参数如图 1-2-26 所示。选择的发射级药形几何参数列于表 1-2-22。

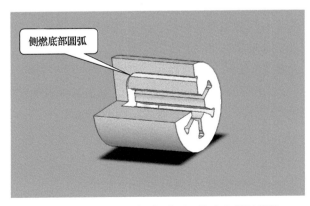

侧燃底部圆弧

图 1-2-25　发射-续航-加速型三推力发射级药柱

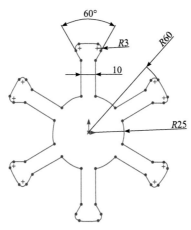

图 1-2-26 发射级六臂车轮药形参数图(单位：mm)

表 1-2-22 发射–续航–加速型三推力发射级药形几何参数

几何参数	符号	单位	数值
药柱直径	D_p	mm	170
顶圆直径	D_c	mm	120
根圆直径	d_c	mm	50
车轮臂宽	h	mm	10
底部圆弧	R	mm	30
轮臂数	—	—	6

5. 加速级初步设计

根据对加速级的指标参数要求，推力应满足 2.5kN，燃烧时间为 2.5s，内孔四臂槽形药形的顶圆直径为 120mm，燃烧面积应满足推力指标要求，同样依据推力的工程计算式计算，燃烧面积为

$$S_{bj} = F_{cpj} / (u_j \cdot r_p \cdot I_{spj}) = 639(\text{cm}^2)$$

由前文已选推进剂燃速 u_j 为 10mm/s，则燃层厚度 e_j 为 2.5cm。内孔四臂槽形药形参数选择结果如图 1-2-27 所示，其几何参数如表 1-2-23 所示，加速级药柱如图 1-2-28 所示。

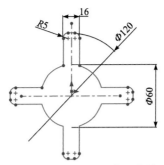

图 1-2-27　加速级内孔四臂槽形药形参数(单位：mm)

表 1-2-23　发射-续航-加速型三推力加速级药形几何参数

几何参数	符号	单位	数值
药柱直径	D_p	mm	170
槽顶直径	D_c	mm	120
槽根直径	d_c	mm	60
槽宽	h	mm	10
过渡圆弧	R	mm	30
开槽数	—	—	4

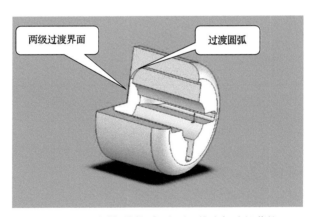

图 1-2-28　发射-续航-加速型三推力加速级药柱

6. 续航级详细设计

续航级详细设计，是在获得所选推进剂的燃烧性能和能量特性的试验测试结果之后进行的。燃速测试结果如表 1-2-24 所示。用这些测试结果进一步修正初步设计，到能满足总体弹道性能指标参数的要求为止。一般在产品设计进入样机研制阶段，这一步设计计算是很重要的。

表 1-2-24 发射-续航-加速型三推力续航级推进剂燃速测试结果

压强/MPa	1.5	2	2.5	3	3.5
燃速/(mm/s)	13.3	14.2	15.0	15.7	16.3

燃速公式为 $u_x = 1.193 p_{cx}^{0.25}$，50mm 标准发动机测试推进剂的比冲为 2.2kN·s/kg，推进剂密度为 1.7g/cm³，压强指数为 0.25。将发射-续航-加速型三推力续航级装药设计计算结果列于表 1-2-25。

表 1-2-25 发射-续航-加速型三推力续航级装药设计计算结果

主要参数	单位	数值
平均推力	kN	1.3
平均压强	MPa	2.0
燃烧时间	s	13.7
药柱直径	mm	170
药柱长度	mm	205
药柱质量	kg	8.0

参数验算结果：

$$F_{cpx} = C_{Fx} \cdot p_{cpx} \cdot A_t = 1.2 \times 2.0 \times 0.53 = 1.27(kN)$$

$$F_{cpx} = S_{bx} \cdot u_x \cdot I_{spx} \cdot r_p = 1.27(kN)$$

$$I_{0x} = F_{cpx} \cdot t_x = 17.4(kN \cdot s)$$

$$I_{0x} = I_{spx} \cdot W_{px} = 2.2 \times 8 = 17.6(kN \cdot s)$$

可以看出，经对续航级推力和总推力冲量的验算，结果基本一致，均符合指标要求，设计计算结果是可应用的。

7. 发射级详细设计

进行发射级详细设计前，同样要获取推进剂性能的实测结果，燃速仪测试的发射-续航-加速型三推力发射级推进剂燃速结果见表 1-2-26。

表 1-2-26 发射-续航-加速型三推力发射级推进剂燃速测试结果

压强/MPa	11	13	15	17	19
燃速/(mm/s)	25.7	26.8	28.0	28.7	29.4

燃速公式为 $u_x = 1.411 p_{cx}^{0.25}$，50mm 标准发动机测试推进剂的比冲为 2.4kN·s/kg，推进剂密度为 1.7g/cm³。

用三维图形法绘制发射级药柱燃烧面积随燃层厚度变化的分层燃烧图，分别计算各层燃烧面积的逐点数据。发射-续航-加速型三推力发射级药柱分层燃烧如图 1-2-29 所示。将发射-续航-加速型三推力发射级燃烧面积、压强和推力变化的逐点数据列于表 1-2-27。

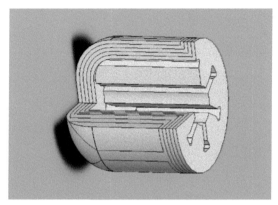

图 1-2-29　发射-续航-加速型三推力发射级药柱分层燃烧图

表 1-2-27　发射-续航-加速型三推力发射级燃烧面积、推力、压强的逐点数据

时间/s	燃层厚度/mm	燃烧面积/cm²	燃速/(mm/s)	压强/MPa	推力/kN
0	0	0	0	0	0
0.05	5	1129.3	26.7	16.10	12.80
0.19	10	1142.8	28.3	—	12.81
0.37	15	1155.7	28.3	16.30	12.96
0.54	20	1168.3	28.4	16.31	12.97
0.74	25	1057.0	27.2	16.49	13.11
0.92	30	882.6	26.4	14.50	11.53

参数验算结果：

$$F_{cpf} = C_{Ff} \cdot p_{cpf} \cdot A_t = 12.2 (kN)$$

$$F_{cpf} = S_{bf} \cdot u_f \cdot I_{spf} \cdot r_p = 12.44 (kN)$$

$I_{0f} = F_{cpf} \cdot t_f = 12.2 \times 0.89 = 10.9 (kN \cdot s)$（按燃烧时间计算，不包括发射级在过渡段的推力冲量）

$$I_{0f} = I_{spf} \cdot W_{pf} = 2.4 \times 5.65 = 13.6 (kN \cdot s)$$

推力和总推力冲量的验算结果基本一致，结果均符合指标要求，设计计算结果是可应用的。发射级压强和推力随时间变化曲线分别如图 1-2-30 和图 1-2-31 所示。

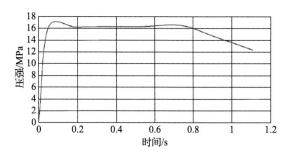

图 1-2-30　发射-续航-加速型三推力发射级压强曲线

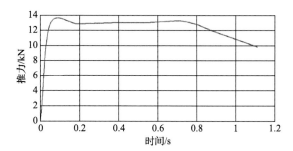

图 1-2-31　发射-续航-加速型三推力发射级推力曲线

8. 加速级详细设计

燃速仪测试的发射-续航-加速型三推力加速级推进剂燃速结果见表 1-2-28。

表 1-2-28　发射-续航-加速型三推力加速级推进剂燃速测试结果

压强/MPa	2.5	3	3.6	4.6	5
燃速/(mm/s)	9.3	9.6	10.0	10.5	10.8

燃速公式为 $u_j = 0.774 p_j^{0.2}$，50mm 标准发动机测试推进剂的比冲为 2.2kN · s/kg，推进剂密度为 1.7g/cm^3。加速级分层燃烧如图 1-2-32 所示。

发射-续航-加速型三推力加速级压强和推力随时间变化的逐点数据如表 1-2-29 所示。

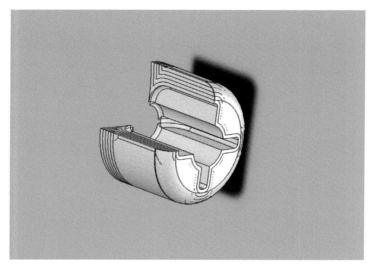

图 1-2-32　发射-续航-加速型三推力加速级分层燃烧图

表 1-2-29　发射-续航-加速型三推力加速级推力、压强随时间变化的逐点数据

时间 /s	燃层厚度 /mm	燃烧面积/cm²	燃速/(mm/s)	压强/MPa	推力/kN
0	0	0	0	0	0
0.1	1	699.10	10.0	3.70	2.50
0.6	5	699.35	10.1	3.79	2.62
1.1	10	676.20	10.0	3.67	2.52
1.58	15	824.50	10.4	4.48	3.08
2.08	20	630.00	9.9	3.57	2.46
2.69	25	597.80	9.8	3.24	2.23
2.72	28	60.00	0	0	0

注：燃烧时间以续航级燃终点为加速级起始点计。

参数验算结果：

$$F_{\mathrm{cpj}} = C_{F\mathrm{j}} \cdot p_{\mathrm{cpj}} \cdot A_{\mathrm{t}} = 2.5(\mathrm{kN})$$

$$F_{\mathrm{cpj}} = S_{\mathrm{bj}} \cdot u_{\mathrm{j}} \cdot I_{\mathrm{spj}} \cdot r_{\mathrm{p}} = 2.5(\mathrm{kN})$$

$$I_{0\mathrm{j}} = F_{\mathrm{cpj}} \cdot t_{\mathrm{j}} = 7.5(\mathrm{kN \cdot s}) \text{ (按燃烧时间计算，不包括发射级在过渡段的推力冲量)}$$

$$I_{0\mathrm{j}} = I_{\mathrm{spj}} \cdot W_{\mathrm{pj}} = 8.1(\mathrm{kN \cdot s})$$

加速级确定的推进剂性能及所设计的药性尺寸均符合技术要求。加速级压强和推力随时间的变化曲线分别如图 1-2-33 和图 1-2-34 所示。

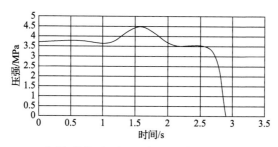

图 1-2-33　发射-续航-加速型三推力组合装药加速级压强曲线

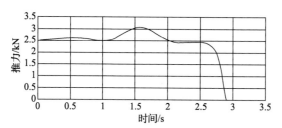

图 1-2-34　发射-续航-加速型三推力组合装药加速级推力曲线

9. 组合装药设计结果

　　将三级药柱燃烧面积随燃层厚度的变化的逐点数据，推力和压强随时间变化的逐点数据汇总到一起，就可作出整体三推力药柱的推力和压强曲线。发射-续航-加速型三推力药柱的分层燃烧如图 1-2-35 所示，其压强和推力随时间的变化曲线分别如图 1-2-36、图 1-2-37 所示。

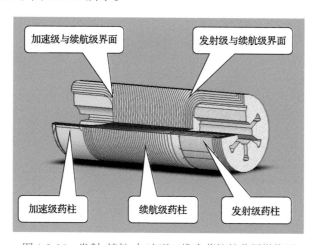

图 1-2-35　发射-续航-加速型三推力药柱的分层燃烧图

　　针对总体参数结果进行复算，总推力冲量为 39kN · s，总燃烧时间为 18s，整体药柱质量为 17.3kg。发射-续航-加速型三推力组合装药结构如图 1-2-38 所示，

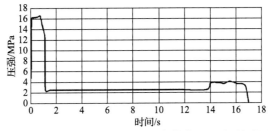

图 1-2-36　发射-续航-加速型三推力组合装药压强随时间的变化曲线

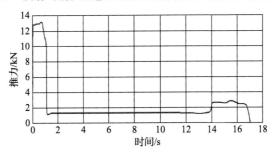

图 1-2-37　发射-续航-加速型三推力组合装药推力随时间的变化曲线

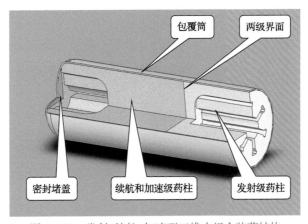

图 1-2-38　发射-续航-加速型三推力组合装药结构

发射-续航-加速型三推力组合装药设计结果系统数据如表 1-2-30 所示。

表 1-2-30　发射-续航-加速型三推力组合装药设计结果系统数据

各级参数类型		参数	符号	单位	数值		备注
					指标值	结果值	
发射级药柱	指标	平均推力	F_{cpf}	kN	12	12.24	—
		推力冲量	I_f	kN · s	13	13.56	—
		燃烧时间	t_f	s	0.9	0.89	—

续表

各级参数类型	参数类型	参数	符号	单位	数值 指标值	数值 结果值	备注
发射级药柱	推进剂性能	比冲	I_{spf}	kN·s/kg	—	2.4	—
		燃速	u_f	mm/s	—	28	—
		压强指数	n_f	—	—	0.25	—
		密度	r_p	g/cm³	—	1.7	—
		燃烧室压强	p_{cf}	MPa	—	15.7	—
	药形尺寸	药柱外径	D_p	mm	—	170	—
		车轮孔深度	L_{hf}	mm	—	150	—
		药形底过渡圆弧	R	mm	—	30	—
		车轮顶径	D_{cf}	mm	—	120	—
		车轮臂数	n	—	—	6	—
		燃烧面积	S_{bf}	cm²	—	1089	—
		燃层厚度	e_f	cm	—	2.5	—
		药柱长度	L_f	mm	—	175	—
		两级过渡圆弧	R_g	mm	—	30	—
		发射级药柱质量	m_f	kg	—	5.65	—
续航级药柱	指标	平均推力	F_{cpx}	kN	1.25	1.27	
		推力冲量	I_x	kN·s	17	17.6	
		燃烧时间	t_x	s	13.5	13.7	
	推进剂性能	比冲	I_{spx}	kN·s/kg	—	2.2	
		燃速	u_x	mm/s	—	15	
		压强指数	n_x	—	—	0.2	
		密度	r_p	g/cm³	—	1.7	
		燃烧室压强	p_{cx}	MPa	—	2.0	
	药形尺寸	续航级药柱长	L_x	mm	—	205	
		燃烧面积	S_{bx}	cm²	—	227	
		在发射级燃烧深度	h	mm	—	23	
		药柱质量	m_x	kg	—	8.0	

各级参数类型		参数	符号	单位	数值		备注
					指标值	结果值	
加速级药柱	指标	平均推力	F_{cpj}	kN	2.5	2.53	—
		推力冲量	I_j	kN·s	8	8.1	—
		燃烧时间	t_{aj}	s	2.8	2.5	结果指燃烧时间
	推进剂性能	比冲	I_{spj}	kN·s/kg	—	2.3	—
		燃速	u_j	mm/s	—	10	—
		压强指数	n_j	—	—	0.25	—
		密度	r_p	g/cm³	—	1.7	粒铸药密度相同
		燃烧室压强	p_{cj}	MPa	—	3.6	
	药形尺寸	加速级药柱长度	L_j	mm	—	100	孔底部为续航级燃终面
		药柱质量	m_j	kg	—	3.68	—
		燃层厚度	e_j	mm	—	2.5	
		四槽宽度	H_c	mm	—	10	
		槽顶直径	D_{cj}	mm	—	120	
		槽根直径	d_{cj}	mm	—	60	
		槽孔深度	L_{cj}	mm	—	100	孔底部为续航级燃终面
整体药柱	性能	总推力冲量	I_0	kN·s	38	39.26	—
		总燃烧时间	T_0	s	18	17.1	—
		药柱总质量	M_{p0}	kg	18	17.33	—
	结构	药柱总长	L_0	mm	500	500	—
		底圆过渡圆弧	R_j	mm	—	20	
		喷管面积	A_t	cm²	—	0.53	

1.2.4　四推力组合装药设计

四推力组合装药发动机，是固体推进剂发动机中推进功能最全面的动力推进系统，第一级发射级为导弹发射提供足够的初始推力冲量；第二级增速级以较大的推力冲量继续增加导弹的飞行速度，使其飞行速度达到更高；第三级续航级工作时，可长时间保持或略微增加导弹在增速级获得的飞行速度；第四级加速级在导弹飞行末端提供较高的推力冲量，使得导弹具有足够的飞行过载和较高的着靶速度，以保证导弹满足需要的飞行控制力或具有对目标的毁伤效果[4]。

四推力组合装药发动机，除了满足上述推进功能以外，为达到增速级和加速级的弹道性能要求，选择燃烧室的压强都较高，使得两级推进剂的能量发挥得较为充分，与续航级相比，发动机的比冲较高，从而提高了发动机的推进效能；加上该组合装药发动机的装填密度高，发动机的结构紧凑，推进效能较高。其质量比、冲量比与单级推力发动机和组合发动机相比，都明显提高。四推力组合装药发动机可作为中小口径战术导弹高飞行效能的动力推进系统。

现以设计实例加以说明，四推力组合装药设计实例如下。

1. 技术要求

发动机装药的设计要满足技术要求中的指标参数，与四推力组合装药设计直接相关的弹道参数主要包括平均推力、推力冲量和燃烧时间，这些要求是装药设计和推进剂选择的依据。

1) 主要弹道性能要求

将常温下四推力组合装药发动机各项弹道性能指标参数列于表 1-2-31。

表 1-2-31 四推力组合装药发动机的弹道性能指标参数

分级	主要参数	符号	单位	数值
发射级	平均推力	F_{cpf}	kN	17.5～18.5
	燃烧时间	t_f	s	0.8～0.85
	推力冲量	I_f	kN·s	>12.5
增速级	平均推力	F_{cpz}	kN	5.2
	燃烧时间	t_z	s	0.7
	推力冲量	I_z	kN·s	>4.8
续航级	平均推力	F_{cpx}	kN	1.8
	燃烧时间	t_x	s	10
	推力冲量	I_x	kN·s	18
加速级	平均推力	F_{cpj}	kN	5
	燃烧时间	t_j	s	1.3
	推力冲量	I_j	kN·s	2.1
总参数	总燃烧时间	t_0	s	<15
	总推力冲量	I_0	kN·s	>35
	推力比	—	—	10

注：符号中的下标 f、z、x、j、0 分别表示发射级、增速级、续航级、加速级和总参数，推力比表示发射级与续航级推力比。

2) 发动机对装药结构及尺寸要求

根据总体对发动机结构的要求，给出装药的主要结构尺寸和质量要求，作为初步设计装药结构的依据。包括药柱外径 D_p 为 170mm，药柱长度 $L_p \leqslant 600$mm，药柱质量 $m_p > 19$kg。

2. 药形与推进剂选择

1) 药形选择

该装药发动机的发射级与增速级都选用管槽形药形，发射级药形采用八槽药形，增速级为四槽药形，初始燃面除端面燃烧面积外，还包含发射级八槽的侧面面积，也包括增速级四槽的侧面面积，只是在发射级药柱燃烧完后，增速级按余下燃层厚度的四槽形药柱燃烧面积继续燃烧，生成增速级的弹道参数。加速级也选用四槽药形。这种药形除了燃烧稳定以外，其结构和成型工艺性好，药模的设计和制作也较简单。

2) 推进剂选择和成型工艺

发射级和增速级采用淤浆浇铸改性双基推进剂，续航级和加速级采用造粒浇铸改性双基推进剂。该药柱采用两次浇铸和固化的成型工艺：先按药柱尺寸要求，选用同种燃速粒子，采用造粒浇铸工艺制成加速级和续航级推进剂药柱坯件，整形后(含整平端面)，进行发射级和增速级推进剂的淤浆浇铸，经第二次固化后，制成四级推力组合药柱。

对常温下四级推力组合药柱推进剂的性能要求见表 1-2-32。

表 1-2-32 四级推力组合药柱推进剂的性能指标参数

分级	主要参数	符号	单位	数值
发射级	推进剂比冲	I_{spf}	kN·s/kg	2.3
	推进剂密度	r_p	g/cm³	1.68
	推进剂燃速	u_f	mm/s	31
	压强指数	n_f	—	0.3
增速级	推进剂比冲	I_{spz}	kN·s/kg	2.2
	推进剂密度	r_p	g/cm³	1.68
	推进剂燃速	u_z	mm/s	29
	压强指数	n_z	—	0.25
续航级	推进剂比冲	I_{spx}	kN·s/kg	2.1
	推进剂密度	r_p	g/cm³	1.68
	推进剂燃速	u_x	mm/s	22
	压强指数	n_x	—	0.2

续表

分级	主要参数	符号	单位	数值
加速级	推进剂比冲	I_{spj}	kN · s/kg	2.1
	推进剂密度	r_p	g/cm³	1.68
	推进剂燃速	u_j	mm/s	31
	压强指数	n_j	—	0.2

表 1-2-32 中所列推进剂的性能要求，同样是根据发动机总体对装药的要求确定的，如侧燃药形的燃层厚度，决定了推进剂的燃速；与推进剂其他性能相同，所确定的燃速也要满足推力指标要求。

3. 发射级初步设计

该装药的续航级推进剂燃烧，因选择的燃烧室压强较高，推进剂燃速也较高，其点燃性较好，在两级过渡段不会出现压强下凹和断续燃烧的问题，组合药柱设计也可从发射级开始。

在选择了推进剂性能的条件下，按照推力指标要求，设计的发射级药柱的燃烧面积应为

$$S_{bf} = F_{cpf} / (u_f \cdot r_p \cdot I_{spf}) = 1336(cm^2)$$

式中，F_{cpf} 为平均推力，属指标参数，已给定该数值为 16kN；推进剂密度 r_p 为 1.68g/cm³；比冲 I_{spf} 为 2.3kN · s/kg。

由燃烧时间指标参数要求，发射级药柱侧面燃烧的燃层厚度应为 $e_f = t_f \cdot u_f = 2.5(cm)$。

按计算的发射级药柱燃烧面积和燃层厚度，就可设计发射级药柱的药形。按燃层厚度计算，其药柱内孔药形的顶部直径应为 $D_f = D_p - 2e_f = 12(cm)$。

经初步设计，其发射级燃烧药柱结构、药形参数分别如图 1-2-39 和图 1-2-40 所示。

根据发射级确定的常温下燃烧室压强 p_{cf} 为 15MPa，此压强下推进剂的能量发挥较充分，比冲较高。发动机发射级的推力系数 C_{Ff} 确定为 1.5 时，计算该组合装药发动机的喷喉面积和喷喉直径分别为

$$A_t = F_{cpf} / (p_{cf} \cdot C_{Ff}) = 0.71(cm^2)$$
$$D_t = 0.95(cm)$$

4. 增速级初步设计

发射级药形选择八槽形，增速级为四槽形，发射级起始燃烧时，这两级药柱

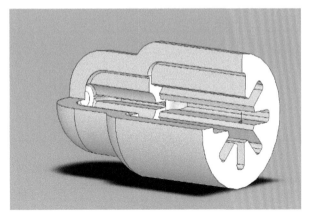

图 1-2-39　四推力组合装药发射级燃烧药柱

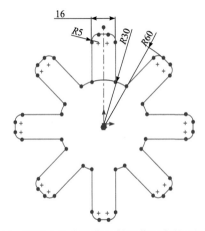

图 1-2-40　四推力组合装药发射级药形参数(单位：mm)

同时燃烧，在发射级药柱燃终后，形成增速级燃烧药柱。增速级的燃速选择为 2.9mm/s，其燃层厚度应为

$$e_z = u_z \cdot t_z = 2(\text{cm})$$

由此计算四槽药形顶圆直径为 8cm。

　　由增速级平均推力指标和所选推进剂的性能，增速级燃烧面积应为

$$S_{bz} = F_{cpz} / (u_z \cdot r_p \cdot I_{spz}) = 489(\text{cm}^2)$$

式中，$F_{cpz} = 5.2\text{kN}$，为指标参数；u_z、r_p、I_{spz} 均表征所选推进剂的性能。由上述计算结果，确定增速级药柱的结构与尺寸，并完成初步设计。在具备所选推进剂的性能测试结果条件下，需进一步完成增速级的详细设计。

　　增速级药柱结构和增速级内孔四臂槽形药形参数分别如图 1-2-41 和图 1-2-42 所示。将选择的增速级内孔四臂槽形药形参数列于表 1-2-33。

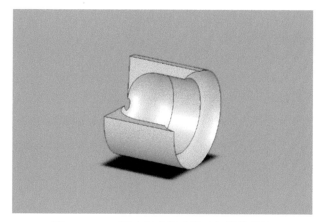

图 1-2-41 四推力组合装药增速级燃烧药柱

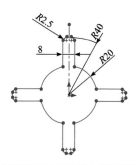

图 1-2-42 四推力组合装药增速级内孔四臂槽形药形参数(单位：mm)

表 1-2-33 四推力组合装药增速级内孔四臂槽形药形参数

几何参数	符号	单位	数值
药柱直径	D_p	mm	170
槽顶直径	D_c	mm	80
槽根直径	d_c	mm	40
槽宽	h	mm	8
过渡圆弧	R	mm	15
开槽数	—	—	4
槽边圆弧	r	—	2.5

5. 加速级初步设计

根据对加速级的指标参数要求，推力应满足 5kN，燃烧时间为 1.3s。所选药形也是内孔四臂槽形药形，由顶圆直径所确定的燃层厚度和燃烧面积应满足推力

指标和燃烧时间的要求，同样依据推力的工程计算式计算，按所选推进剂性能，计算加速级药柱的燃烧面积为

$$S_{bj} = F_{cpj} / (u_j \cdot r_p \cdot I_{spj}) = 454(cm^2)$$

按已选推进剂燃速 u_j 为 31mm/s 计算，则燃层厚度 e_j 为 4.0cm。所选择的槽形药形和药形参数都与增速级相同。加速级药柱如图 1-2-43 所示。

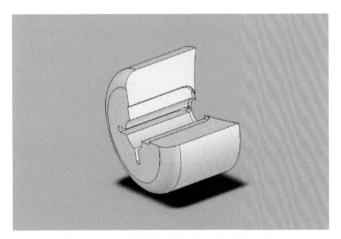

图 1-2-43   四推力组合装药加速级燃烧药柱

上述计算参数，包括加速级药柱尺寸和药柱质量等，在初步设计中已初步满足了技术指标要求。

6. 续航级初步设计

续航级药柱的推进剂采用造粒浇铸改性双基推进剂，与发射级界面为平直端面药形；由于发射级药柱为内孔侧燃八槽形药形，为防止孔根部在高压下产生应力集中，在八个槽根部，采用圆弧形加以过渡。当发射级药柱燃烧到续航级药柱界面时，发射级药柱圆弧顶部先开始向续航级药柱内燃烧，两种推进剂开始混合燃烧。这种平直端面的过渡段燃烧特性，也需要按各自参与燃烧面积，以及两级推进剂在过渡段变压强下推进剂比冲和燃速的变化进行设计和计算。采用三维图形法计算两级药柱各自参与燃烧的燃烧面积，结合推进剂性能变化的测试数据，就可给出过渡段压强和推力随时间变化的逐点数据，以便从理论计算和分析的角度，了解这种组合装药过渡段的燃烧特性，详细分析和计算见第 2 章。

因发射和续航两级界面采用平直端面设计，而发射级药柱燃完后，形成弧形端面向前推进燃烧，续航级药柱的燃面也按弧形端面向前燃烧，在详细设计

时，结合推进剂的实测性能加以计算。在初步计算时，暂定平直端面面积为 227cm²。

根据对续航级推力指标参数为 1.8kN 的要求，所选低燃速粒铸推进剂的比冲实测结果为 2.1kN·s/kg，在续航燃烧室压强为 2MPa 下的燃速应为

$$u = F_{cpx} / (I_{spx} \cdot r_p \cdot S_{bx}) = 2.2(cm/s)$$

按续航级燃烧时间 10s 的要求，续航级药柱长度为 22.0cm。

上述初步计算结果，作为选择续航推进剂燃速和确定续航级药柱结构尺寸的依据。将四推力组合装药续航级装药设计计算结果列于表 1-2-34。

表 1-2-34 四推力组合装药续航级装药设计计算结果

主要参数	单位	数值
平均推力	kN	1.8
平均压强	MPa	2
燃烧时间	s	10
药柱直径	mm	170
药柱长度	mm	226
药柱质量	kg	8.4

7. 发射级详细设计

详细设计是在初步设计结果的基础上，结合所选推进剂的实测性能进行的，计算目的是使四推力组合装药的性能更加符合设计技术要求。同样要获取推进剂性能的实测结果，现将测试的四推力发射级推进剂燃速结果列于表 1-2-35。

表 1-2-35 四推力发射级推进剂燃速测试结果

压强/MPa	11	13	15	17	19
燃速/(mm/s)	28.3	29.7	31.0	32.2	33.3

燃速公式为 $u_f = 1.376 p_f^{0.3}$，50mm 标准发动机测试推进剂的比冲测试结果为 2.3kN·s/kg，推进剂密度为 1.68g/cm³。

用三维图形法绘制发射级药柱燃烧面积随燃层厚度变化的分层燃烧图，分别计算各层燃烧面积的逐点数据。发射级药柱分层燃烧如图 1-2-44 所示。将燃烧面积、压强和推力变化的逐点数据列于表 1-2-36。

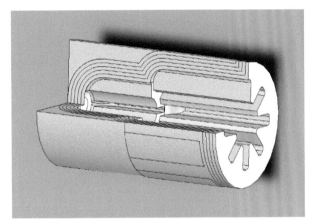

图 1-2-44 四推力发射级药柱分层燃烧图

表 1-2-36 四推力发射级燃烧面积、推力、压强的逐点数据

时间/s	燃层厚度/mm	燃烧面积/cm²	燃速/(mm/s)	压强/MPa	推力/kN
0	0	1463	0	0	0
0.15	5	1489	32.0	16.80	18.00
0.30	10	1399	32.0	16.70	17.80
0.46	15	1296	31.2	15.60	16.75
0.63	20	1275	31.0	14.60	15.62
0.79	25	1044	30.4	14.10	15.10
0.96	30	943	28.4	11.39	12.22

参数验算结果:

$$F_{cpf} = C_{Ff} \cdot p_{cpf} \cdot A_t = 16.1(kN)$$

$$F_{cpf} = S_{bf} \cdot u_f \cdot I_{spf} \cdot r_p = 15.9(kN)$$

$$I_{0f} = F_{cpf} \cdot t_f = 12.96(kN \cdot s)\ (按燃烧时间计算,不包括发射级在过渡段的推力冲量)$$

$$I_{0f} = I_{spf} \cdot W_{pf} = 14.49(kN \cdot s)$$

推力和总推力冲量的验算结果都较为一致,结果均符合指标要求,设计计算结果是可应用的。发射级压强和推力随时间变化曲线分别如图 1-2-45 和图 1-2-46 所示。

8. 增速级详细设计

燃速仪测试的四推力增速级推进剂燃速结果见表 1-2-37。

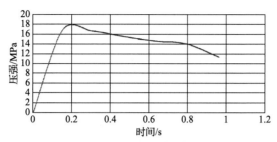

图 1-2-45 四推力组合装药发射级压强曲线

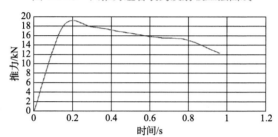

图 1-2-46 四推力组合装药发射级推力曲线

表 1-2-37 四推力增速级推进剂燃速测试结果

压强/MPa	2.5	3.5	5	6.5	7.5
燃速/(mm/s)	24.4	26.5	29.0	31.0	32.1

燃速公式为 $u_z = 1.939 p_z^{0.25}$，50mm 标准发动机测试的比冲为 2.2kN·s/kg。推进剂密度为 1.68g/cm³。

四推力增速级压强和推力随时间的变化逐点数据如表 1-2-38 所示，四推力增速级分层燃烧如图 1-2-47 所示。

表 1-2-38 四推力增速级推力、压强随时间变化的逐点数据

时间/s	燃层厚度/mm	燃烧面积/cm²	燃速/(mm/s)	压强/MPa	推力/kN
0	0	1044	0	0	0
0.14	5	702	36.1	11.99	12.4
0.29	10	573	32.2	7.64	7.91
0.46	15	549	30.5	6.14	6.37
0.62	20	517	30.1	5.77	5.98
0.79	25	313	29.5	5.35	5.54
0.98	30	172	26.1	3.29	3.41
1.21	35	40	21.8	1.60	1.66
1.56	—	—	14.5	0.31	0.32

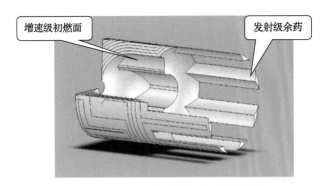

图 1-2-47　四推力增速级分层燃烧图

从图 1-2-47 中可以看出,在增速级开始燃烧后,发射级余药也参与了燃烧,在计算增速级初始燃烧面积时,也应包含该面积,这样计算的弹道参数才更接近实际值。

参数验算结果:

$$F_{cpz} = C_{Fz} \cdot p_{cpz} \cdot A_t = 5.24(\text{kN})$$

$$F_{cpz} = S_{bz} \cdot u_z \cdot I_{spz} \cdot r_p = 5.20(\text{kN})$$

$$I_z = F_{cpz} \cdot t_z = 3.6(\text{kN} \cdot \text{s}) \text{（按燃烧时间计算，不包括过渡段的推力冲量，计算值偏小）}$$

$$I_z = I_{spz} \cdot W_{pz} = 4.91(\text{kN} \cdot \text{s})$$

增速级确定的推进剂性能及设计的药性尺寸均符合技术要求。四推力组合装药增速级压强和推力随时间变化曲线分别如图 1-2-48 和图 1-2-49 所示。

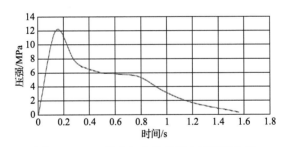

图 1-2-48　四推力组合装药增速级压强曲线

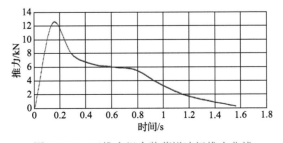

图 1-2-49　四推力组合装药增速级推力曲线

9. 续航级详细设计

燃速仪测试的四推力续航级推进剂燃速结果见表 1-2-39。

表 1-2-39　四推力续航级推进剂燃速测试结果

压强/MPa	1.0	1.5	2.0	3.0	4.0
燃速/(mm/s)	19	21	22	24	25

燃速公式为 $u_x = 1.915 p_x^{0.2}$，50mm 标准发动机测试推进剂的比冲测试结果为 $2.1\text{kN} \cdot \text{s/kg}$，推进剂密度为 1.68g/cm^3。

四推力续航级分层燃烧如图 1-2-50 所示，增速级和续航级过渡段分层燃烧如图 1-2-51 所示。

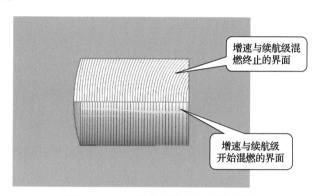

图 1-2-50　四推力续航级分层燃烧图

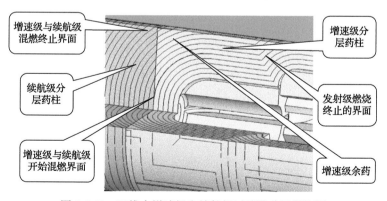

图 1-2-51　四推力增速级和续航级过渡段分层燃烧图

续航级药柱燃烧开始，存在和增速级药柱混燃的部分。增速级和续航级分层图 1-2-51 中显示的混燃区，是用箭头标出两级混燃区开始和终止界面的范围。在区域内，增速级和续航级都有不同的燃面参与燃烧，在这个过渡段中变化的燃烧室压强下，两级推进剂的性能也要发生变化，过渡段压强和推力随燃烧时间变化逐点数据的计算见第 2 章。这里只对混燃结束后燃烧的续航级进行计算，将推力、压强随时间变化的逐点数据列于表 1-2-40。

表 1-2-40　四推力组合装药续航级推力、压强随时间变化的逐点数据

时间/s	燃层厚度/mm	燃烧面积/cm²	燃速/(mm/s)	压强/MPa	推力/kN
0	60	276	22.8	0	0
3.5	80	256	22.6	2.28	2.02
4.4	100	246	22.4	2.15	1.91
5.4	120	241	22.0	2.08	1.84
6.3	140	238	22.0	2.0	1.78
7.2	160	235	21.2	1.68	1.5
8.2	180	232	21.2	1.66	1.47
9.1	200	232	21.2	1.66	1.47
10	220	231	21.0	1.65	1.46

参数验算结果：

$$F_{\text{cpx}} = C_{Fx} \cdot p_{\text{cpx}} \cdot A_{\text{t}} = 1.78(\text{kN})$$

$$F_{\text{cpx}} = S_{\text{bx}} \cdot u_{\text{x}} \cdot I_{\text{spx}} \cdot r_{\text{p}} = 1.6(\text{kN})$$

$$I_{0\text{x}} = F_{\text{cpx}} \cdot t_{\text{x}} = 18(\text{kN} \cdot \text{s}) \text{(按燃烧时间计算，不包括过渡段的推力冲量，计算值偏小)}$$

$$I_{0\text{x}} = I_{\text{spx}} \cdot W_{\text{px}} = 17.6(\text{kN} \cdot \text{s})$$

可以看出，经续航级推力和总推力冲量的验算，结果较为一致，均符合指标要求，四推力组合装药续航级压强及推力曲线分别如图 1-2-52 和图 1-2-53 所示。

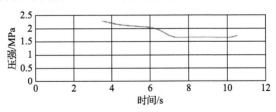

图 1-2-52　四推力组合装药续航级压强曲线

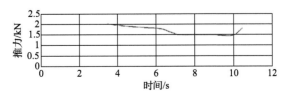

图 1-2-53　四推力组合装药续航级推力曲线

10. 加速级详细设计

燃速仪测试的四推力加速级推进剂燃速结果见表 1-2-41。

表 1-2-41 四推力加速级推进剂燃速测试结果

压强/MPa	3	4	5	6	7
燃速/(mm/s)	28.0	29.6	31.0	32.2	33.2

燃速公式为 $u_j = 2.247 p_j^{0.2}$，50mm 标准发动机测试推进剂的比冲为 2.1kN·s/kg，推进剂密度为 1.68g/cm³。四推力组合装药加速级推力、压强随时间变化的逐点数据见表 1-2-42。

表 1-2-42 四推力组合装药加速级推力、压强随时间变化的逐点数据

时间/s	燃层厚度/mm	燃烧面积/cm²	燃速/(mm/s)	压强/MPa	推力/kN
0	0	504	0	0	0
0.16	5	497	31.7	5.63	5.63
0.38	10	493	31.6	5.54	5.54
0.47	15	484	31.6	5.47	5.47
0.63	20	473	31.3	5.34	5.34
0.79	25	480	31.3	5.21	5.21
0.95	30	453	31.2	5.15	5.15
1.12	40	385	30.3	4.96	4.96
1.29	45	321	29.8	4.12	4.12
1.46	50	0	28.7	3.38	3.38

加速级参数验算结果：

$$F_{cpj} = C_{Fj} \cdot p_{cpj} \cdot A_t = 5(\text{kN})$$

$$F_{cpj} = S_{bj} \cdot u_j \cdot I_{spj} \cdot r_p = 4.97(\text{kN})$$

$I_j = F_{cpj} \cdot t_j = 6.5(\text{kN·s})$（按燃烧时间计算，不包括过渡段的推力冲量，计算值偏小）

$$I_j = I_{spj} \cdot W_p = 5.9(\text{kN·s})$$

验算结果表明，所设计的加速级性能均符合技术要求。四推力组合装药加速级推力曲线如图 1-2-54 所示。

11. 组合装药设计结果

将四级药柱燃烧面积随层厚度变化的逐点数据，推力和压强随时间变化的逐点

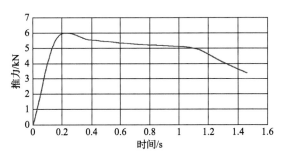

图 1-2-54　四推力组合装药加速级推力曲线

数据汇总到一起，就可作出整体四推力组合药柱的推力和压强曲线。整体四推力组合药柱的分层燃烧如图 1-2-55 所示，压强和推力随时间变化曲线分别如图 1-2-56 和图 1-2-57 所示。

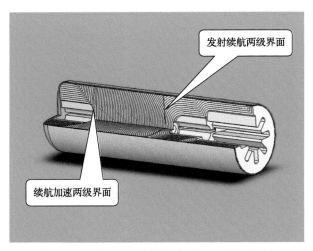

图 1-2-55　整体四推力组合药柱的分层燃烧装药

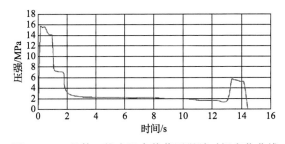

图 1-2-56　整体四推力组合装药压强随时间变化曲线

　　总体参数复算，总推力冲量为 39kN·s，总燃烧时间为 14.5s，整体药柱质量为 17.3kg。

　　四推力组合装药结构如图 1-2-58 所示。

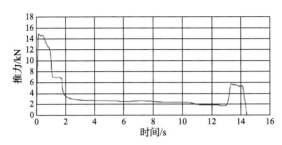

图 1-2-57　整体四推力组合装药推力随时间变化曲线

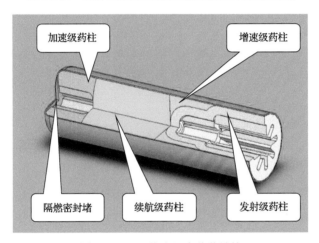

图 1-2-58　四推力组合装药结构

12. 四推力组合装药续航级向加速级过渡

从加速级药柱分层燃烧图(图 1-2-59)可以看出，当续航级燃烧到加速级药柱时，加速级开始燃烧，沿四槽药形侧面向外燃烧的同时，续航级药柱余药部分的弧形燃面先后燃烧，形成这两级的过渡燃烧。虽然两级采用相同的推进剂，由于

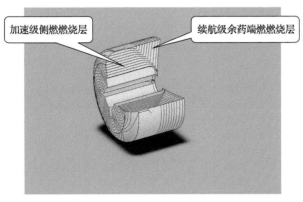

图 1-2-59　四推力组合装药加速级药柱分层燃烧图

续航级和加速级参与燃烧的面积不同,在推进剂燃速随过渡段压强变化的情况下,计算压强和推力随时间变化的逐点数据也不同,形成由低压向高压的另一种过渡形式,这种过渡段设计及燃烧特性分析见第2章。

在加速级药柱燃烧过程中,为了使燃气从发动机喷管端排出,不让燃气从加速级端面向外排出,在整体组合药柱采用套包工艺制作包覆前,在加速级药柱端面上,黏结一半圆形隔热密封堵,其作用是阻止加速级药柱燃烧产生的燃气从药柱后端排出,与装药前端补偿缓冲垫一起,使发动机燃烧室的内壁和组合装药外壁之间的燃气处于滞止状态,这是保证包括双推力、三推力、四推力组合装药发动机可靠工作的重要措施之一。

这些多推力组合装药发动机的结构都有相同之处,现以四推力组合装药发动机为例,给出发动机的结构图,说明各组件的主要功能和性能,以便全面了解这些发动机的结构特点,更好地进行多推力组合装药的结构设计。

13. 四推力组合装药发动机

四推力组合装药发动机是多推力组合装药发动机功能最全的发动机,装药在单一燃烧室内燃烧,可连续为导弹飞行提供发射、增速、续航和加速所需要的动力。与单级推力发动机或多推力发动机组合的动力推进系统相比,其结构紧凑,质量轻。与相近直径的动力系统相比,其质量比(推进系统的固体推进剂质量与总质量之比)、冲量比(固体推进剂燃烧生成的推力冲量与推进系统总推力冲量之比)均较高。四推力组合装药发动机与相近直径的单发动机相比,质量比高8%~15%,冲量比高约10%。将本实例中四推力组合装药发动机的各项性能参数列于表1-2-43。

表 1-2-43　四推力组合装药发动机性能

发动机部件	材料	密度/(g/cm³)	消极质量/kg
燃烧室壳体	D6AC 钢	7.8	8.00
喷管座壳体	D6AC 钢	7.8	2.05
壳体隔热层	三元乙丙橡胶	1.8	0.82
喷管座隔热层	碳纤维酚醛树脂	2.0	0.32
钼喷管	M_{01}	14	1.14
装药包覆	三元乙丙橡胶	1.8	1.64

药柱类型	材料	密度/(g/cm³)	药柱质量/kg
发射级药柱	改性双基	1.68	6.28
增速级药柱	改性双基	1.68	2.23
续航级药柱	改性双基	1.68	8.36
加速级药柱	改性双基	1.68	3.68

续表

药柱类型	材料	密度/(g/cm³)	药柱质量/kg
总计	—	—	20.55
性能参数			

总推力冲量/(kN·s)	总燃烧时间/s	发动机总质量/kg	发动机质量比	发动机冲量比
45.6	15	34.5	0.6	1.32

注：发射级、增速级、加速级推进剂比冲为 2.3kN·s/kg，续航级推进剂比冲为 2.1kN·s/kg。

1) 发动机结构

四推力组合装药发动机由壳体组件、四推力组合装药药柱、点火具组件、后盖组件等组成，其三维结构图见图 1-2-60。该发动机设置在导弹后部，为单喷管结构。

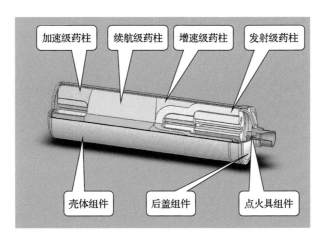

图 1-2-60 四推力组合装药发动机

2) 主要组件

壳体组件如图 1-2-61 所示，喷管座组件如图 1-2-62 所示。

14. 双推力组合装药发动机

有的导弹常将发动机设置在中部，采用斜置斜切多喷管，如中型反坦克导弹双推力组合装药发动机，采用了四喷管，斜置角为 24°。为保持喷管出口面与弹体一致，将长度余量足够的四个喷管与喷管座后盖装成分组件后，采用线切割工艺，将喷管出口形面加工成弧形，并与该舱段壳体内壁直径相吻合，尽量使喷管出口形面与导弹外形平整一致，减少飞行阻力。

现以该发动机为例，说明发动机的结构组成及各组件的功能。双推力四喷管

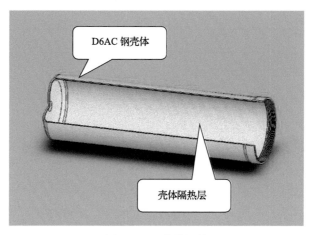

图 1-2-61　壳体组件

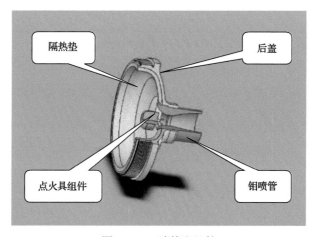

图 1-2-62　喷管座组件

导弹发动机总体结构如图 1-2-63 所示。

　　1) 燃烧室壳体组件

　　燃烧室壳体组件由壳体和壳体隔热层组成，一般壳体用高强度结构钢制成，隔热层多采用三元乙丙橡胶或硅橡胶制成筒形结构件，采用专用工装，在硫化前将其贴合在壳体内壁，并用气囊加压固化成型。也有产品发动机壳体隔热层采用常温硫化硅橡胶，成型前为液态。采用旋转设备制作的燃烧室壳体组件结构见图 1-2-64。

　　2) 四推力组合装药组件

　　组合装药由整体组合药柱、密封隔热垫和包覆组成。密封隔热垫用酚醛树脂浸渍玻璃布压制的板材车制而成。包覆用三元乙丙橡胶或硅橡胶制成筒形件，再用专用工装，采用套包工艺将整体药柱包覆成组合装药。

　　喷管座组件结构组成见图 1-2-65。

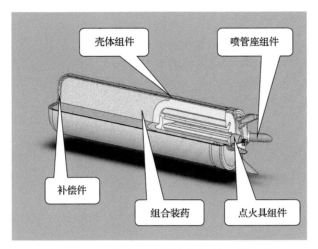

图 1-2-63 双推力四喷管导弹发动机总体结构

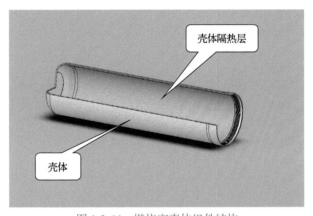

图 1-2-64 燃烧室壳体组件结构

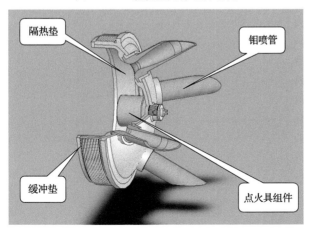

图 1-2-65 喷管座组件结构

因装药发射级的药柱采用后端面和内孔侧燃药形，点火具组件需安装在燃烧室后部，如图 1-2-65 所示。点火具组件由点火药盒、电起爆器和转接螺堵组成。顿感型电起爆器属专用火工器件，按技术要求由生产单位提供。因发动机的工作时间长，转接螺堵的正负极导线采用瓷封结构制成。

第 2 章　组合装药过渡段设计及燃烧特性

组合装药燃烧中，要进行不同推力级的转换，其推力和压强会从高向低或从低向高变化，将这段燃烧时间内的过渡过程称作过渡段。两级过渡时，随着燃烧层的推移，两级间燃烧界面形面面积和位置的变化，影响过渡段推力和压强的变化，变化的量是由两级药柱界面的形状、位置和燃烧面积，以及两级推进剂的燃烧性能共同决定的。因此，两级药柱在过渡段的设计和参数计算，是组合装药设计的重要内容之一。

因为两级间过渡有多种形式，过渡段的参数也有不同的变化，过渡段设计要保证两级过渡时压强和推力变化稳定；燃烧过渡中药柱的结构完整性也要得到保证，使多推力组合装药发动机工作稳定和可靠[5]。

现结合各组合装药的设计实例，说明过渡段设计的重要性，给出两级间药柱界面的确定方法，阐述过渡段的燃烧过程，进行过渡段推力、压强随时间变化的计算等，从理论分析的角度，更深入介绍组合装药在过渡段的燃烧特性。

2.1　双推力组合装药过渡段设计及燃烧特性

两级过渡界面从同一界面开始，随着燃烧过程中燃烧界面的推移，推力和压强也从高到低发生变化，这种过渡形式，是多推力组合装药常用的两级间过渡形式，单室双推力组合装药中的两级过渡就属于这种过渡形式。在两级推力比较高的情况下，发射级药柱燃烧面积大，推进剂的燃速高，使得平均推力和燃烧室压强高。为满足推力比的要求，选择的续航级推进剂燃速低；续航级药柱为弧形端面燃烧药柱，燃烧面积小，过渡到续航级后，燃烧室的压强降低。两级推力比越大，形成的压强差也越大。这些虽然容易满足两级高推力比要求，但过渡到续航级后，受燃烧室压强低、推进剂燃速低、燃烧面积小等因素影响。对于两级界面相同，两级推进剂不是混合燃烧，当续航级推进剂不在发射级推进剂燃烧时就参与燃烧时，这种界面设置会使续航级推进剂不容易点燃，严重时会产生续航初始压强降低[6]，出现续航级压强曲线下凹，如图 2-1-1 所示。有的还会出现断续燃烧等不正常燃烧现象，影响装药的正常工作。参考相似产品发动机装药使用的结果，在过渡段相同形状界面设计的情况下，采用两种推进剂混合燃烧的措施，较好地解决了上述问题。

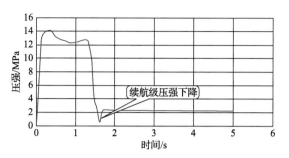

图 2-1-1　续航级下凹压强曲线

相同形状界面在过渡段混合燃烧的情况下，当双推力组合装药高推力的发射级向低推力续航级过渡时，两级界面形状和位置的设计方法如下：在过渡段，采用三维图形法，计算参与燃烧的两级药柱燃烧面积的变化，在给定续航级推进剂在过渡段较高压强范围的燃速数据和比冲的条件下，计算出过渡段推力和压强随燃烧时间的变化数据，在理论上，能更深入表征装药在过渡段燃烧的规律和特性。

2.1.1　双推力组合装药过渡段燃烧面积

和以往的设计一样，先作出三维分层燃烧图，按图形法计算过渡段的燃烧面积随燃层厚度变化的逐点数据；根据两级推进剂在过渡段的燃烧性能，计算出压强和推力随时间变化的逐点数据。为避免压强曲线下凹的问题，在过渡段同一形面的药形下，采用两种不同推进剂混合燃烧的设计。根据平行层燃烧原理，在发射级药柱燃烧终止前，让续航级推进剂就参与燃烧。这种过渡段界面设计，达到了两级推进剂混合燃烧的目的，有效解决了续航级药柱难以点燃的问题。

　1. 过渡段分层燃烧图及燃烧面积变化数据

过渡段分层燃烧图可以直观显示燃烧界面的位置变化，参与过渡段燃烧的各燃烧层及燃烧面积，以及燃烧的是哪一级的推进剂。过渡段分层燃烧如图 2-1-2 所示，从图中可以看出两级推进剂参与燃烧的过程及各自的燃烧面积。

由于浇铸发射级推进剂时，按设计要求，药模模芯底面与续航级药柱之间有预留空间，其深度尺寸小于发射级药柱的侧面燃层厚度，这样设计使发射级药柱还未燃完时，占据发射级弧形端面尺寸的续航级推进剂就提前参与燃烧，这是两种推进剂混合燃烧时主要的一部分。在进入过渡段燃烧时，除发射级药柱的弧形端面参与燃烧外，星形侧面燃烧的余药也参与过渡段燃烧，通过三维图形法计算出其余药燃烧面积。在这部分余药燃烧中，续航级药柱仍参与燃烧，这是这种过渡形式两种推进剂混合燃烧的另一部分。

通过三维图形法计算，将过渡段燃烧面积随燃层厚度变化的逐点数据计算结果列于表 2-1-1。

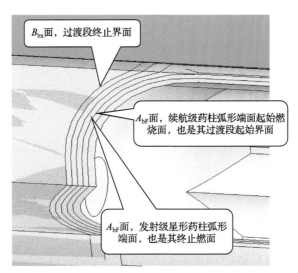

图 2-1-2 发射-续航过渡段分层燃烧图

表 2-1-1 过渡段燃烧面积随燃层厚度变化的逐点数据

序号	燃层厚度/mm	燃烧面积/cm²	备注
1	0	1333.4	过渡段起始界面
2	3	1343.3	—
3	6	1292.9	—
4	9	709.2	—
5	12	395.0	—
6	15	294.0	过渡段终止界面

过渡段燃烧面积随燃层厚度变化曲线如图 2-1-3 所示。

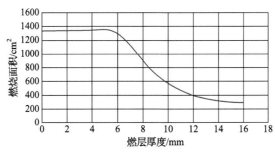

图 2-1-3 过渡段燃烧面积随燃层厚度变化曲线

2. 过渡段两级推进剂参与燃烧过程

以三维图形法的形式，直观显示出过渡段界面的位置，燃烧推移过程，以及两级推进剂燃烧面积的大小。过渡段的弹道参数计算，就是根据三维图形法计算的燃烧面积，两级推进剂在过渡段的燃烧性能，比冲的实测结果进行计算，较为直观准确。也可将这种过渡段弹道性能计算方法，编制成计算机计算组合装药过渡段弹道性能的分程序。

由图 2-1-4 可知，过渡段的起始燃面，由发射级前端面燃烧面积(红色面)和侧燃烧面积(黄色面)组成，所处发射级药柱燃层厚度为 24mm，发射级端面燃烧面积和侧燃烧面积为 1059.3cm^2，续航级弧形端面燃烧面积为 274.1cm^2。

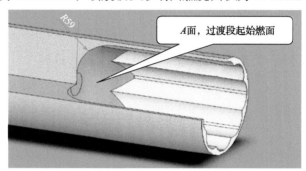

图 2-1-4　过渡段的起始燃面(单位：mm)

当燃烧 3mm 燃层厚度时，发射级燃到 27mm，发射级的端面燃烧面积和侧燃烧面积为 1042.5cm^2，续航级弧形端面燃烧面积为 300.8cm^2，如图 2-1-5 所示。

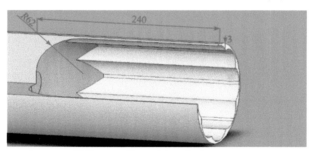

图 2-1-5　燃烧 3mm 燃层厚度的燃烧界面(单位：mm)

当燃烧 6mm 燃层厚度时，发射级燃烧到 30mm，发射级端面燃烧面积和余药侧燃烧面积为 964.8cm^2；续航级端面燃烧面积为 328.1cm^2，如图 2-1-6 所示。

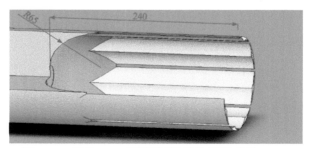

图 2-1-6　燃烧 6mm 燃层厚度的燃烧界面(单位：mm)

当燃烧 9mm 燃层厚度时，发射级燃烧到 33mm，发射级端面燃烧面积和余药侧燃烧面积为 383.5cm^2，续航级弧形端面燃烧面积为 325.7cm^2，如图 2-1-7 所示。

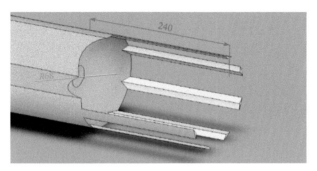

图 2-1-7　燃烧 9mm 燃层厚度的燃烧界面(单位：mm)

当燃烧 12mm 燃层厚度时，发射级端面燃烧面积和余药侧燃烧面积为 18.1cm^2，续航级弧形端面燃烧面积为 275.9cm^2，如图 2-1-8 所示。

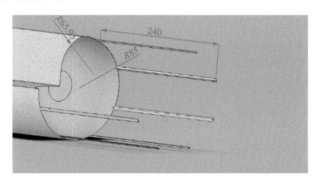

图 2-1-8　燃烧 12mm 燃层厚度的燃烧界面(单位：mm)

当燃烧 15mm 燃层厚度时，发射级已燃烧结束，续航级弧形端面燃烧面积为 292cm^2，如图 2-1-9 所示。

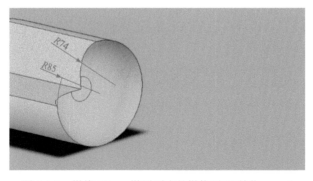

图 2-1-9　燃烧 15mm 燃层厚度的燃烧界面(单位：mm)

2.1.2　双推力组合装药过渡段燃烧特性

在双推力组合装药设计实例中，是将两级药柱过渡界面(A 面)设置在发射级药柱燃层厚度以内。在分层燃烧图中发射级推进剂的燃层厚度为 24mm，其余 6mm为续航级推进剂。进入过渡段燃烧阶段后，发射级推进剂参与燃烧的燃烧面积减少，引起压强和推力下降；进入起始燃烧的续航级推进剂燃烧面积也在减小，这是过渡段压强和推力下降的影响因素，但此时燃烧室压强高于续航级工作压强，推进剂在过渡段压强较高的条件下燃烧，燃速升高。

1. 影响过渡段弹道性能参数的因素

1) 影响燃烧时间的因素

因为装药在过渡段的燃烧是沿发动机轴向进行的，而沿这个方向燃烧的是续航级推进剂，所以在过渡段压强下，续航级推进剂的燃速决定了过渡段燃烧时间。

2) 影响推力和压强的因素

在过渡段，除了两级推进剂出现混合燃烧的燃烧特性以外，两级推进剂参与燃烧的燃烧面积也大有不同；在过渡段变压强的条件下，两级推进剂的燃速和推进剂的比冲各有不同，也就是两种推进剂的能量发挥程度和燃烧性能随压强变化都发生了改变。如前文所述，将比冲和密度的乘积称为密度比冲，燃烧面积与燃速的乘积称推进强度，在过渡段同一燃烧时刻，两级推进剂的密度比冲和推进强度所占比例决定了推力和压强的大小。

3) 两种推进剂的能量特性和燃烧性能参数的测定

计算各燃烧时刻对应的推力和压强，需要分别给出两级推进剂在过渡段压强范围内的燃速数据、燃速公式和比冲。

发射级推进剂燃速公式：

$$u_{\mathrm{f}} = 1.08 p_{\mathrm{f}}^{0.3}$$

过渡段发射级比冲的平均值为 2.2kN · s/kg。

续航级推进剂燃速公式：

$$u_{\mathrm{x}} = 2.87 p_{\mathrm{x}}^{0.35}$$

过渡段续航级比冲的平均值为 2.1kN · s/kg。

2. 过渡段推力和压强变化

过渡段推力和压强逐点数据如表 2-1-2 所示。

表 2-1-2　过渡段推力和压强逐点数据

发射级					续航级					备注
燃层厚度/mm	燃烧面积/cm²	燃速/(mm/s)	推力/kN	压强/MPa	燃层厚度/mm	燃烧面积/cm²	燃速/(mm/s)	推力/kN	压强/MPa	
21	1224.0	22.30	10.450	12.390	0	0	0	0	0	未燃
24	1059.0	22.50	10.730	12.610	0	274.1	16.37	1.652	0.201	起始燃面
27	1043.0	21.33	8.674	10.550	3	300.8	17.08	1.865	0.227	—
30	964.8	10.29	0.842	0.446	6	328.1	17.57	2.022	0.246	—
33	383.5	8.26	0.117	0.142	9	383.5	17.47	2.172	0.265	—
0	275.9	5.31	0.035	0.102	12	275.9	16.05	1.551	0.190	发射燃完
0	275.9	0	0	—	15	262.7	15.99	1.377	0.188	终止燃面

　　表 2-1-2 通过三维图形法，分别计算出在过渡段两级推进剂药柱各自参与燃烧的燃烧面积，也给出两级推进剂在过渡段变压强下各自的燃速，假设两种推进剂比冲变化不大的情况下，可取比冲的中间值，逐点计算出过渡段的压强和推力，从理论计算的角度来了解这种过渡段的燃烧特性。

　　3. 过渡段燃烧时间及逐点推力和压强

　　过渡段燃烧时间是由续航推进剂参与燃烧的燃层厚度和燃速决定的，续航推进剂的平均燃速为 16.76mm/s，燃层厚度为 0.9cm，燃烧时间为 0.536s。

　　过渡段推力和压强随燃烧时间变化的逐点数据列于表 2-1-3。推力曲线和压强曲线分别见图 2-1-10 和图 2-1-11。

表 2-1-3　过渡段推力和压强随燃烧时间变化的逐点数据

时间/s	推力/kN	压强/MPa	备注
0	12.890	13.120	过渡起始时间
0.1	12.380	12.810	—
0.2	10.540	10.830	—
0.3	2.864	0.692	—
0.4	2.289	0.407	—
0.5	1.586	0.292	—
0.6	1.377	0.188	过渡终止时间

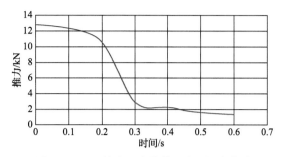

图 2-1-10　双推力组合装药过渡段推力曲线

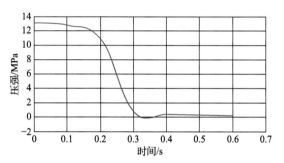

图 2-1-11　双推力组合装药过渡段压强曲线

2.1.3　双推力组合装药过渡段界面设计

如图 2-1-12 中两级过渡界面处的双实线所示,其厚度为 5mm,是车制续航级药柱时,按尺寸多出这 5mm 的燃层厚度,在浇铸发射级推进剂时形成的工艺界面,这就是过渡段的初始界面,使发射药柱弧形端面的燃层厚度短 5mm。从而在燃烧时形成两级推进剂的混合燃烧。

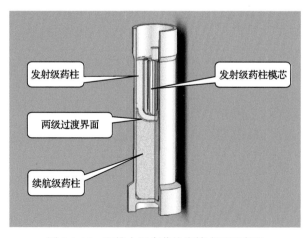

图 2-1-12　双推力组合药柱浇铸成型示意图

在安装发射级模芯时，模芯底部端面距续航级药柱弧形端面的距离小于发射级侧燃的燃层厚度 5mm，就可保证在发射级药柱燃烧终止前，续航级药柱也参与燃烧。在过渡段，通过合理放置模芯位置，就可以实现同样的弧形端面，由高压向低压过渡时，两级推进剂混合燃烧界面的设计和成型，如图 2-1-13 所示。

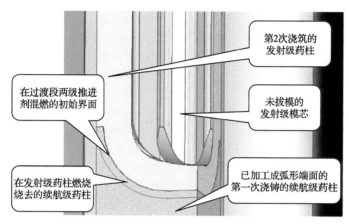

第2次浇筑的发射级药柱

未拔模的发射级模芯

在过渡段两级推进剂混燃的初始界面

已加工成弧形端面的第一次浇铸的续航级药柱

在发射级药柱燃烧烧去的续航级药柱

图 2-1-13　浇铸组合药柱工艺局部放大示意图

图 2-1-12 和图 2-1-13 中为两级药柱浇铸成型时，形成两级过渡段的状态，浇铸发射级药柱前，已对第一次浇铸的续航级药柱进行加工，形成两级药柱的工艺界面。由于发射级药柱侧面燃层厚度为 2.5cm，而其端面弧形燃层厚度为 2.0cm。设计过渡段后，在发射级药柱燃烧终止前的弧形端面处，续航级有 0.5cm 燃层厚度，续航推进剂参与了燃烧。这种混合燃烧，有效解决了发射级药柱燃完后，续航级药柱难以点燃的问题。

双推力组合装药分层燃烧如图 2-1-14 所示。

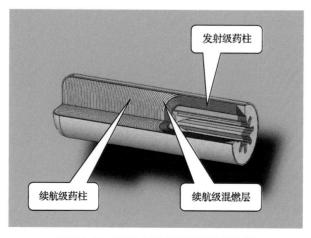

发射级药柱

续航级药柱

续航级混燃层

图 2-1-14　双推力组合装药分层燃烧图

2.2　三推力组合装药过渡段设计及燃烧特性

本节所述组合装药过渡段是针对三推力组合装药设计的，该组合装药为发射-续航-加速型，装药燃烧为发动机产生三级推力，可连续为导弹发射、续航和加速飞行提供所需动力。结合这种三推力组合装药的弹道性能设计计算结果，进行高压向低压的过渡段设计。

2.2.1　三推力组合装药过渡段燃烧面积

该组合装药的三级药柱选用不同燃烧性能的推进剂，为提高组合装药的推力比，发射级采用淤浆浇铸高燃速推进剂；加速级和续航级采用低燃速造粒浇铸推进剂。为保证续航级推进剂容易点燃，设计上采取以下措施：一是发射级采用六臂车轮形药形，除具有较大的燃烧面积以外，余药量较大，余药燃烧时间长，续航级药柱初始燃面开始燃烧时，这部分余药也参与燃烧，增加了续航级初始点燃面积，利于点燃续航级药柱；二是通过发射级药形根部圆弧设计，使续航级初始燃面形成较大的弧形面积燃烧，利用其大面积燃烧，来点燃续航级药柱，以保证续航级药柱可靠点燃[7,8]。

发射级向续航级过渡的分层燃烧药柱如图 2-2-1 所示，可以看出，在相同形状界面的过渡段，将发射级侧面燃烧的燃层厚度，设计成与端面弧形燃烧面积的燃层厚度相等，发射级向续航级过渡时，在发射级药柱的侧面燃层厚度燃烧终止

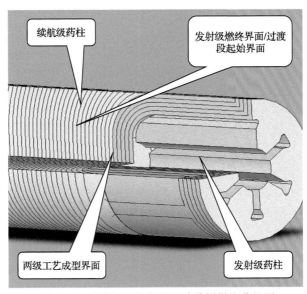

图 2-2-1　发射级向续航级过渡分层燃烧药柱图

时，其弧形端面也燃烧了相同的燃层厚度，发射级工作结束时的终止燃面也是过渡段的起始界面。这种过渡使两级过渡界面成为同一界面。在向续航级燃烧过渡时，发射级药柱的余药还要继续参与燃烧，直到余药燃完为止，形成该过渡段的整个燃烧过程。

1. 发射级向续航级过渡界面的工艺成型

如前文所述，这两级过渡界面是一个弧形端面，该弧形端面的形状和几何尺寸，是根据推进剂药柱按平行层燃烧的原理确定的。在采用造粒浇铸成型的加速和续航两级药柱的坯件上，按设计的弧形端面尺寸进行加工，将已整形好的加速和续航两级药柱装入浇药模具中的指定位置，再浇铸发射级推进剂。这样会使续航级的药柱初始燃烧面积最大，保证续航级推进剂可靠点燃，又使两级过渡更加平稳。

2. 加速和续航两级药柱的整形

在浇铸发射级药柱前，对造粒浇铸成型的加速和续航两级药柱坯件，要按预留的加工余量进行整形，如图 2-2-2 所示。当浇铸发射级药柱后，再对三推力组合药柱的坯件进行加工整形，使其满足组合药柱的设计图纸要求。这样设计工艺规程，可使工艺操作时不损伤弧形端面，保持过渡界面的完整；通过合理确定加工余量，消除浇铸药柱中产生的各种缺陷。

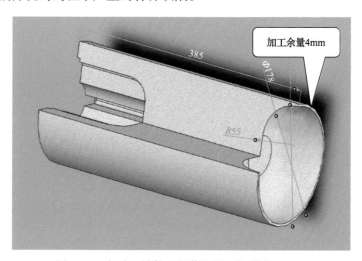

图 2-2-2　加速和续航两级药柱的坯件(单位：mm)

参与续航级药柱燃烧的发射级药柱分层燃烧的余药部分如图 2-2-3 所示。将计算各层余药的燃烧面积标识在图 2-2-4 中。

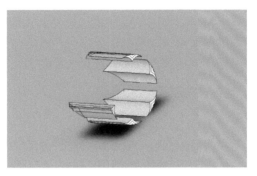

图 2-2-3　发射级余药

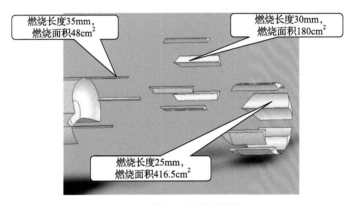

图 2-2-4　发射级各层余药燃烧面积

3. 两级过渡段续航级药柱各层燃烧面积

续航级参与过渡段燃烧是从续航级药柱的初始燃面开始的，以同样的燃烧速率向前燃烧推移，直到发射级余药燃完，两级混合燃烧的过渡段终止。续航级继续从燃烧 20mm 那一层药柱开始续航级药柱的单级燃烧。过渡段续航级各层药柱及燃烧面积如图 2-2-5 所示。

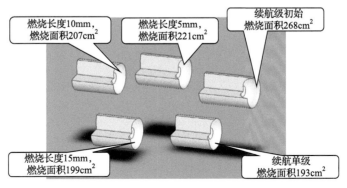

图 2-2-5　过渡段续航级各层药柱及燃烧面积

　　该组合药柱在发射级向航级药柱过渡中，过渡燃烧平稳，燃烧室压强不出现下凹的问题，在设计上采取了以下措施：在满足技术要求的前提下，尽量使两级的推力比较小；设计发射级六臂内孔药形时，设计较大的根部过渡圆弧，在向续航级药柱过渡时，续航级药柱的初始面积足够大；参与过渡燃烧的发射级余药面积也较大。以上设计措施是两级过渡燃烧平稳的保证。

　　综合计算两级混合燃烧各层燃烧面积，并将其列于表 2-2-1 中。

表 2-2-1　过渡段燃烧面积度变化的逐点数据

序号	燃层厚度/mm	发射级燃烧面积/cm²	续航级燃烧面积/cm²	备注
1	0	416.5	286	过渡段起始界面
2	5	180.0	221	—
3	10	48.0	207	—
4	15	82.7	193	过渡段终止界面

2.2.2　三推力组合装药过渡段燃烧特性

　　由于药柱燃烧是按照平行层燃烧的原理进行的，用三维图形法，已经计算出过渡段两级各自的燃烧面积；在过渡段压强变化的条件下，结合实测两级推进剂的比冲和燃速，就可计算出过渡段燃烧室压强和推力随过渡段燃烧时间变化的逐点数据。

　　1. 发射级淤浆浇铸推进剂的实测性能

　　燃速仪测试的燃速见表 2-2-2。

表 2-2-2　发射级淤浆浇铸推进剂燃速测试结果

压强/MPa	11	13	15	17	19
燃速/(mm/s)	25.7	26.8	28.0	28.7	29.4

　　燃速公式为 $u_f = 1.411 p_f^{0.25}$，50mm 标准发动机测试推进剂的比冲测试结果为 2.4kN·s/kg，推进剂密度为 1.68g/cm³。

　　2. 续航和加速级造粒推进剂性能实测结果

　　续航加速两级造粒推进剂燃速测试结果如表 2-2-3 所示。

表 2-2-3　续航加速两级造粒推进剂燃速测试结果

压强/MPa	1.5	2	2.5	3	3.5
燃速/(mm/s)	13.3	14.2	15.0	15.7	16.3

燃速公式为 $u_x = 1.193 p_{cx}^{0.25}$，50mm 标准发动机测试推进剂的比冲测试结果为 2.2kN·s/kg，推进剂密度为 1.7g/cm³。

3. 过渡段燃烧面积随时间的变化

将计算过渡段燃烧面积随时间变化的逐点数据列于表 2-2-4，其推力曲线和压强曲线分别见图 2-2-6 和图 2-2-7。

表 2-2-4 过渡段燃烧面积随时间变化逐点数据

时间/s	发射级燃烧面积/cm²	续航级燃烧面积/cm²	备注
0.92	416.5	286	过渡起始燃面
1.16	180.0	221	—
1.45	48.0	207	—
1.84	82.7	193	过渡终止燃面

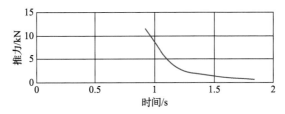

图 2-2-6 三推力组合装药过渡段推力曲线

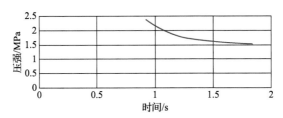

图 2-2-7 三推力组合装药过渡段压强曲线

过渡段燃烧时间是由续航推进剂参与燃烧的燃层厚度和燃烧时间决定的，续航推进剂的平均燃速为 16.76mm/s，燃层厚度为 0.9cm，燃烧时间为 0.536s。

2.2.3 三推力组合装药过渡段装药结构

发射-续航-加速型三推力组合装药结构如图 2-2-8 所示。

续航级的燃面可以是弧形端面燃面，也可以是平直端面燃面，弧形端面燃面是因为发射级采用内孔侧燃药形，其药形根部用过渡圆弧与续航级药柱相接，其

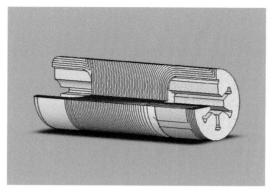

图 2-2-8　发射-续航-加速型三推力组合装药

作用是减少较高的燃烧室压强引起的应力集中，改善药柱的承载能力。采用这种设计的组合药柱，在燃烧的过程中，发射级过渡到续航级后，就形成了弧形燃烧端面；当续航级采用造粒浇铸推进剂时，在药模中，要将推进剂粒子铺成平直端面，两级界面就形成平直界面。

　　本部分示例的续航级是以弧形端面燃面向加速级燃烧推移的，当续航级燃烧到加速级时，采用四槽形侧面燃烧的加速级药柱向外燃烧，此时，续航级仍有余药以弧形燃面的形式向后部燃烧推移，在续航级余药燃烧过程中，就形成不同燃面的两级药柱过渡燃烧的形式。这一燃烧过程，由于燃烧面积较小的续航级药柱向燃烧面积较大的加速级药柱过渡燃烧，在燃烧室压强产生变化的条件下，推进剂的燃速将随压强的变化而改变，尽管两级药柱采用同一种推进剂，其过渡段也要根据各自不同的燃烧面积，推进剂燃烧性能的变化，计算该过渡段的弹道参数，其过渡段燃烧也显现出不同的燃烧特性。

2.3　三推力组合装药发射-续航过渡段混合燃烧特性

　　该组合装药的药形和结构均与 2.2 节三推力组合装药相同，不同的是两级选用的推进剂不同：前者三推力组合装药的两级都是不同燃速的造粒浇铸推进剂；本节的组合装药，发射级采用淤浆浇铸的改性双基推进剂，续航级则采用造粒浇铸改性双基推进剂。

　　由于两级的推进剂不同，在两级过渡段压强变化的条件下，发射级推进剂和续航级推进剂的燃烧性能变化并不一致。由于参与燃烧的燃烧面积各不相同，生成各自的压强比率各不相同[9]。这种组合装药两级过渡段的设计及其燃烧特性较为复杂。

2.3.1　三推力组合装药发射-续航过渡段分层燃烧过程

1. 发射级向续航级过渡段分层燃烧过程

发射级向续航级过渡分层燃烧如图 2-3-1 所示，带余药的发射级分层药柱如图 2-3-2 所示。

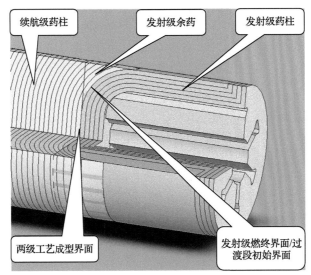

续航级药柱　发射级余药　发射级药柱

两级工艺成型界面　　发射级燃终界面/过渡段初始界面

图 2-3-1　发射级向续航级过渡分层燃烧图

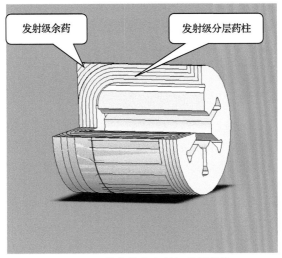

发射级余药　　发射级分层药柱

图 2-3-2　带余药的发射级分层药柱

对参与续航级药柱燃烧的发射级药柱的余药，采用三维图形法计算各层燃烧面积。发射级余药分层燃烧如图 2-3-3 所示。计算各层余药的燃烧面积标记在图 2-3-4 中。

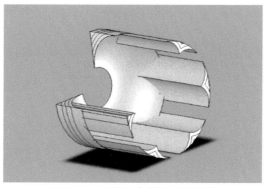

图 2-3-3　发射级余药分层燃烧图

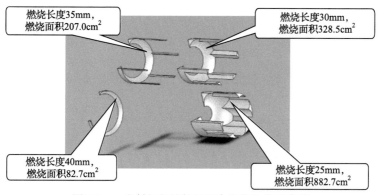

燃烧长度35mm，燃烧面积207.0cm²

燃烧长度30mm，燃烧面积328.5cm²

燃烧长度40mm，燃烧面积82.7cm²

燃烧长度25mm，燃烧面积882.7cm²

图 2-3-4　发射级与续航级混合燃烧的各层余药

2. 过渡段中续航级各层药柱及燃烧面积

续航级参与过渡燃烧是从续航级药柱的初始燃面开始的，以同样燃烧速率向前燃烧推移，直到发射级余药燃完为止，两级混合燃烧的过渡段也随之终止。过渡段续航级各层药柱及燃烧面积如图 2-3-5 所示。

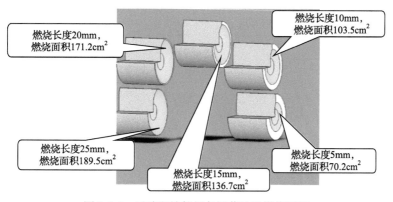

燃烧长度20mm，燃烧面积171.2cm²

燃烧长度10mm，燃烧面积103.5cm²

燃烧长度25mm，燃烧面积189.5cm²

燃烧长度15mm，燃烧面积136.7cm²

燃烧长度5mm，燃烧面积70.2cm²

图 2-3-5　过渡段续航级各层药柱及燃烧面积

计算两级混合燃烧各层燃烧面积的逐点数据，并将其列于表 2-3-1。

表 2-3-1 过渡段燃烧面积变化的逐点数据

序号	燃层厚度/mm	发射级燃烧面积/cm²	续航级燃烧面积/cm²	备注
1	0	882.7	70.2	过渡段起始界面
2	5	328.5	103.5	——
3	10	207.0	136.7	——
4	15	82.7	171.2	过渡段终止界面
5	20	0	189.5	过渡到续航级

2.3.2 三推力组合装药发射-续航过渡段燃烧特性

1. 发射级淤浆浇铸推进剂的实测性能

燃速仪测试的发射-续航过渡段发射级淤浆浇铸推进剂燃速见表 2-3-2。

表 2-3-2 发射-续航过渡段发射级淤浆浇铸推进剂燃速测试结果

压强/MPa	13	15	18	20	21
燃速/(mm/s)	29.5	30.6	32.0	32.9	33.3

燃速公式为 $u_f = 1.554 p_f^{0.25}$，50mm 标准发动机测试推进剂的比冲测试结果为 2.3kN·s/kg，推进剂密度为 1.68g/cm³。

该组合装药发动机的喷喉面积为 0.5cm²，发射级推力系数 C_{Ff} 为 1.45。

2. 续航推进剂性能实测结果

发射-续航过渡段续航级推进剂燃速测试结果如表 2-3-3 所示。

表 2-3-3 发射-续航过渡段续航级推进剂燃速测试结果

压强/MPa	1.5	2	2.5	3.0	3.5
燃速/(mm/s)	14.4	15.3	16.0	16.6	17.1

燃速公式为 $u_x = 1.33 p_{cx}^{0.2}$，50mm 标准发动机测试推进剂的比冲测试结果为 2.2kN·s/kg，推进剂密度为 1.7g/cm³。

3. 过渡段推力和压强随时间的变化

除过渡段两级药柱参与燃烧的面各不相同以外，推进剂燃速随压强变化也不相同,将计算过渡段推力和压强随时间变化逐点数据列于表 2-3-4 和表 2-3-5,其推力曲线和压强曲线分别见图 2-3-6 和图 2-3-7。

表 2-3-4 过渡段两级各自生成的推力和压强

时间/s	发射级				续航级				备注
	燃烧面积/cm²	燃速/(mm/s)	推力/kN	压强/MPa	燃烧面积/cm²	燃速/(mm/s)	推力/kN	压强/MPa	
0.83	882.7	32.0	10.9	15	70.2	14.1	1.5	2.37	过渡段起始燃面
1.16	328.5	20.0	3.66	5.0	103.5	13.4	1.17	1.83	—
1.45	207	16.2	1.59	2.2	136.7	13.3	1.04	1.63	—
1.84	82.7	11.1	0.35	0.48	171.2	13.2	0.97	1.53	过渡段终止燃面

表 2-3-5 过渡段推力和压强随时间变化的逐点数据

时间/s	推力/kN	压强/MPa	备注
0.6	12.6	17.61	—
0.83	12.4	17.37	过渡段起始界面
1.16	4.83	6.83	—
1.45	2.63	3.83	—
1.84	1.32	2.81	过渡段终止界面
1.90	1.32	2.81	过渡到续航级

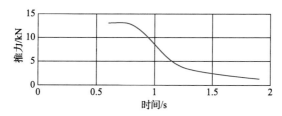

图 2-3-6 三推力组合装药发射-续航过渡段推力曲线

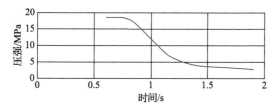

图 2-3-7 三推力组合装药发射-续航过渡段压强曲线

2.3.3 三推力组合装药发射-续航过渡段装药结构

该三推力组合装药的发射级采用淤浆浇铸高燃速推进剂，加速级和续航级采用造粒浇铸改性双基推进剂，为简化整形工艺，常使得两级过渡界面平直，这样就形成平直的工艺界面，如图 2-3-8 所示。这种平直的工艺界面，使得两级的燃烧过渡与同种推进剂的不同，需要考虑两级各自参与燃烧不同的燃烧面积，以及过渡段压强变化引起的两级推进剂性能的变化。

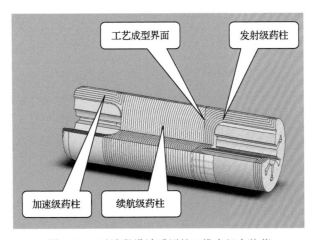

图 2-3-8 过渡段设计适用的三推力组合装药

2.4 四推力组合装药过渡段设计及燃烧特性

2.4.1 四推力组合装药过渡段燃烧面积

1. 过渡段范围和燃烧界面的确定

该组合药柱的过渡段，是针对四推力组合药柱的续航级向加速级过渡燃烧设计的。过渡段初始燃烧界面是续航级药柱终止燃烧的燃面，加速级燃烧后，其侧面燃面向外燃烧推移，而续航级药柱的余药向后燃烧推移，形成两级的过渡段，各药柱及特征面如图 2-4-1 所示。

2. 两级过渡段各自的燃烧面积

可用三维分层图形法计算各层药柱参与燃烧的面积。图形计算的结果分别标记在图 2-4-2 和图 2-4-3 中。

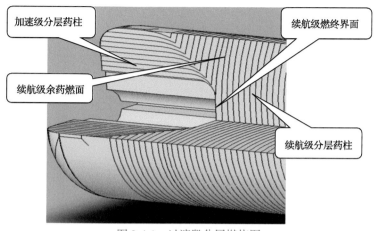

图 2-4-1　过渡段分层燃烧图

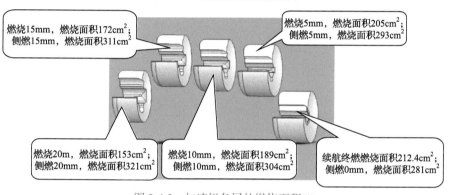

图 2-4-2　加速级各层的燃烧面积(1)

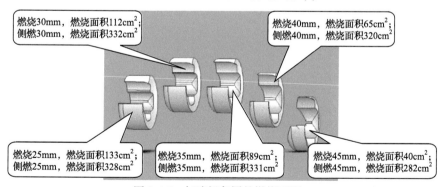

图 2-4-3　加速级各层的燃烧面积(2)

2.4.2　四推力组合装药过渡段燃烧特性

1. 推进剂性能测试结果

在两级过渡段燃烧室压强范围内, 将粒铸加速级推进剂的燃速实测结果列于

表 2-4-1。

表 2-4-1　加速级推进剂燃速测试结果

压强/MPa	3	4	5	6	7
燃速/(mm/s)	28.0	29.6	31.0	32.2	33.2

燃速公式为 $u_j = 2.247 p_j^{0.2}$，50mm 标准发动机测试推进剂的比冲为 2.1kN·s/kg，推进剂密度为 1.70g/cm³。

2. 压强和推力随时间变化逐点数据

该过渡段燃烧特性属于同种推进剂由低压向高压过渡的类型，装药加速级的起始推力为 5kN，压强为 5MPa；该装药发动机的喷喉面积为 0.74cm²，加速级推力系数 $C_{Fj} = 1.2$。

根据上述数据，就可对该装药续航级向加速级过渡燃烧特性进行设计与计算。

将两级燃烧面积计算结果与所计算的压强和推力逐点数据列于表 2-4-2。

表 2-4-2　过渡段推力和压强随时间变化逐点数据

燃烧时间/s	燃层厚度/mm	端燃面积/cm²	侧燃面积/cm²	总燃烧面积/cm²	燃速/(mm/s)	推力/kN	压强/MPa	备注
10.28	—	—	—	—	—	2.30	2.08	续航级燃终时间
10.30	0	212.4	281	490	31	5.00	5.62	加速级起始燃面起始
10.46	5	205	293	498	32	5.45	6.12	时间 10.30s
10.61	10	189	304	493	32	5.57	6.25	—
10.77	15	172	311	483	32	5.45	6.13	—
10.92	20	153	328	535	33	6.04	6.79	—
11.08	25	133	328	461	32	5.37	6.03	—
11.23	30	112	332	444	32	5.01	5.63	—
11.39	35	89	331	420	31	4.75	5.33	—
11.56	40	65	320	385	31	4.21	5.32	—
11.72	45	40	282	322	29	3.52	3.96	—

注：加速级起始燃面指加速级开始燃烧的燃面；续航级燃层厚度指续航级药柱以弧形端面向加速级燃烧推移的距离。

该过渡实例源于四推力组合装药的续航级向加速级过渡，续航级终燃时间为 10.5s。续航级过渡到加速级的推力曲线如图 2-4-4 所示。

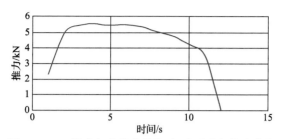

图 2-4-4　四推力组合装药续航-加速过渡段推力曲线

推力曲线的起始点推力为 2.3kN，与续航级燃终点的推力相同，在续航级过渡到加速级时续航级药柱的余药参与了加速级的燃烧，而两级参与燃烧的燃烧面积是不同的。由于两级推进剂是同种推进剂，两者在同一过渡段压强的变化范围内，其燃烧性能和能量特性也都是相同的，这和两级采用不同推进剂的过渡段的设计与计算相比，较为简单。

同样，推力曲线的起始点压强为 2.08MPa，与续航级燃终点的压强相同。

续航级过渡到加速级的压强曲线见图 2-4-5。

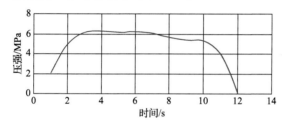

图 2-4-5　四推力组合装药续航-加速过渡段压强曲线

2.4.3　四推力组合装药过渡段装药结构

该四推力组合装药分层燃烧如图 2-4-6 所示，表示各级药柱平行燃烧的推移过程，加速和续航两级先采用造粒浇铸成型，整形后再成型发射和增速两级药柱。

2.4.4　四推力组合装药过渡段工艺成型

发射-增速-续航-加速型四推力组合装药采用了造粒浇铸工艺。这一新的工艺技术已应用于战术导弹动力推进系统，由于这种推进剂具有较高的性能和良好的环境适应性，有效提高了动力推进效能和环境温度适用范围。粒铸推进剂在成型药柱时，先按设计尺寸将界面上的粒子铺平，浇铸后形成平直工艺界面，这一界面决定了哪两级会构成过渡段，由此来确定两级推进剂混合燃烧的形式。为使药柱燃烧中两级过渡平稳，常采用这种设计。该四推力组合药柱，是在增速级与续航级之间设置工艺界面的。

本小节着重对这种过渡形式的设计过程及内容加以说明。

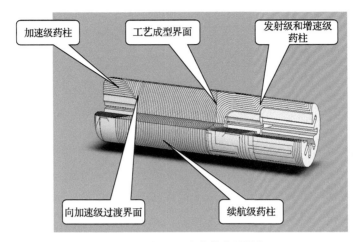

图 2-4-6　四推力组合装药分层燃烧图

　　造粒推进剂是以不同燃速的粒子作填料，以硝化甘油为溶剂的一种浇铸成型的固体燃料。粒子中含有固体推进剂的各种组分，包括硝化棉、硝化甘油、催化剂、弹道稳定剂、防老化剂等。该推进剂具有能量较高、性能稳定、环境温度适应性强等优点，是近年来战术导弹和火箭发动机的常用推进剂之一。

　　造粒推进剂的成型工艺与其他类型推进剂不同，如与复合推进剂、浇铸双基推进剂和淤浆浇铸改性双基推进剂等都不相同，这些推进剂药柱，是将已经配好的料浆直接浇铸在药模中，经固化成型出药柱坯件。造粒推进剂是先将粒子装填在药模中的不同位置，该粒子可为同燃速粒子，也可为不同燃速粒子，按尺寸装填完粒子后，再从药模下方通入硝化甘油溶剂，经固化，成型出药柱坯件。两种燃速粒子的分界面，是将装在药模下面的粒子整平后再装入上面的粒子形成的，成为两级药柱的固定界面。发射级和加速级侧面燃烧的模芯，是在装填粒子前就将其安装在药模的相应位置上。各模芯的长度尺寸都有足够的余量，成型出的各内孔深度，也均比设计尺寸长，对成型出的药柱坯件进行整形后，便制成成品组合药柱。造粒浇铸成型后的三推力组合药柱已用于定型产品，其成型工艺示意图如图 2-4-7 所示。

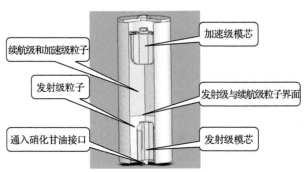

图 2-4-7　造粒浇铸工艺成型示意图

2.5 四推力组合装药增速-续航过渡段混合燃烧特性

在四推力组合装药设计实例中,药柱成型选用了粒铸推进剂造粒浇铸成型工艺,除了可实现一次浇铸和一次固化就能制成药柱以外,还使组合装药两级界面的设计更加灵活。为了使增速级向续航级燃烧过渡更加平稳,在过渡段设计中,设计成增速级药柱开始燃烧时,续航级药柱也参与燃烧,形成了两种不同燃速粒子的推进剂混合燃烧,同时也形成不同燃烧面积的两级药柱共同燃烧过渡的形式。在增速级向续航级过渡的最后阶段,增速级的余药又继续参与了续航级的燃烧,也形成两级推进剂混合燃烧的过程。这种过渡段设计,有利于高推力比的四推力组合装药发动机点燃续航级推进剂药柱;能使增速级向续航级药柱的过渡燃烧平稳可靠,是一种很好的过渡形式。两种混燃过渡的形式,如图 2-5-1 所示的发射级向续航级过渡分层燃烧图。

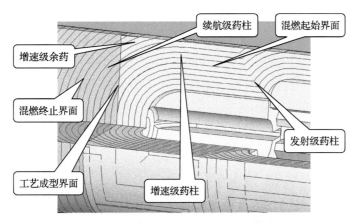

图 2-5-1 发射级向续航级过渡分层燃烧图

2.5.1 四推力组合装药增速级向续航级过渡段燃烧过程

1. 增速级向续航级燃烧过渡过程

该四推力组合装药设计,其发射级选择的药形为八角星形药形,药形的根部要设计成圆弧形,以减少应力集中。增速级向续航级燃烧过渡分两个步骤:第一步,当发射级药柱沿侧面向外燃烧到药柱外径处,也就是发射级药柱的燃层厚度刚好燃烧完时,增速级药柱与续航级药柱从工艺成型界面(粒子装填的平直界面)开始混合燃烧,直到增速级药柱也燃烧到药柱的外径处。第二步,增速级的余药和续航级的药柱混合燃烧,直到余药燃完为止。

由分层燃烧图，即图 2-5-1 可以看出，在增速级药柱侧面燃烧的燃层厚度内，由于药形根部的圆弧设计，形成增速级与续航级两级推进剂的弧形端面混合燃烧区；增速级药柱的余药参与燃烧后构成的也是弧形端面混合燃烧区。这种两级推进剂混合燃烧的设计，是为了使两级过渡燃烧更加稳定。

综上所述，从增速级燃烧开始，增速级与续航级就开始混合燃烧，燃烧面积应包括增速级药柱侧面各层燃烧面积，弧形端面燃烧面积也包含了续航级药柱部分燃烧面积，构成一部分两级混合燃面。

另一部分混合燃烧面积是增速级余药与续航级弧形端面的燃烧面积。这两部分混合燃面各自的燃烧面积，分别结合高燃速和低燃速推进剂的混合燃烧，形成过渡段的燃烧特性。从图 2-5-1 可以看出，造粒浇铸的工艺界面，即高燃速粒子和低燃速粒子平直分界面，是增速级与续航级混合燃烧，以及增速级余药向续航级过渡的分界面。燃烧到这一界面时，发射级燃烧终止，增速级与续航级混合燃烧开始，之后是增速级余药向续航级药柱过渡燃烧。

2. 增速级余药向续航级药柱过渡的燃烧面积

通过图 2-5-2 可以看出参与燃烧的各级药柱的燃烧面积，结合混合燃烧不同推进剂的性能变化，计算过渡段压强和推力随燃烧时间的变化规律，用理论计算的方法，获取过渡段的弹道性能。增速级余药分层燃烧如图 2-5-3 所示。

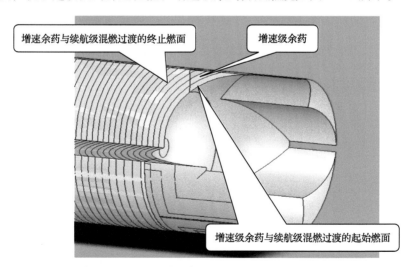

图 2-5-2　增速级药柱余药与续航级混燃分层燃烧图

图 2-5-4 为参与续航级燃烧的增速级余药各层燃面面积，按此计算增速级余药面积。

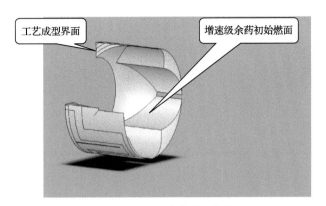

图 2-5-3　增速级余药分层燃烧图

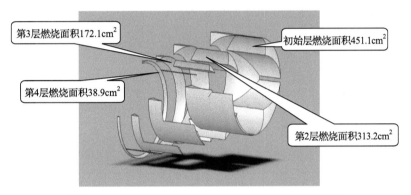

图 2-5-4　参与续航级燃烧的增速级余药各层燃面面积

将计算所得续航级过渡段各层燃烧面积标记在图 2-5-5 中。

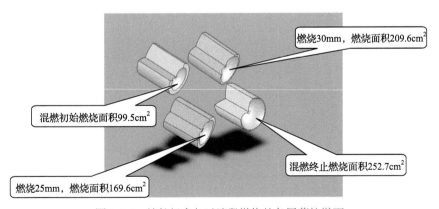

图 2-5-5　续航级参与过渡段燃烧的各层药柱燃面

3. 增速级向续航级过渡的余药和续航级各自的燃烧面积

将燃烧面积随燃层厚度变化的计算结果列于表 2-5-1。

表 2-5-1　燃烧面积随燃层厚度变化的逐点数据

序号	燃层厚度/mm	增速级余药面积/cm²	续航级燃烧面积/cm²	备注
1	25	451.1	99.5	过渡段起始界面
2	30	313.2	169.6	—
3	35	172.1	209.6	—
4	40	38.9	252.7	过渡段终止界面

2.5.2　四推力组合装药过渡段燃烧特性

由于药柱燃烧是按平行层燃烧的原理进行的，用三维图形法，可以计算出过渡段两级各自的燃烧面积；在过渡段变化的压强下，结合实测两级推进剂的比冲和燃速，就可计算出过渡段燃烧室压强和推力随过渡段燃烧时间的变化。

1. 增速级推进剂燃烧性能测试结果

在两级过渡段燃烧室压强范围内，将增速级粒铸推进剂的燃速实测结果列于表 2-5-2。

表 2-5-2　增速级粒铸推进剂燃速测试结果

压强/MPa	2.5	3.5	5	6.5	7.5
燃速/(mm/s)	24.4	26.5	29.0	31.0	32.1

燃速公式 $u_z = 1.939 p_z^{0.25}$，50mm 标准发动机测试的比冲为 2.2kN·s/kg，推进剂密度为 1.68g/cm³。

2. 续航级推进剂燃烧性能测试结果

在两级过渡段燃烧室压强范围内，将续航级粒铸推进剂的燃速实测结果列于表 2-5-3。

表 2-5-3　续航级粒铸推进剂燃速测试结果

压强/MPa	1.0	1.5	2.0	3.0	4.0
燃速/(mm/s)	19	21	22	24	25

燃速公式为 $u_x = 1.915 p_x^{0.2}$，50mm 标准发动机测试推进剂的比冲测试结果为 2.1kN·s/kg，推进剂密度为 1.68g/cm³。

3. 两级过渡段弹道性能参数随时间逐点数据及变化曲线

两级过渡段弹道性能参数随时间逐点数据如表 2-5-4 所示。

表 2-5-4 过渡段弹道性能参数随时间变化逐点数据

时间/s	燃层厚度/mm	增速级余药				续航级药柱			
		燃烧面积/cm²	燃速/(mm/s)	推力/kN	压强/MPa	燃烧面积/cm²	燃速/(mm/s)	推力/kN	压强/MPa
0.62	25	451.1	30.1	5.98	5.77	99.5	21.0	0.74	0.83
0.81	30	313.2	26.3	3.48	3.36	169.6	20.5	1.26	1.42
1.04	35	172.1	21.9	1.67	1.61	209.6	21.3	1.52	1.71
1.39	40	38.9	14.4	0.31	0.30	252.7	22.3	2.0	2.14

上述结果说明，通过三维图形法，分别计算出在过渡段两级推进剂药柱各自参与燃烧的燃烧面积；通过测出过渡段压强变化范围各自的燃速，可逐点计算出随时间变化的压强和推力，从理论计算的角度揭示了这种形式过渡段燃烧的特性。

过渡段燃烧时间是由续航推进剂参与燃烧的时间决定的，起始时间为 0.62s，终止时间为 1.39s。

增速级余药向续航级过渡过程中，综合两级混燃的过渡段推力和压强的逐点数据，并列于表 2-5-5，过渡段推力曲线和压强曲线分别见图 2-5-6 和图 2-5-7。

表 2-5-5 两级混燃的过渡段逐点推力和压强

时间/s	推力/kN	压强/MPa	备注
0.62	6.72	6.60	过渡段起始时间
0.81	4.74	4.78	—
1.04	3.19	3.32	—
1.39	2.31	2.44	过渡段终止时间

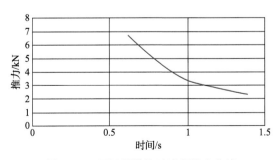

图 2-5-6 两级混燃的过渡段推力曲线

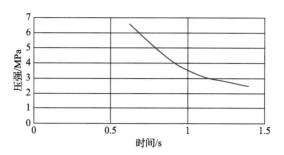

图 2-5-7　两级混燃的过渡段压强曲线

2.5.3　四推力组合装药过渡段燃烧面积

增速级和续航级混合燃烧是从发射级药柱燃烧终止就开始的，只是发射级的余药参与了燃烧，如图 2-5-8 所示。

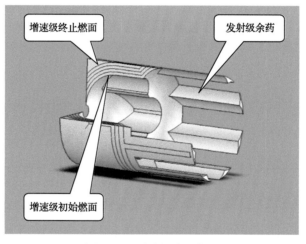

图 2-5-8　增速级分层药柱

1. 增速级药柱的分层燃烧面积

从图 2-5-1 所示发射级向续航级燃烧过渡段混燃区分层燃烧图中可以看出，增速级初始燃面和续航级的起燃点都在工艺成型界面上，增速级 5mm 的燃层厚度也与续航级 5mm 燃层厚度相对应，采用三维图形法进行计算时，是用同等燃层厚度的燃烧面积，以各自不同的燃速计算推力和压强，由于两级推进剂在同一过渡段中的燃速是有差异的，因此确定燃烧时间时同样不同，这是三维图形法计算弹道参数随时间变化存在的误差，其大小随划分的燃层厚度而改变，层数越多，燃层越薄，误差越小。增速级分层药柱如图 2-5-8 所示。

参与过渡段燃烧的增速级燃烧面积和发射级余药燃烧面积计算值标记在

图 2-5-9 中。

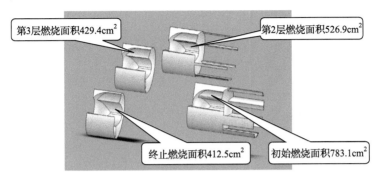

图 2-5-9　增速级各层药柱燃烧面积

2. 续航级药柱的分层燃烧面积

续航级与增速级混燃分层药柱如图 2-5-10 所示，将参与过渡段燃烧的续航级各层燃烧面积计算值标记在图 2-5-11 中，续航级药柱的分层燃烧面积随燃层厚度变化的逐点数据如表 2-5-6 所示。

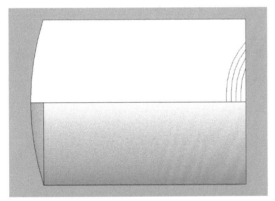

图 2-5-10　续航级与增速级混燃分层药柱

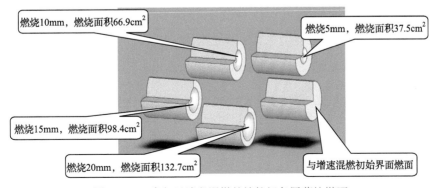

图 2-5-11　参与过渡段混燃的续航级各层药柱燃面

表 2-5-6 续航级药柱的分层燃烧面积随燃层厚度变化的逐点数据

序号	燃层厚度/mm	增速余药面积/cm²	续航级燃烧面积/cm²	备注
1	5	783.1	37.5	过渡段起始界面
2	10	526.9	66.9	—
3	15	429.4	98.4	—
4	20	412.5	132.7	过渡段终止界面

3. 两级推进剂燃烧性能实测结果

增速级和续航级粒铸推进剂的燃速实测结果分别与表 2-5-2 和表 2-5-3 相同。

4. 两级过渡段弹道性能参数随时间逐点数据

两级过渡段混合燃烧生成的推力和压强见表 2-5-7。

表 2-5-7 两级过渡段混合燃烧生成的推力和压强

燃烧时间/s	燃烧面积/cm²	增速级部分			续航级				
		燃速/(mm/s)	推力/kN	压强/MPa	燃层厚度/mm	燃烧面积/cm²	燃速/(mm/s)	推力/kN	压强/MPa
1.56	783.1	33	8.4	8.1	5	37.5	15	0.29	0.33
1.72	526.9	31	6.4	6.1	10	66.9	16	0.35	0.40
1.89	429.4	29	4.9	4.7	15	98.4	17	0.56	0.63
2.07	412.5	28	4.4	4.3	20	132.7	19	0.81	0.91

两级混合燃烧过程中，综合两级推力和压强的逐点数据，并列于表 2-5-8。两级过渡段推力曲线和压强曲线分别见图 2-5-12 和图 2-5-13。

表 2-5-8 增速级向续航级过渡混燃的逐点推力和压强

时间/s	推力/kN	压强/MPa	备注
1.56	8.7	8.4	过渡起始时间
1.72	6.8	6.5	—
1.89	5.5	5.3	—
2.07	5.2	5.2	过渡终止时间

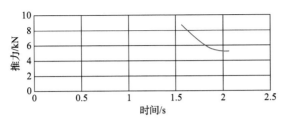

图 2-5-12　增速级向续航级的过渡段推力曲线

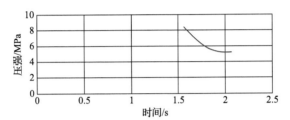

图 2-5-13　增速级向续航级的过渡段压强曲线

2.6　非混合燃烧组合装药过渡段设计与特性

在已经应用的组合装药中，也有将组合装药设计成不是混合燃烧的过渡层，有的为侧面燃烧的组合装药，有的是端面燃烧的组合装药，它们的工艺成型界面就是过渡界面，这样设计的过渡段，使参与过渡的两级既没有两种推进剂的混燃，也没有燃面的互相重叠，其燃烧过程和燃烧特性都比较简单[10]，这是组合装药过渡段设计的一种形式，可以满足相应发动机总体提出的弹道性能要求。

2.6.1　侧面燃烧组合装药

侧面燃烧组合装药，是为中小口径的战术导弹设计的发动机，这种导弹在初始飞行阶段，由发动机第一级提供较大的推力和推力冲量，使导弹飞行具有较高的飞行速度；之后由发动机第二级工作，由于选择的推进剂燃速低，推力减小，燃烧时间较长，可使燃烧室压强降低，设计的燃烧室壳体质量减轻，能提高发动机的质量比，从而提高发动机的推进效能。同时，在为导弹续航级飞行提供足够的动力的条件下，起到为导弹增程的效果，满足最大射程要求。这种发动机的推力比取决于两级推进剂的燃速比。

1. 组合药柱的总体结构

该组合药柱，是经过二次浇铸和二次固化成型制成的，侧面燃烧组合装药见图 2-6-1。

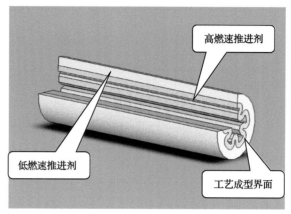

图 2-6-1　侧面燃烧组合装药示意图

2. 总体弹道性能要求

侧面燃烧组合装药总体弹道主要性能指标参数列于表 2-6-1。

表 2-6-1　侧面燃烧组合装药总体弹道主要性能指标参数

指标参数	第一级	第二级
推力冲量/(kN·s)	18.4	32.0
平均推力/kN	18.4	16.0
燃烧时间/s	1.0	2.0

3. 药形和推进剂选择

选择的药形为 5 臂车轮形。第一级为高燃速改性双基浇铸成型推进剂；第二级为低燃速改性双基浇铸成型推进剂。侧面燃烧组合装药推进剂的主要性能参数见表 2-6-2。

表 2-6-2　侧面燃烧组合装药推进剂的主要性能参数

性能参数	第一级	第二级
比冲/(kN·s/kg)	2.3	2.3
燃速/(mm/s)	16	14
压强指数	0.3	0.2
密度/(g/cm³)	1.7	1.7
压强温度系数/(%/℃)	0.25	0.25

4. 分层燃烧过程及两级燃面计算

组合装药的分层燃烧药柱如图 2-6-2 所示，过渡段燃烧面积变化的逐点数据列于表 2-6-3。

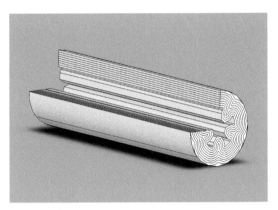

图 2-6-2　组合装药分层燃烧药柱

表 2-6-3　侧面燃烧组合装药过渡段燃烧面积变化的逐点数据

序号	第一级		第二级	
	燃层厚度/mm	燃烧面积/cm²	燃层厚度/mm	燃烧面积/cm²
1	0	2941.2	20	2924.2
2	5	3080.7	25	3065.4
3	10	3235.8	30	3279.8
4	15	3364.1	35	3278.2
5	—	—	40	3263.9

5. 发动机推力和压强随时间变化的逐点数据

燃速仪测试的侧面燃烧组合装药燃速见表 2-6-4。

表 2-6-4　侧面燃烧组合装药燃速测试结果

压强/MPa	11	13	15	17	19
燃速/(mm/s)	14.6	15.3	16.0	16.6	17.2

燃速公式 $u = 0.71p^{0.3}$，实测比冲为 2.3kN·s/kg，侧面燃烧组合装药推力和压强随时间变化的逐点数据列于表 2-6-5。

表 2-6-5　侧面燃烧组合装药推力和压强随时间变化的逐点数据

第一级					第二级				
时间/s	燃烧面积/cm²	燃速/(mm/s)	推力/kN	压强/MPa	时间/s	燃烧面积/cm²	燃速/(mm/s)	推力/kN	压强/MPa
0.3	2941.2	16.0	18.4	15	1.58	2924.2	14.0	16	13

续表

第一级					第二级				
时间/s	燃烧面积/cm²	燃速/(mm/s)	推力/kN	压强/MPa	时间/s	燃烧面积/cm²	燃速/(mm/s)	推力/kN	压强/MPa
0.62	3080.7	16.2	19.2	15.7	1.91	3065.4	15.6	16.8	13.66
0.93	3235.8	16.3	19.5	15.8	2.21	3279.8	16.4	20.0	16.26
1.23	3364.1	16.6	20.6	16.8	2.51	3278.2	16.6	21.02	17.1
—	—	—	—	—	2.81	3263.9	16.7	21.18	17.22

发动机喷管喉部面积为 0.82cm²，发动机推力系数为 1.5。

6. 推力和压强曲线

这种由高、低燃速推进剂组合的装药，已应用于多个产品。在导弹飞行中，可提供较大的推力。由前文所述，该装药药柱采用高低燃速两种推进剂：内层燃烧面积小的部分药柱，采用高燃速推进剂；外层燃烧面积大的部分药柱，采用低燃速推进剂，其设计用意是增加组合药柱的燃层厚度，提高燃烧室的装填密度。另外，整体药柱在燃烧过程中，推力和压强随时间的变化曲线平直性好，如图 2-6-3 所示，减小燃烧末端的最大压强峰值，以减轻燃烧室壳体壁厚，减轻发动机的质量。

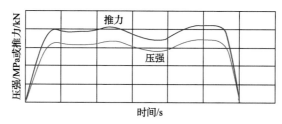

图 2-6-3　侧面燃烧组合装药推力和压强趋势曲线

这两种推进剂形成的内外层药柱间，也存在过渡燃烧的问题，由于两部分药柱的工艺界面就是燃烧过渡界面，燃烧中形成自然过渡，无须进行专门设计(图 2-6-1)。虽然，这种组合药柱需经两次浇铸和两次固化成型，工艺较单级药柱复杂，但与相近直径的导弹发动机相比，发动机比冲高，质量比和冲量比都较高，推进效能高。

2.6.2　端面燃烧组合装药

采用这种端面开槽药形的双推力组合装药，一方面增加端面燃烧药柱的燃烧面积；另一方面，也可改善端面燃烧药柱因初始燃烧面积小而难以点燃的问题。这种端面燃烧组合装药在小直径发动机的较多，法国和德国联合研制的霍特，中国的红箭，苏联的赛格等反坦克导弹上都有应用。发动机结构简单，工作时间长，是小型导弹巡航飞行的动力推进装置。为保证导弹发射具有足够的初始速度，也常用短燃烧时间能产生大推力的发射发动机，或采用无后坐力炮等构成完整的动力系统，满足导弹的动力需求。

1. 组合药柱的总体结构

端面燃烧双推力组合药柱是经过二次浇铸和二次固化成型工艺制成的，该组合装药见图 2-6-4。

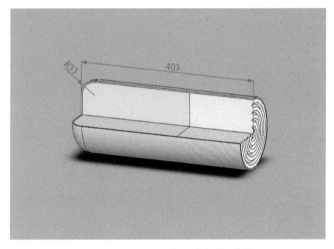

图 2-6-4　端面燃烧双推力组合装药(单位：mm)

从图 2-6-4 中可以看出，药柱前端是续航级，采用低燃速推进剂，燃烧室压强较低，燃烧时间长，生成小推力；药柱后端(喷管端)选择高燃速推进剂，燃烧室压强高，推力大，形成端面燃烧药柱的双推力。由两级推进剂的燃速比决定两级的推力比。由于第一级初始燃烧的端面采取开环形槽的措施，在两级过渡界面会出现不同燃速的两级推进剂混燃，但燃层厚度很小，对两级弹道参数的影响很小，可以忽略，也会形成发射级燃烧端面自然过渡到续航级燃烧端面。

2. 总体弹道性能要求

端面燃烧组合装药总体弹道主要性能指标参数列于表 2-6-6。

表 2-6-6　端面燃烧组合装药总体弹道主要性能指标参数

指标参数	第一级	第二级	整体药柱
推力冲量/(kN·s)	30.56	15.33	>45
平均推力/kN	6	0.5	—
燃烧时间/s	5	31	>35

3. 推进剂选择

端面燃烧组合装药推进剂性能参数列于表 2-6-7。

表 2-6-7 端面燃烧组合装药推进剂性能参数

性能参数	第一级	第二级
比冲/(kN·s/kg)	2.2	2.1
燃速/(mm/s)	30	8
压强指数	0.3	0.2
密度/(g/cm³)	1.68	1.68
压强温度系数/(%/℃)	0.25	0.2

4. 药柱结构及分层燃烧药柱

端面燃烧组合药柱的分层燃烧如图 2-6-5 所示，药柱结构简单。各结构参数列于表 2-6-8。

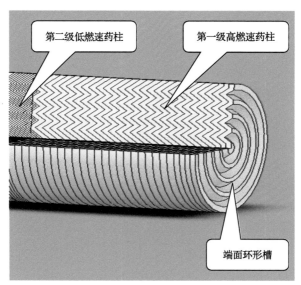

图 2-6-5 端面燃烧组合药柱的分层燃烧图

表 2-6-8 端面燃烧组合药柱结构参数

指标参数	第一级	第二级
药柱直径/mm	150	150
药柱长度/mm	150	250
装药长度/mm	403	

续表

指标参数	第一级	第二级
第一级药柱质量/kg	4.4	7.3
开槽数	4	—
槽边角度/(°)	90	—
深度	4	—

端面燃烧的燃烧面积为恒面燃烧面积，为增加初始燃烧面积和易于点燃药柱，采用加环向槽的措施。经计算，其恒定的燃烧面积为 206.4cm²。

5. 推力和压强随时间变化曲线

从分层燃烧图可以看出，整体药柱在燃烧过程中始终保持恒面燃烧，形成的推力计压强曲线是平直的，如图 2-6-6 所示。第一级压强为 12MPa，第二级压强为 2MPa，喷管喉部面积为 0.28cm²。

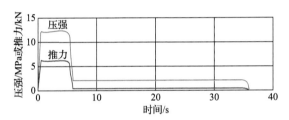

图 2-6-6　端面燃烧双推力组合装药推力和压强曲线

2.7　组合装药过渡段设计要点

1. 采用三维图形法计算燃烧面积

三维图形可以直观显示出两级过渡段各自的燃烧过程，通过三维分层燃烧图，可清晰展示和计算各自参与燃烧的燃烧面积，一方面为设计计算过渡段的弹道性能提供最基础的数据，同时又可以以图形的方式，获得更直观清晰的认识，使组合药柱过渡段较为复杂的设计计算过程变得更容易理解和掌握。

2. 过渡段两级参与燃烧的面积和推进剂的燃烧性能

组合装药有不同的过渡形式，在过渡燃烧期间，两级参与燃烧的面积不同；在过渡段燃烧的两级推进剂的燃烧性能和能量特性，都随着过渡段压强的变化而变化，需要结合各自的变化范围，计算出影响各级弹道性能参数的比率，进而计算出过渡段弹道参数随时间变化的逐点数据。因此，采用三维图形法通过分层燃烧图，分析过渡段的燃烧特性，以及进行过渡段的设计计算，是一种可行的方法。

3. 过渡段燃烧时间的确定

组合装药过渡段的燃烧时间和过渡段前一级终燃时间为同一时刻，对应的推力和压强也是前一级的终燃参数，表征过渡段混合燃烧的弹道性能参数，要从下一时刻开始计算[11,12]。

同样，过渡段的终止时刻是下一级的起始时刻，这一级的初始弹道参数和过渡段的终燃时刻的弹道参数相同。

4. 分层燃烧图形计算法的误差

采用三维图形法进行过渡段的弹道性能计算时，是以两级相等燃层厚度的燃烧面积，以各自不同的燃速计算推力和压强的，对于同一层里有两级的推进剂混合燃烧时，由于两级推进剂在同一过渡段中的燃速存在差异，在按照这一层任一级的燃速确定燃烧时间时，同样是不同的。这是图形法计算弹道参数随时间变化存在的误差，其大小随划分的燃层厚度而改变，层数越多，燃层越薄，误差越小。

除了上述同一过渡段出现两种推进剂混燃，会出现确定燃烧时间中出现误差以外，在过渡段变压强下，燃速和比冲会随之变化，可通过分析燃速随压强变化的规律，并据此进行计算。同样，由于各级工作共用同一喷管，各级工作时，喷喉面积不变，各级装药燃烧产生的推力各不相同，其推力系数也不相同。在过渡段压强变化的情况下，推力系数也是变化的，当采用平均推力系数时，将会产生误差。通过标准发动机进行所采用的推进及性能试验时，和燃速试验一样，给出不同压强下的推力系数试验数据，处理出推力系数随压强变化的规律，这样可以有效降低产生的误差。

5. 采用迭代法计算弹道参数的误差

在过渡段各种参数变化的情况下，本书采用迭代法进行参数计算，迭代的次数越多，误差越小。当采用计算机编程计算时，可按确定的误差，通过程序运算，按误差要求实现分析和计算，会使过渡段繁杂的设计计算过程更加便捷和可靠。

第3章 组合装药推进剂燃烧特性

进一步提高能量，扩大燃速可调范围，钝感、少烟或无烟化是固体推进剂的发展趋势。提高推进剂燃速可使固体火箭发动机在短时间内产生较大的推力，能满足反坦克导弹、防空导弹、机载导弹、拦截导弹和高速动能弹等对推进剂燃烧性能的要求。同时，提高燃速还可以提高火箭发动机装填系数，增大装药量，减轻发动机消极质量，使减少多级发动机的结构部件，取消级间段的整体发动机结构方案成为可能。

提高固体推进剂燃速的方法归纳起来包括：燃烧催化剂法、增加热传导法、采用纳米颗粒或超细固体粒子法、新型含能材料法、金属粉/氧化剂复合粒子法、基于对流燃烧机理的方法等[13]。

3.1 推进剂配方

火箭发动机燃烧室中燃烧过程的热力计算，是在给定的固体推进剂配方和燃烧室的条件下，计算推进剂燃烧终了时燃烧产物的成分、总焓、温度、熵等热力学参数[14]。其中，燃烧产物成分的计算是该计算过程的关键。

燃烧产物的平衡组成求解方法有多种，从原理上可以分为两类：第一类是以质量作用定律的平衡常数概念为基础，如逐步近似法、布伦克雷法等；第二类是以最小自由能概念为基础，如最小自由能法。

固体推进剂在火箭发动机中燃烧时，放出大量热量，并生成大量气体产物。由于反应进行迅速，可认为没有热损失，反应放出的热量完全被产物吸收，使产物的温度升高。推进剂燃烧时放出来的热量和最高温度用爆热和爆温来表征[15]。

在标准状态下(298K，101325Pa)，1kg推进剂在没有外界氧气或空气的条件下进行爆发反应，并使爆发产物的温度冷却到 298K 的过程中放出的全部热量，称为爆热。推进剂爆热的理论计算依据盖斯定律。盖斯定律指出"化学反应的热效应与反应的途径无关，只与系统的初态和终态有关"。运用盖斯定律时，反应过程的条件必须是固定的，都是定压过程，或者都是定容过程[15]。

固体推进剂在绝热条件下燃烧能达到的最高温度即为爆温。因为推进剂在发动机内燃烧属于定压燃烧，故又称为定压爆温；发射药在火炮内燃烧能达到的最高温度称为定容爆温。爆温的理论计算方法有两种，分别是平均热容法和热焓法，较为精确且更通用的是热焓法。计算的具体步骤：先假设一个爆温，然后用逐次近似法或其他方法求出燃烧产物在假设温度下的平衡组成，进而求出平衡产物的总热焓，并与固体推进剂的初始热焓相比较，如果二者相等，则此假设的温度就为所求的爆温，如不相等则需要重新假设爆温，重复上面的计算，直至二者完全相等[16]。通常计算到一定程度后用内插法求得爆温。

3.1.1　续航级药柱配方

对配方进行优化设计，结果见表 3-1-1、表 3-1-2。

表 3-1-1　配方的组分及质量分数

组分	质量分数/%
NC	22.0～25.0
NG	30.0～33.0
硝胺	33.0～36.0
弹道稳定剂	1.0～2.0
燃烧催化剂	4.0～5.0
安定剂	1.0～2.0

注：NC 表示硝化棉，NG 表示硝化甘油。

表 3-1-2　推进剂性能计算结果(1.2MPa)

项目	设计结果
理论比冲/(N·s/kg)	1960.84(199.8s)
理论密度/(g/cm³)	1.777
定压燃温/K	2919.5
氧系数	0.6769
特征速度/(m/s)	1492.75
比热比	1.197

续航级药柱配方采用硝胺化合物(黑索金 RDX)作为高能添加剂，提高推进剂的密度和能量；选用弹道稳定剂和催化剂调节推进剂的燃烧性能，降低压强指数。优化后的配方中不添加能引起烟雾特征信号的铝粉、过氯酸铵(AP)等材料。

3.1.2　发射级药柱配方

发射级药柱配方选用成熟的低特征改性双基推进剂，由 NC、NG、高能添加剂、弹道改良剂和增塑剂等组成。

通过理论计算及实际经验，设计发射级药柱基本配方如表 3-1-3 所示。

表 3-1-3　基本配方的组分及质量分数

组分	NG	NC	高能添加剂	安定剂	其他
质量分数/%	31~36	23~30	24~35	1.0~2.5	3.0~6.0

确定了基本配方组分和含量后，进行不同压强下(14MPa、15MPa、16MPa、17MPa)推进剂性能设计计算，列在表 3-1-4 中。

表 3-1-4　不同压力下设计配方推进剂理论计算结果

计算项目	14MPa	15MPa	16MPa	17MPa
特征速度/(m/s)	1491.0	1491.2	1491.4	1491.6
推力系数	1.673	1.680	1.686	1.692
燃温/K	2976.1	2977.6	2978.8	2980.0
理论比冲/(N·s/kg)	2492.1	2502.9	2512.7	2521.5

通过计算可看出，随着计算压力(压强)增大，推进剂特征速度、推力系数、燃温、理论比冲都有所增大。

3.2　组合装药推进剂高压燃烧特性

3.2.1　高压点火与压强控制

1. RDX 对 10~22MPa 下改性双基推进剂燃烧性能的影响

氧化剂在固体推进剂中占比最大，其性能优劣直接关系到推进剂能量的高低[17]。在 NC/NG 体系中加入高能氧化剂是提高复合改性双基(CMDB)推进剂能量的重要途径之一。在推进剂中加入黑索金(RDX)等硝胺化合物可显著提高推进剂的能量，且燃气无烟，但其燃烧性能调节较为困难[18]。因此，通过 RDX 的质量分数和粒度的变化调节该类推进剂的燃速和压强指数，有效控制该类推进剂燃速范围有十分重要的意义。

1) RDX 质量分数对 CMDB 推进剂燃烧性能的影响

研究 RDX 质量分数变化对 CMDB 推进剂 10~22MPa 压强下燃烧性能的影响，结果见表 3-2-1。

表 3-2-1　RDX 质量分数变化对 CMDB 推进剂燃烧性能的影响

RDX 质量分数/%	u /(mm/s)					压强指数			
	10MPa	13MPa	16MPa	19MPa	22MPa	$n_{10\sim13}$	$n_{13\sim16}$	$n_{16\sim19}$	$n_{19\sim22}$
31	23.00	25.31	26.11	26.78	28.31	0.36	0.15	0.15	0.38
35	21.58	23.93	24.68	25.77	28.35	0.39	0.15	0.25	0.65
40	16.55	20.16	22.98	25.20	27.43	0.75	0.63	0.54	0.58

注：n_i 表示压强为 iMPa 时的压强指数。

随 RDX 质量分数增加，推进剂在 10～22MPa 压强下燃速降低，10MPa 下推进剂燃速降低 6.45mm/s。当 RDX 质量分数为 40%时，推进剂压强指数有所增大。

2) RDX 粒度对 CMDB 推进剂燃烧性能的影响

RDX 的粒度变化对 CMDB 推进剂的燃烧性能有一定的影响。试验了不同粒度的 RDX(E 级、H 级)，并将 E 级和 H 级 RDX 进行级配，考察不同粒度的 RDX 对 CMDB 推进剂在 10～22MPa 压强下燃烧性能的影响，结果见表 3-2-2。

表 3-2-2　RDX 粒度对 CMDB 推进剂燃烧性能的影响

粒度	u /(mm/s)					压强指数			
	10MPa	13MPa	16MPa	19MPa	22MPa	$n_{10\sim13}$	$n_{13\sim16}$	$n_{16\sim19}$	$n_{19\sim22}$
H 级	24.13	26.35	27.09	28.16	29.37	0.34	0.13	0.23	0.29
H 级和 E 级	23.55	25.36	26.27	27.00	29.04	0.28	0.17	0.16	0.50
E 级	23.00	25.31	26.11	26.78	28.31	0.36	0.15	0.15	0.38

由表 3-2-2 可以看出，在 CMDB 推进剂中，氧化剂 RDX 的粒度对推进剂的燃烧性能有一定的影响。随 RDX 粒度减小，CMDB 推进剂在不同压强下的燃速均减小，且压强指数有所降低。

一般认为，RDX 在推进剂燃烧凝聚相和嘶嘶区不参与反应，仅吸热而不放热，这一过程一直持续到暗区才发生放热反应。在 CMDB 推进剂中，可能因为氧化剂 RDX 粒度减小、比表面积增大，所以其在推进剂凝聚相和嘶嘶区吸热量增大，CMDB 推进剂的燃速降低。

2. Al_2O_3 对 CMDB 推进剂在 10～22MPa 燃烧性能的影响

Al_2O_3 是高熔点的物质，可用来消除推进剂的不正常燃烧，增加燃烧稳定性。本部分研究了 Al_2O_3 的质量分数和粒径对 CMDB 推进剂燃烧性能的影响。

1) Al_2O_3 质量分数对 CMDB 推进剂燃烧性能的影响

试验了不同质量分数的 Al_2O_3 对 CMDB 推进剂 10～22MPa 压强下燃烧性能的影响，结果见表 3-2-3。

表 3-2-3　Al_2O_3 质量分数对 CMDB 推进剂燃烧性能的影响

Al_2O_3 质量分数/%	u /(mm/s)					压强指数			
	10MPa	13MPa	16MPa	19MPa	22MPa	$n_{10\sim13}$	$n_{13\sim16}$	$n_{16\sim19}$	$n_{19\sim22}$
0	23.95	25.67	26.35	26.87	28.72	0.26	0.13	0.11	0.45
1	20.83	23.09	23.75	25.19	27.17	0.39	0.14	0.34	0.52
1.7	23.00	25.31	26.11	26.78	28.31	0.36	0.15	0.15	0.38
5	18.01	20.04	21.69	23.64	25.48	0.41	0.38	0.50	0.51

从试验结果可知,当 Al_2O_3 质量分数为 1.7%时,CMDB 推进剂燃速与不含 Al_2O_3 基本一致,压强指数较低,燃烧更加稳定;但 Al_2O_3 质量分数过高会影响燃速。

2) Al_2O_3 粒径对 CMDB 推进剂燃烧性能的影响

试验了不同粒径的 Al_2O_3 对 CMDB 推进剂在 10~22MPa 压强下燃烧性能的影响,结果见表 3-2-4。

表 3-2-4　Al_2O_3 粒径对 CMDB 推进剂燃烧性能的影响

粒径/μm	u/(mm/s)					压强指数			
	10MPa	13MPa	16MPa	19MPa	22MPa	$n_{10\sim13}$	$n_{13\sim16}$	$n_{16\sim19}$	$n_{19\sim22}$
2.5	25.85	27.65	28.46	29.25	29.97	0.26	0.14	0.16	0.17
3.5	23.00	25.31	26.11	26.78	28.31	0.36	0.15	0.15	0.38
5	15.76	17.98	21.59	24.51	27.26	0.50	0.88	0.74	0.73

试验结果表明,随 Al_2O_3 粒径减小,推进剂燃速逐渐增大。当 Al_2O_3 粒径为 5μm 时,推进剂燃速较低、压强指数较高;当 Al_2O_3 粒径从 3.5μm 降至 2.5μm 时,推进剂不同压强下燃速均可增加 1~3mm/s。

3. 爆胶棉质量分数对 CMDB 推进剂在中压下燃烧性能的影响

爆胶棉在推进剂中的质量分数很少,但是对浇铸型推进剂的力学性能和工艺性能影响较大。试验了爆胶棉质量分数的变化对 10~22MPa 下推进剂压强燃烧性能的影响,结果见表 3-2-5。

表 3-2-5　爆胶棉质量分数对 CMDB 推进剂燃烧性能的影响

爆胶棉质量分数/%	u/(mm/s)					压强指数			
	10MPa	13MPa	16MPa	19MPa	22MPa	$n_{10\sim13}$	$n_{13\sim16}$	$n_{16\sim19}$	$n_{19\sim22}$
0	19.19	21.34	23.02	24.59	26.91	0.40	0.36	0.38	0.61
0.15	20.83	23.09	23.75	25.19	27.17	0.39	0.14	0.34	0.52
0.3	19.69	22.06	23.44	24.77	27.17	0.43	0.29	0.32	0.63
0.5	19.88	22.17	23.47	24.75	26.81	0.42	0.27	0.31	0.55

试验结果表明，爆胶棉作为一种工艺助剂，其少量变化对 CMDB 推进剂的燃烧性能影响较小。在试验过程中观察到爆胶棉质量分数的变化对推进剂药浆的流动性有明显影响。当不含爆胶棉时，推进剂药浆黏度过低，可能会导致推进剂组分沉淀分层等现象，不利于推进剂混合均匀；当爆胶棉质量分数为 0.15%～0.3%时，药浆流动性较好，黏稠度适中，可满足推进剂的浇铸工艺需要；当爆胶棉质量分数为 0.5%时，药浆流动性较差，不利于推进剂的浇铸成型。

4. CMDB 推进剂在 22～43MPa 燃烧性能研究

理论计算结果表明，随着工作压强的升高，CMDB 推进剂的能量特性有大幅提高，可使固体火箭发动机获得更高的比冲和更大的推力，从而提高火箭和发动机的性能。研究较高压强下推进剂的燃烧性能，对推进剂在高压固体火箭发动机中的应用有十分重要的意义。

选择几种在 10～22MPa 压强下燃速较高，压强指数较低的 CMDB 推进剂，测定其在 10～22MPa、25～43MPa 压强下 CMDB 推进剂的燃烧性能，结果见表 3-2-6、表 3-2-7 和图 3-2-1。

表 3-2-6　三元复配催化剂对推进剂 10～22MPa 压强下燃烧性能的影响

催化剂			u/(mm/s)					压强指数			
铅盐	铜盐	其他	10MPa	13MPa	16MPa	19MPa	22MPa	$n_{10\sim13}$	$n_{13\sim16}$	$n_{16\sim19}$	$n_{19\sim22}$
NI-Pb	NI-Cu	CB	24.47	27.15	29.36	32.43	33.56	0.40	0.38	0.58	0.23
NTO-Pb	NI-Cu	CB	23.81	26.36	28.16	29.95	31.38	0.39	0.32	0.36	0.32
NTO-Pb	NTO-Cu	CB	22.04	24.43	28.43	30.29	31.29	0.39	0.73	0.37	0.22
β-Pb	Sa-Cu	CB	23.00	25.31	26.11	26.78	28.31	0.36	0.15	0.15	0.38

注：NI-Pb 为 2,4-二硝基咪唑铅盐；NTO-Pb 为 3-硝基-1,2,4-三唑-5-酮铅盐；NI-Cu 为 2,4-二硝基咪唑铜盐；NTO-Cu 为 3-硝基-1,2,4-三唑-5-酮铜盐；β-Pb 为 β-雷索辛酸铅；Sa-Cu 为水杨酸铜盐；CB 为炭黑。

表 3-2-7　三元复配催化剂对推进剂 25～43MPa 压强下燃烧性能的影响

催化剂			u/(mm/s)					压强指数			
铅盐	铜盐	其他	25MPa	30MPa	35MPa	40MPa	43MPa	$n_{25\sim30}$	$n_{30\sim35}$	$n_{35\sim40}$	$n_{40\sim43}$
NI-Pb	NI-Cu	CB	34.02	38.81	44.34	49.45	52.02	0.72	0.86	0.82	0.70
NTO-Pb	NI-Cu	CB	32.09	37.64	42.68	47.56	51.09	0.87	0.82	0.81	0.99
NTO-Pb	NTO-Cu	CB	32.76	37.94	43.22	48.57	51.31	0.81	0.85	0.87	0.76
β-Pb	Sa-Cu	CB	30.08	35.07	39.75	45.4	48.01	0.84	0.81	1.00	0.77

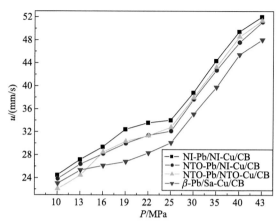

图 3-2-1　三元催化剂对推进剂 10～43MPa 燃烧性能的影响

由图 3-2-1 可看出，含 NI-Pb/NI-Cu/CB 的 CMDB 推进剂在 10～19MPa 压强下燃速由 24.47mm/s 升高到 32.43mm/s，19～25MPa 压强条件下压强指数较低，约为 0.24，25MPa 时推进剂燃速曲线出现拐点，燃速迅速升高，由 34.02mm/s(25MPa)升高到 52.02mm/s(43MPa)；含 β-Pb/Sa-Cu/CB 的 CMDB 推进剂在 10～22MPa 压强条件下燃速由 23.00mm/s 升高到 28.31mm/s，压强指数约为 0.26，在 25MPa 时推进剂燃速曲线出现拐点，燃速迅速升高，由 30.08mm/s(25MPa) 升高到 48.01mm/s(43MPa)。

由以上曲线可看出，升高推进剂的工作压强对提高 CMDB 推进剂的燃速有十分明显的效果，推进剂燃速从 32.43mm/s(19MPa)提高到 52.02mm/s(43MPa)，远远超过了 30mm/s，表明用升高压强的方法可明显提高推进剂的燃速。燃烧催化剂对推进剂在 10～25MPa 压强条件下的影响效果较明显，而在 25～43MPa 压强条件下燃烧催化剂的作用效果减弱。表明提高工作压强是推进剂高能化的有效途径之一。

3.2.2　高压燃烧催化机理

为了更有效地对 CMDB 推进剂的燃烧性能进行调节，对该推进剂燃烧机理的研究是十分必要的。研究人员已对 CMDB 推进剂的燃烧机理进行了较为广泛的试验研究，并提出了 CMDB 推进剂的燃烧模型，但大多数理论模型尚不能准确、全面地解释该推进剂的燃烧特征，尤其对高压下推进剂的燃烧机理尚无系统研究。

1. 铅盐对 CMDB 推进剂高压热分解的影响

研究了 NTO-Pb、Sa-Pb(水杨酸铅盐)和 St-Pb(硬脂酸铅盐)三种有机铅盐催化剂对 CMDB 推进剂热分解的影响, 并与空白配方推进剂的热分解进行比对, 结果见表 3-2-8, 空白配方推进剂和含不同铅盐的推进剂在 1MPa 和 5MPa 压强下的高压差示扫描量热法(PDSC)曲线见图 3-2-2 和图 3-2-3。7MPa 和 10MPa 压强下的 PDSC 曲线类似于图 3-2-2。

表 3-2-8　含不同铅盐的 CMDB 推进剂的热分解特征量

催化剂	p /MPa	T_0 /℃	T_e /℃	ΔT /℃	T_{p1} /℃	T_{p2} /℃	ΔH_d /(J/g)	$\Delta H_d / \Delta T$ /[J/(g·K)]
空白配方	1	180.6	249.3	68.7	206.0	242.3	2406.0	35.0
	5	180.9	244.9	64.0	202.7	239.8	2742.0	42.8
	7	181.2	233.7	52.5	201.8	230.1	2772.0	52.8
	10	181.8	233.6	51.8	197.7	229.6	3040.0	58.7
NTO-Pb	1	182.7	249.7	67.0	206.0	234.6	2541.0	37.9
	5	183.1	242.8	59.7	203.0	229.4	3099.0	51.9
	7	185.8	241.7	55.9	203.9	227.9	3310.0	59.2
	10	190.0	240.3	50.3	201.6	227.3	3328.0	66.2
Sa-Pb	1	180.4	249.5	69.1	206.1	237.3	2491.0	36.0
	5	181.7	247.3	65.6	203.3	230.8	2852.0	43.5
	7	182.7	245.8	63.1	202.6	228.3	3349.0	53.1
	10	186.3	243.6	57.3	196.8	228.2	3482.0	60.8
St-Pb	1	183.6	252.6	69.0	205.8	240.9	2491.0	36.1
	5	184.6	250.2	65.6	203.5	232.8	2749.0	41.9
	7	184.8	249.9	65.1	203.3	229.3	3070.0	47.2
	10	185.3	249.3	64.0	201.6	229.0	3232.0	50.5

注: T_0 为起始分解温度; T_e 为终止分解温度; T_{pi} 为分解峰温, $i = 1,2$; $\Delta T = T_e - T_0$; ΔH_d 为分解热。

简便起见, 用 NTO-Pb 等表示含对应铅盐的推进剂。

结果表明, 含 NTO-Pb、Sa-Pb 和 St-Pb 三种铅盐的 CMDB 推进剂的分解温度范围约为 180~253℃。压强升高使 CMDB 推进剂第一和第二分解峰温降低, 分解速度加快。

从图 3-2-2 和图 3-2-3 可看出, 在 CMDB 推进剂的 PDSC 曲线中, 第一个分解放热阶段主要为双基黏合剂体系的受热分解, 第二个分解放热阶段主要为 RDX 的受热分解。相对于空白配方推进剂, NTO-Pb、Sa-Pb 和 St-Pb 对于 CMDB 推进剂热分解的第一分解峰温 T_{p1} 的影响不大, 而使第二分解峰温 T_{p2} 提前, 以 1MPa 为例, 空白配方推进剂的第二分解峰温 T_{p2} 为 242.3℃, 而含 NTO-Pb、Sa-Pb 和 St-Pb 的 CMDB 推进剂的第二分解峰温 T_{p2} 分别为 234.6℃、237.3℃和 240.9℃, 其中 NTO-Pb

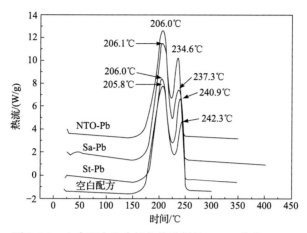

图 3-2-2　空白配方和含铅盐推进剂的 PDSC 曲线(1MPa)

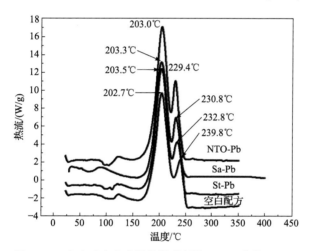

图 3-2-3　空白配方和含铅盐推进剂的 PDSC 曲线(5MPa)

可明显促进 RDX 的热分解,使第二分解峰温提前了 7.7℃[19]。

以上分析表明,在 CMDB 推进剂中,NTO-Pb、Sa-Pb 和 St-Pb 可能因为改变了 RDX 的热分解历程使推进剂燃速和压强指数发生变化。

2. 铜盐对 CMDB 推进剂高压热分解的影响

研究了 β-Cu、NTO-Cu 和 NI-Cu 三种有机铜盐催化剂对 CMDB 推进剂热分解的影响,结果见表 3-2-9,空白配方推进剂和含不同有机铜盐的推进剂在 1MPa 和 5MPa 压强下的 PDSC 曲线见图 3-2-4 和图 3-2-5,7MPa 和 10MPa 压强下的 PDSC 曲线类似于图 3-2-4。

表 3-2-9   含不同铜盐的 CMDB 推进剂的热分解特征量

催化剂	p /MPa	T_0 /℃	T_e /℃	ΔT /℃	T_{p1} /℃	T_{p2} /℃	ΔH_d /(J/g)	$\Delta H_d / \Delta T$ /[J/(g·K)]
空白配方	1	180.6	249.3	68.7	206.0	242.3	2406.0	35.0
	5	180.9	244.9	64.0	202.7	239.8	2742.0	42.8
	7	181.2	233.7	52.5	201.8	230.1	2772.0	52.8
	10	181.8	233.6	51.8	197.7	229.6	3040.0	58.7
β-Cu	1	179.6	233.3	53.7	203.4	230.5	2679.0	49.9
	5	183.1	233.8	50.7	201.9	230.6	3156.0	62.2
	7	180.3	230.6	50.3	198.9	227.4	3709.0	73.7
	10	184.7	234.5	49.8	202.7	229.0	3409.0	68.5
NTO-Cu	1	176.7	241.1	64.4	201.6	236.8	2693.0	41.8
	5	180.1	241.4	61.3	197.5	236.5	2937.0	47.9
	7	178.2	241.6	63.4	196.8	235.2	3511.0	55.4
	10	177.5	243.0	65.5	196.9	235.5	3474.0	53.0
NI-Cu	1	176.4	233.2	56.8	204.1	230.9	2583.0	45.5
	5	181.3	237.3	56.0	201.6	230.7	2815.0	50.3
	7	181.0	233.9	52.9	200.7	228.2	3173.0	60.0
	10	179.9	234.3	54.4	201.0	228.6	3075.0	56.5

注：简便起见，后文用 NTO-Cu 等表示含该铜盐对应的推进剂。

结果表明，含 β-Cu、NTO-Cu 和 NI-Cu 三种有机铜盐的 CMDB 推进剂的分解温度范围为 176～250℃。在 1～7MPa 压强条件下，压强的升高使 CMDB 推进剂第一分解峰温(T_{p1})和第二分解峰温(T_{p2})降低，分解速度加快，而在 10MPa 下 CMDB 推进剂第一分解峰温(T_{p1})和第二分解峰温(T_{p2})有所升高。

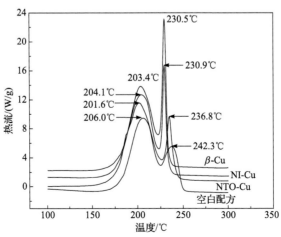

图 3-2-4   空白配方和含铜盐推进剂的 PDSC 曲线(1MPa)

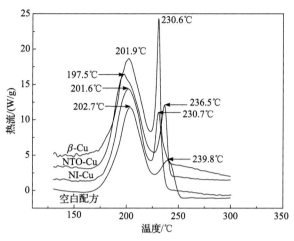

图 3-2-5　空白配方和含铜盐推进剂的 PDSC 曲线(5MPa)

从图 3-2-4 和图 3-2-5 可以看出，在 CMDB 推进剂的 PDSC 曲线中，第一个分解放热阶段主要为双基黏合剂体系的受热分解，第二个分解放热阶段主要为 RDX 的受热分解。相对于空白配方推进剂，β-Cu、NTO-Cu 和 NI-Cu 三种有机铜盐均使 CMDB 推进剂热分解的第一分解峰温 T_{p1} 和第二分解峰温 T_{p2} 有所提前，以 1MPa 为例，空白配方推进剂的第一分解峰温 T_{p1} 为 206.0℃，而含 β-Cu、NTO-Cu 和 NI-Cu 的 CMDB 推进剂的第一分解峰温 T_{p1} 分别提前了 2.6℃、4.4℃和 1.9℃，空白配方推进剂的第二分解峰温 T_{p2} 为 242.3℃，而含 β-Cu、NTO-Cu 和 NI-Cu 的 CMDB 推进剂的第二分解峰温 T_{p2} 分别提前了 11.8℃、5.5℃和 11.2℃[20]。

以上分析表明，在 CMDB 推进剂中，β-Cu、NTO-Cu 和 NI-Cu 可能由于改变了双基黏合剂体系和 RDX 的热分解历程，推进剂燃速和压强指数发生变化。

3. 压强对含铅盐或铜盐的 CMDB 推进剂高压热分解的影响

压强对于 CMDB 推进剂的热分解有明显的影响，因此研究压强对 CMDB 推进剂热分解的影响，对于研究压强的变化对 CMDB 推进剂燃烧性能的影响机理有十分重要的意义。

空白配方推进剂和含 Sa-Pb 的推进剂不同压强下的 PDSC 曲线分别见图 3-2-6 和图 3-2-7。由图可看出，随着压强的增大，空白配方推进剂和含 Sa-Pb 的 CMDB 推进剂的第一分解峰温 T_{p1} 和第二分解峰温 T_{p2} 均呈降低趋势。空白配方推进剂的 T_{p1} 从 206.0℃(1MPa)降低到 197.7℃(10MPa)，T_{p2} 从 242.3℃(1MPa)降低到 229.6℃ (10MPa)；含 Sa-Pb 的推进剂 T_{p1} 从 206.1℃(1MPa)降低到 196.8℃(10MPa)，T_{p2} 从 237.3℃(1MPa)降低到 228.2℃(10MPa)。

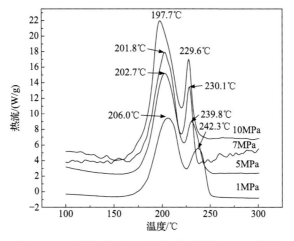

图 3-2-6　不同压强下空白配方推进剂的 PDSC 曲线

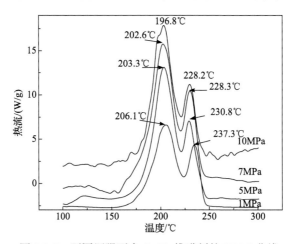

图 3-2-7　不同压强下含 Sa-Pb 推进剂的 PDSC 曲线

　　含 NTO-Cu 和含 NI-Cu 的推进剂不同压强下的 PDSC 曲线分别见图 3-2-8 和图 3-2-9。随着压强的增大，含铜盐的 CMDB 推进剂的第一分解峰温 T_{p1} 和第二分解峰温 T_{p2} 同样呈降低趋势。含 NTO-Cu 的推进剂的 T_{p1} 从 201.6℃(1MPa)降低到 196.9℃(10MPa)，T_{p2} 从 236.8℃(1MPa)降低到 235.5℃(10MPa)；含 NI-Cu 的推进剂 T_{p1} 从 204.1℃(1MPa)降低到 201.0℃(10MPa)，T_{p2} 从 230.9℃(1MPa)降低到 228.6℃(10MPa)。三种有机铜盐的分解峰总面积 ΔH_{d} 和热分解特征量 $\Delta H_{d} / \Delta T$，在 1～7MPa 随压强的升高而增大，但在 10MPa 时有所降低，可认为有机铜盐在较低压强下(1～7MPa)，随压强的升高，使推进剂热分解速率加快，而在较高压强下(10MPa)则抑制该类推进剂的热分解，这与以上燃速测试的结果一致。

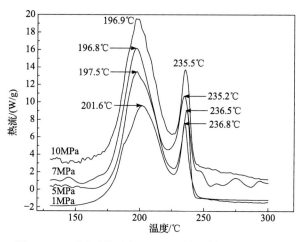

图 3-2-8　不同压强下含 NTO-Cu 推进剂的 PDSC 曲线

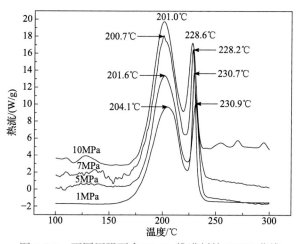

图 3-2-9　不同压强下含 NI-Cu 推进剂的 PDSC 曲线

以上分析表明，压强升高使含有机铅盐 CMDB 推进剂分解温度降低，分解速度加快。这可能是压强增大抑制了 NG 气化，同时也抑制了 NG 和 RDX 分解产物的扩散，从而提高了在凝聚相表面的分解产物浓度。自催化反应加速，因此使该推进剂的分解峰向低温方向移动；在较高压强下(10MPa)，以上三种有机铜盐可能抑制双基黏合剂体系和 RDX 的热分解，从而使推进剂的热分解速度减慢[20]。

4. CMDB 推进剂火焰结构

以单幅彩色照相机拍摄 1MPa 和 3MPa 压强下推进剂样品的火焰结构照片，可直观地显示火焰特性和火焰结构，实时反映推进剂的燃烧过程。

空白配方推进剂在 1MPa 和 3MPa 压强下的火焰结构见图 3-2-10。

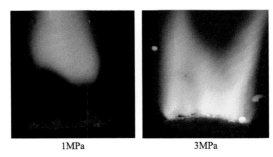

1MPa   3MPa

图 3-2-10   不同压强下空白配方推进剂的火焰结构照片

由图 3-2-10 可看出,在 1MPa 压强下,空白配方推进剂的火焰结构为表面区、明显的暗区和火焰区组成;3MPa 压强下,推进剂沿端面燃烧,燃烧表面有少许亮点,推进剂火焰更加明亮,燃烧面积有所增大,暗区变薄,火焰趋近于燃烧表面。

含 Sa-Pb 的推进剂在 1MPa 和 3MPa 压强下的火焰结构见图 3-2-11。

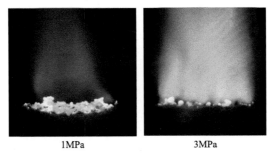

1MPa   3MPa

图 3-2-11   不同压强下含 Sa-Pb 推进剂的火焰结构照片

由图 3-2-11 可看出,在 1MPa 和 3MPa 下,含 Sa-Pb 的推进剂火焰结构由表面区、暗区和火焰区组成,燃烧表面有发亮区域和亮点,出现暗区变薄和部分火焰与暗区合并的现象,表明 Sa-Pb 的加入使推进剂燃面的热反馈增强。随压强的升高,推进剂火焰更加明亮,燃烧面积有所增大。

含 NI-Cu 的推进剂在 1MPa 和 3MPa 压强下的火焰结构见图 3-2-12。

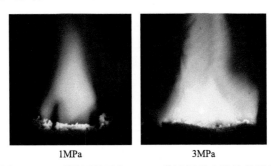

1MPa   3MPa

图 3-2-12   不同压强下含 NI-Cu 推进剂的火焰结构照片

由图 3-2-12 可看出，在 1MPa 和 3MPa 下，含 NI-Cu 推进剂的火焰结构为表面区、暗区和火焰区组成，燃烧表面有大量亮点，随压强的升高，推进剂火焰更加明亮，燃烧面积有所增大，暗区厚度减薄。

5. CMDB 推进剂燃烧火焰温度分布

经过三波长光谱测量法测定了空白配方推进剂、含 Sa-Pb 和含 NI-Cu 的推进剂燃烧火焰温度分布，不同压强下空白配方推进剂燃烧火焰温度分布见图 3-2-13。

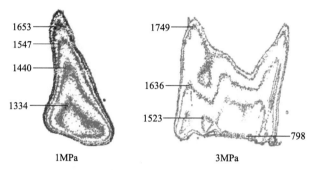

图 3-2-13　不同压强下空白配方推进剂的燃烧火焰温度分布(单位：℃)

由图 3-2-13 可知，空白配方推进剂在 1MPa 压强下，推进剂燃烧火焰由内到外形成温度逐渐升高的等温线，推进剂火焰区温度为 1334～1653℃；3MPa 压强下，推进剂凝聚相温度约为 798℃，火焰区温度为 1523～1749℃。随压强的增大，推进剂凝聚相和火焰区的温度都有所升高。由凝聚相温度可推测在火焰照片中，凝聚相的亮球可能为 Al_2O_3。

不同压强下含 Sa-Pb 推进剂燃烧火焰温度分布见图 3-2-14。

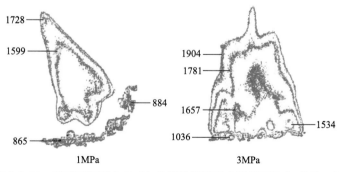

图 3-2-14　不同压强下含 Sa-Pb 的推进剂燃烧火焰温度分布(单位：℃)

由图 3-2-14 可知，含 Sa-Pb 的推进剂在 1MPa 压强下，推进剂燃烧火焰由内到外形成温度逐渐升高的等温线，推进剂凝聚相温度为 865～884℃，火焰区温度为 1599～1728℃；3MPa 压强下，推进剂凝聚相温度为 1036℃，火焰区温度为

1534～1904℃。随压强的增大，推进剂凝聚相和火焰区的温度都有所升高。对比空白配方推进剂和含 Sa-Pb 的推进剂燃烧火焰温度分布可知，Sa-Pb 的加入使推进剂的凝聚相和燃烧火焰的温度都有所增加。由凝聚相温度推测火焰照片中，凝聚相的亮球可能为铅盐的分解产物和 Al_2O_3。

不同压强下含 NI-Cu 推进剂燃烧火焰温度分布见图 3-2-15。

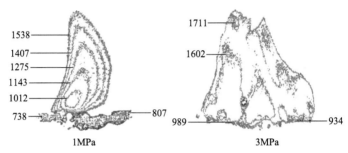

图 3-2-15　不同压强下 NI-Cu 的推进剂燃烧火焰温度分布(单位：℃)

由图 3-2-15 可知，含 NI-Cu 的推进剂在 1MPa 压强下，推进剂燃烧火焰由内到外形成温度逐渐升高的等温线，推进剂凝聚相温度为 738～807℃，推进剂火焰区温度为 1012～1538℃；3MPa 压强下，推进剂凝聚相温度为 934～989℃，火焰区温度为 1602～1711℃。随压强的增大，推进剂凝聚相和火焰区的温度都有所升高。对比空白配方推进剂和含 NI-Cu 的推进剂燃烧火焰温度分布可知，NI-Cu 的加入使推进剂的凝聚相和燃烧火焰的温度都有所下降。由凝聚相温度推测火焰照片中，凝聚相的亮点可能为铜盐的分解产物和 Al_2O_3。

6. CMDB 推进剂熄火表面分析

为研究推进剂燃烧过程中凝聚相反应的程度和中止燃烧时燃烧产物的分布情况，本节对 CMDB 推进剂的熄火表面照片和熄火表面元素进行了分析。

1) 含铅盐和不含铅盐的 CMDB 推进剂熄火表面

对比空白配方推进剂、含 Sa-Pb 的推进剂以及含 Sa-Pb/CB 的推进剂熄火表面，并对熄火表面进行元素分析，结果见图 3-2-16～图 3-2-18。

CMDB 推进剂燃烧后形成的炭骨架连成致密网状，在网状的炭骨架上分布孔径均匀的孔洞和白色固体，经测试在熄火表面形成的白色固体的主要成分为 Al_2O_3。空白配方推进剂配方熄火后形成的孔洞的孔径较大且稀疏，可推测其燃烧时形成的燃烧表面积较小，燃烧较慢；含 Sa-Pb 的推进剂配方燃烧产物分布不均匀，燃烧后金属化合物呈熔融状并团聚，熄火后形成的孔洞的孔径较空白配方稍小且较为致密，可推测其燃烧时燃烧面积有所增大，燃烧加快；含 Sa-Pb/炭黑的推进剂燃烧后形成的孔洞的孔径较小且分布致密，推测该推进剂燃烧时燃烧面

元素	质量分数/%	原子分数/%
C	11.65	13.68
O	53.33	62.13
Al	35.02	24.19
合计	100	100

图 3-2-16　空白配方推进剂的熄火表面照片和表面元素分析

元素	质量分数/%	原子分数/%
C	11.30	17.74
O	53.87	61.56
Al	28.84	20.15
Pb	5.99	0.55
合计	100	100

图 3-2-17　含 Sa-Pb 推进剂的熄火表面照片和表面元素分析

元素	质量分数/%	原子分数/%
C	14.19	21.50
O	55.66	61.73
Al	24.09	16.24
Pb	6.06	0.53
合计	100	100

图 3-2-18　含 Sa-Pb/CB 推进剂的熄火表面照片和表面元素分析

积较大，推进剂燃烧较快。这与燃速测试的结论一致[21]。

　　分别对三种推进剂的熄火表面进行元素分析，空白配方推进剂的熄火表面主要元素为碳、氧和铝；含 Sa-Pb 的推进剂主要元素为碳、氧、铝和铅；含 Sa-Pb/CB 的推进剂主要元素为碳、氧、铝和铅，其中碳元素质量分数较前两个配方略大；三种配方都无氮元素剩余。这表明推进剂熄火表面所剩余的物质主要为燃烧催化剂和燃烧稳定剂等，其氮元素可能全部转化为 NO 或 NO_2 等气体放出。

　　2) 含铜盐和不含铜盐的 CMDB 推进剂熄火表面

　　对比空白配方推进剂、含 NI-Cu 的推进剂以及含 NI-Cu/CB 的推进剂的熄火表面，并对熄火表面进行元素分析，结果见图 3-2-19～图 3-2-21。

　　空白配方推进剂熄火后形成致密网状骨架，在网状的骨架上分布孔径均匀的孔洞和白色固体，熄火后形成的孔洞孔径较大且稀疏，可能是其燃烧时形成的燃烧表面积较小，燃烧较慢；含 NI-Cu 的推进剂燃烧产物分布不均匀，燃烧后形成较稀疏的骨架，熄火后形成的孔洞孔径较空白配方稍小且较为致密，可能是其燃烧时燃烧面积有所增大，燃速加快；含 NI-Cu/CB 的推进剂燃烧后形成的孔洞的孔径较小且分布致密，可能是该推进剂燃烧时燃烧面积较大，推进剂燃速较快。

元素	质量分数/%	原子分数/%
C	11.65	13.68
O	53.33	62.13
Al	35.02	24.19
合计	100	100

图 3-2-19　空白配方推进剂的熄火表面照片和表面元素分析

元素	质量分数/%	原子分数/%
C	14.27	20.62
O	46.24	58.47
N	13.69	8.80
Cu	12.11	3.31
Al	13.69	8.80

图 3-2-20　含 NI-Cu 的推进剂熄火表面照片和表面元素分析

元素	质量分数/%	原子分数/%
C	21.52	24.96
N	14.07	18.31
O	39.25	44.70
Al	12.85	8.68
Cu	12.31	3.35

图 3-2-21   含 NI-Cu/CB 的推进剂熄火表面照片和表面元素分析

分别对三种推进剂的熄火表面进行元素分析，空白配方推进剂的熄火表面主要元素为碳、氧和铝；含 NI-Cu 的推进剂主要元素为碳、氧、氮、铝和铜；含 NI-Cu/CB 的推进剂主要元素为碳、氧、氮、铝和铜，其中碳元素质量分数较前两个配方略大。这表明推进剂熄火表面所剩余的物质主要为燃烧催化剂和燃烧稳定剂等，包括含能铜盐 NI-Cu 等含氮元素的物质可能完全分解。

7. CMDB 推进剂高压燃烧机理的推断

由于缺乏中高压下推进剂燃烧机理的测试手段，本节依据 CMDB 推进剂低压下燃烧机理的结论和推进剂燃速的结果对中高压下该推进剂的燃烧机理进行推断。

(1) 随压强的升高，CMDB 推进剂的热分解速度将进一步加快，催化剂的加入可能抑制较高压强下(15～22MPa)CMDB 推进剂的热分解，因而产生平台或麦撒效应，较高压强下(25～43MPa)催化剂对推进剂热分解的抑制效应减弱，推进剂的燃速大幅升高。

(2) 压强升高，CMDB 推进剂的凝聚相和火焰区的温度可能进一步升高，暗区几乎消失，推进剂凝聚相反应速度加快，因而提高了 CMDB 推进剂的燃速。

(3) 压强升高至 25MPa 以上，推进剂的燃烧机理可能发生较大的变化，RDX

融化和分解可能同时进行，因而推进剂的燃烧性能在高压下发生很大变化。

3.2.3 高压燃烧平台控制

1. 铅盐对 CMDB 推进剂在中压下燃烧性能的影响

目前，铅盐作为调节 CMDB 推进剂燃烧性能的主要催化剂之一，提高 CMDB 推进剂燃速和产生平台效应的作用十分显著。研究表明，不同含量和不同种类铅盐对推进剂的燃烧性能有较大的影响。因此，本小节详细研究了不同含量和种类的铅盐对浇铸 CMDB 推进剂中压下燃速和压强指数的影响，为选择中高压下有效调节该类推进剂燃烧性能的催化剂提供参考。

1) 不同铅盐对推进剂中压下燃烧性能的影响

为筛选有效调节中高压下 CMDB 推进剂燃烧性能的铅盐燃烧催化剂，研究了 6 种不同分子结构的铅盐，其中有 2 种含能铅盐(2,4-二硝基咪唑铅(NI-Pb)和 NTO-Pb)、2 种芳香族有机铅盐(β-Pb 和水杨酸铅(Sa-Pb))、脂肪族有机铅盐 St-Pb 和无机铅盐 $PbCO_3$。

空白配方推进剂及含铅盐催化剂的推进剂燃烧性能的结果见表 3-2-10 和图 3-2-22。

表 3-2-10 不同铅盐对推进剂中压下(10～22MPa)燃烧性能的影响

催化剂	u /(mm/s)					压强指数			
	10MPa	13MPa	16MPa	19MPa	22MPa	$n_{10\sim13}$	$n_{13\sim16}$	$n_{16\sim19}$	$n_{19\sim22}$
空白配方	13.97	18.01	22.00	25.52	29.92	0.97	0.96	0.86	1.08
NI-Pb	15.85	18.93	23.46	27.68	31.74	0.68	1.03	0.96	0.93
NTO-Pb	14.55	18.35	23.34	27.31	31.65	0.88	1.16	0.91	1.01
β-Pb	15.60	18.69	22.49	26.30	31.02	0.69	0.89	0.91	1.13
Sa-Pb	14.54	18.59	22.59	25.58	30.04	0.94	0.94	0.72	1.10
St-Pb	11.56	16.17	20.08	24.21	28.09	1.28	1.04	1.09	1.01
$PbCO_3$	13.98	17.77	21.84	25.41	29.45	0.91	0.99	0.88	1.01

对比空白配方 CMDB 推进剂，上述 6 种铅盐催化剂对 CMDB 推进剂的燃烧性能均有一定的影响。其中，2 种含能铅盐 NI-Pb 和 NTO-Pb 对提高推进剂在 10～22MPa 压强下燃速的作用较明显，分别使推进剂的平均燃速提高 7.53%和 6.10%；两种芳香族有机铅盐 β-Pb 和 Sa-Pb 分别使推进剂的平均燃速提高 4.28%和 2.84%；脂肪族有机铅盐 St-Pb 对降低推进剂在 10～22MPa 压强下的燃速作用较明显，使推进剂的平均燃速降低 6.68%；无机铅盐 $PbCO_3$ 对推进剂燃烧性能影响较小，使推进剂的平均燃速降低 0.89%。同时，NI-Pb、NTO-Pb 和 β-Pb 均可降低推进剂在

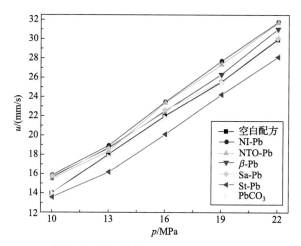

图 3-2-22　不同铅盐对推进剂中压下(10～22MPa)燃烧性能的影响

10～13MPa 压强下推进剂的压强指数。

2) 铅盐质量分数对推进剂中压下燃烧性能的影响

研究了铅盐的质量分数对 CMDB 推进剂在 10～22MPa 下燃烧性能的影响，选择了含能铅盐 NTO-Pb、芳香族铅盐 β-雷素辛酸铅(β-Pb)、脂肪族铅盐硬脂酸铅(St-Pb)和无机铅盐碳酸铅(PbCO$_3$)，考察铅盐质量分数的变化对推进剂燃烧性能的影响，结果见表 3-2-11 和图 3-2-23。

表 3-2-11　铅盐质量分数对 CMDB 推进剂中压下(10～22MPa)燃烧性能的影响

催化剂	铅盐质量分数/%	u /(mm/s)					压强指数			
		10MPa	13MPa	16MPa	19MPa	22MPa	$n_{10\sim13}$	$n_{13\sim16}$	$n_{16\sim19}$	$n_{19\sim22}$
空白配方	0	13.97	18.01	22.00	25.52	29.92	0.97	0.96	0.86	1.08
NTO-Pb	3.5	15.44	18.35	23.34	27.31	31.65	0.66	1.16	0.91	1.01
NTO-Pb	1.5	14.42	18.12	22.33	25.84	30.19	0.87	1.01	0.85	1.06
β-Pb	3.5	15.60	18.69	22.49	26.30	31.02	0.69	0.89	0.91	1.13
β-Pb	1.5	14.64	18.11	22.38	25.69	30.33	0.81	1.02	0.80	1.13
St-Pb	3.5	13.56	16.17	20.08	24.21	28.09	0.67	1.04	1.09	1.01
St-Pb	1.5	13.45	17.62	21.41	24.68	28.39	1.03	0.94	0.83	0.96
PbCO$_3$	3.5	13.95	17.77	21.84	25.41	29.45	0.91	0.99	0.88	1.01
PbCO$_3$	1.5	13.96	17.96	21.96	25.51	29.75	0.95	0.97	0.87	1.05

NTO-Pb 和 β-Pb 可提高推进剂的燃速，当两种铅盐质量分数为 1.5%时对推进剂的燃烧性能影响较小，NTO-Pb 和 β-Pb 的质量分数增加到 3.5%时可分别使推进剂的平均燃速提高 6.10%和 4.28%。St-Pb 和 PbCO$_3$ 可降低推进剂的燃速，当两种

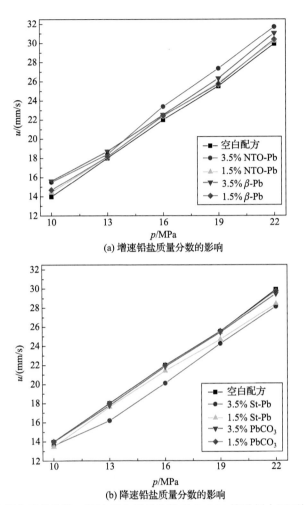

(a) 增速铅盐质量分数的影响

(b) 降速铅盐质量分数的影响

图 3-2-23　增速铅盐质量分数、降速铅盐质量分数对 CMDB 推进剂中压下燃烧性能的影响

铅盐质量分数为 1.5%时对推进剂的燃烧性能影响较小，当 St-Pb 和 PbCO$_3$ 的质量分数增加到 3.5%时可分别使推进剂的平均燃速降低 6.68%和 0.91%。

　　上述研究表明，铅盐的燃烧催化作用可能与铅盐的分子结构有关。一般认为，燃烧过程中铅盐分解生成的氧化铅在推进剂燃烧的亚表面区或表面区起催化作用，使硝酸酯和 RDX 等硝胺类炸药的分解历程发生了改变，而含能铅盐催化剂分解生成的活性物质(NO/NO$_2$)进一步促进了推进剂燃烧过程中的

$$NO_2+HCHO \longrightarrow NO+CO+H_2O$$

$$2NO+2CO \longrightarrow N_2+2CO_2$$

等放热反应。因此，含能铅盐催化剂与非含能铅盐催化剂相比对提高 CMDB 推进剂燃速的效果更明显。

2. 铜化合物对 CMDB 推进剂中压下燃烧性能的影响

铜化合物作为调节 CMDB 推进剂燃烧性能的主要催化剂之一，其在拓宽 CMDB 推进剂平台燃烧范围并降低压强指数的作用十分显著。研究表明，不同铜化合物及不同铜化合物质量分数对 CMDB 推进剂的燃烧性能影响较大，因此本部分系统研究了不同铜化合物及不同铜化合物质量分数对浇铸 CMDB 推进剂 10～22MPa 压强条件下燃烧性能的影响。

1) 不同铜化合物对 CMDB 推进剂中压下(10～22MPa)燃烧性能的影响

为筛选有效调节中高压下 CMDB 推进剂燃烧性能的铜化合物燃烧催化剂，研究了 6 种不同分子结构的铜化合物，其中有 2 种含能铜盐(NTO-Cu 和 2,4-二硝基咪唑铜(NI-Cu))、两种芳香族有机铜盐(β-Cu 和水杨酸铜(Sa-Cu))、脂肪族有机铜盐己二酸铜(AD-Cu)和无机 CuO。

空白配方推进剂及含铜化合物催化剂的推进剂燃烧性能的结果见表 3-2-12 和图 3-2-24。

表 3-2-12　不同铜化合物对 CMDB 推进剂中压下(10～22MPa)燃烧性能的影响

催化剂	u /(mm/s)					压强指数			
	10MPa	13MPa	16MPa	19MPa	22MPa	$n_{10\sim13}$	$n_{13\sim16}$	$n_{16\sim19}$	$n_{19\sim22}$
空白配方	13.97	18.01	22.00	25.52	29.92	0.97	0.96	0.86	1.08
NTO-Cu	13.51	17.26	21.14	25.00	28.87	0.93	0.98	0.98	0.98
NI-Cu	13.27	17.15	20.79	24.23	28.09	0.98	0.93	0.89	1.01
β-Cu	13.02	16.58	20.00	23.55	26.64	0.92	0.90	0.95	0.84
Sa-Cu	12.98	16.89	20.24	23.83	27.20	1.00	0.87	0.95	0.90
AD-Cu	10.92	14.31	18.07	20.82	24.49	1.03	1.12	0.82	1.11
CuO	13.23	16.69	20.17	23.68	27.07	0.89	0.91	0.93	0.91

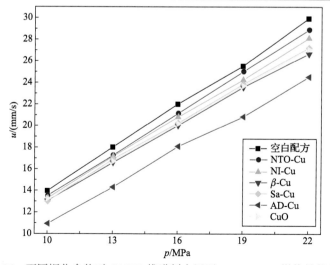

图 3-2-24　不同铜化合物对 CMDB 推进剂中压下(10～22MPa)燃烧性能的影响

对比空白配方推进剂，上述 6 种铜化合物催化剂均可降低 CMDB 推进剂在 10~22MPa 压强下的燃速。2 种含能铜盐 NTO-Cu 和 NI-Cu 分别使推进剂的平均燃速降低 3.33%和 5.38%；2 种芳香族有机铜盐 β-Cu 和 Sa-Cu 分别使推进剂的平均燃速降低 8.80%和 7.57%；脂肪族有机铜盐 AD-Cu 对降低推进剂 10~22MPa 压强下燃速作用较明显，使推进剂的平均燃速降低 19.02%；无机 CuO 使推进剂的平均燃速降低 7.84%。

2) 不同质量分数铜化合物对 CMDB 推进剂在中压下燃烧性能的影响

研究了不同质量分数铜化合物对 CMDB 推进剂在 10~22MPa 下燃烧性能的影响，选择含能铜盐 3-硝基-1,2,4-三唑-5 酮铜(NTO-Cu)、芳香族铜盐 β-雷索辛酸铜(β-Cu)、脂肪族铜盐己二酸铜(AD-Cu)和氧化铜(CuO)，考察铜化合物质量分数变化对 CMDB 推进剂燃烧性能的影响，结果见表 3-2-13 和图 3-2-25。

表 3-2-13　不同质量分数铜化合物对 CMDB 推进剂中压下(10~22MPa)燃烧性能的影响

催化剂	铜化合物质量分数/%	u /(mm/s)					压强指数			
		10MPa	13MPa	16MPa	19MPa	22MPa	$n_{10\sim13}$	$n_{13\sim16}$	$n_{16\sim19}$	$n_{19\sim22}$
空白配方	0	13.97	18.01	22.00	25.52	29.92	0.97	0.96	0.86	1.08
NTO-Cu	3.5	13.51	17.26	21.14	25.00	28.87	0.93	0.98	0.98	0.98
NTO-Cu	1.5	13.78	17.59	21.76	25.31	29.07	0.93	1.02	0.88	0.94
β-Cu	3.5	13.02	16.58	20.00	23.55	26.64	0.92	0.90	0.95	0.84
β-Cu	1.5	13.32	17.03	20.89	24.56	27.45	0.94	0.98	0.94	0.76
AD-Cu	3.5	10.92	14.31	18.07	20.82	24.49	1.03	1.12	0.82	1.11
AD-Cu	1.5	12.53	16.22	20.59	23.33	26.87	0.98	1.15	0.73	0.96
CuO	3.5	13.23	16.69	20.17	23.68	27.07	0.89	0.91	0.93	0.91
CuO	1.5	13.46	17.49	21.71	24.69	28.13	1.00	1.04	0.75	0.89

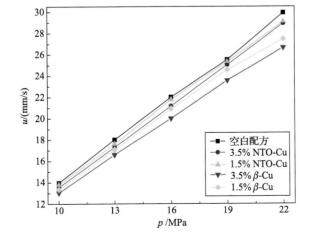

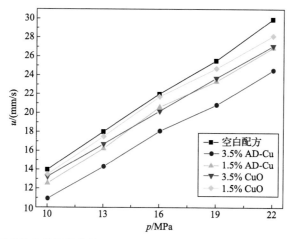

图 3-2-25 不同质量分数铜化合物对 CMDB 推进剂中压下(10～22MPa)燃烧性能的影响

分析可知，含能铜盐 NTO-Cu、芳香族铜盐 β-Cu、脂肪族铜盐 AD-Cu 和无机 CuO 都可降低 CMDB 推进剂在 10～22MPa 下的燃速，且随着铜盐质量分数的增加，降低燃速效果更加明显。

一般认为，铜化合物的催化作用体现在 CMDB 推进剂燃烧的气相，铜化合物可作为辅助燃烧催化剂使铅盐的催化平台向高压区移动。在燃烧过程中铜化合物分解生成的氧化铜或氧化亚铜在推进剂燃烧亚表面区或表面区起催化作用，使硝酸酯和 RDX 等硝胺类炸药的分解历程发生了改变，在 10～22MPa 下铜化合物可能抑制了推进剂的热分解，从而使推进剂的燃速降低。

3. 炭黑对 CMDB 推进剂中压下(10～22MPa)燃烧性能的影响

大量试验表明，炭黑对推进剂燃烧性能的影响较大，为系统研究炭黑对 CMDB 推进剂燃烧性能的影响，研究了不同类型及不同质量分数炭黑对该类推进剂燃烧性能的影响。

1) 不同类型炭黑对 CMDB 推进剂燃烧性能的影响

试验了不同炭黑类型(包括乙炔炭黑、中超炭黑、上海特黑和通用炭黑)对 CMDB 推进剂 10～22MPa 压强下燃烧性能的影响，结果见表 3-2-14 和图 3-2-26。

表 3-2-14 不同炭黑对 CMDB 推进剂中压下(10～22MPa)燃烧性能的影响

炭黑类型	炭黑粒度 $D_{50}/\mu m$	u/(mm/s)					压强指数			
		10MPa	13MPa	16MPa	19MPa	22MPa	$n_{10\sim13}$	$n_{13\sim16}$	$n_{16\sim19}$	$n_{19\sim22}$
空白配方	—	13.97	18.01	22.00	25.52	29.92	0.97	0.96	0.86	1.08
乙炔炭黑	7.28	18.03	21.15	24.42	27.95	31.32	0.61	0.69	0.79	0.78
中超炭黑	9.72	17.65	21.69	24.59	26.92	30.23	0.79	0.60	0.53	0.79

续表

炭黑类型	炭黑粒度 D_{50}/μm	u /(mm/s)					压强指数			
		10MPa	13MPa	16MPa	19MPa	22MPa	$n_{10\sim13}$	$n_{13\sim16}$	$n_{16\sim19}$	$n_{19\sim22}$
上海特黑	11.93	16.94	21.03	23.59	25.91	29.97	0.82	0.55	0.55	0.99
通用炭黑	20.52	15.54	19.79	22.21	25.37	29.56	0.92	0.56	0.77	1.04

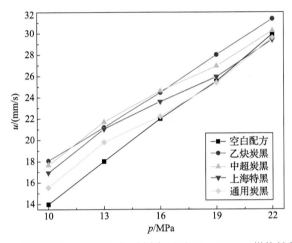

图 3-2-26　不同炭黑对 CMDB 推进剂中压下(10～22MPa)燃烧性能的影响

分析可知，在 CMDB 推进剂配方中加入不同种类的炭黑对推进剂的燃烧性能均有一定影响。其中，乙炔炭黑可使推进剂平均燃速提高 12.29%，中超炭黑使推进剂平均燃速提高 10.66%，上海特黑和通用炭黑在 10～16MPa 压强条件下可提高推进剂燃速，而在 19～22MPa 压强条件下对推进剂的燃烧性能影响不大。

这可能与炭黑的粒径有一定的关系，从炭黑的粒径与 CMDB 推进剂燃速关系可看出，随炭黑粒径的减小，CMDB 推进剂的燃速基本呈上升趋势。炭黑在推进剂燃烧时，可能在推进剂燃烧表面或亚表面反应区形成催化活性中心，其比表面积增大可增加其与 Pb、Cu 等微粒的接触概率，促进各种气相放热反应的充分进行，从而提高推进剂的燃速。

2) 不同质量分数炭黑对 CMDB 推进剂燃烧性能的影响

以中超炭黑为例，试验了质量分数为 0%～0.7%的炭黑对 CMDB 推进剂 10～22MPa 压强下燃烧性能的影响，结果见表 3-2-15 和图 3-2-27。

表 3-2-15　不同质量分数炭黑对 CMDB 推进剂中压下(10～22MPa)燃烧性能的影响

炭黑质量分数/%	u /(mm/s)					压强指数			
	10MPa	13MPa	16MPa	19MPa	22MPa	$n_{10\sim13}$	$n_{13\sim16}$	$n_{16\sim19}$	$n_{19\sim22}$
0	13.97	18.01	22.00	25.52	29.92	0.97	0.96	0.86	1.08

炭黑质量分数/%	u /(mm/s)					压强指数			
	10MPa	13MPa	16MPa	19MPa	22MPa	$n_{10\sim13}$	$n_{13\sim16}$	$n_{16\sim19}$	$n_{19\sim22}$
0.2	15.01	19.26	23.33	26.68	29.95	0.95	0.92	0.78	0.79
0.4	16.33	20.29	24.41	26.55	30.01	0.83	0.89	0.49	0.84
0.5	17.65	21.69	24.59	26.92	30.23	0.79	0.60	0.53	0.79
0.7	18.22	22.46	25.03	27.65	30.52	0.80	0.52	0.58	0.67

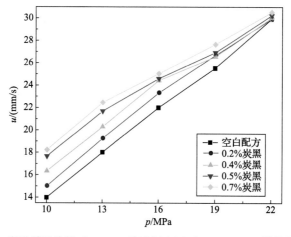

图 3-2-27　炭黑质量分数对 CMDB 推进剂中压下(10～22MPa)燃烧性能的影响

分析可知,在 CMDB 推进剂配方中加入适量的炭黑可使推进剂在 10～19MPa 压强条件下的燃速明显提高。随炭黑质量分数的增加推进剂的燃速增加,当炭黑质量分数为 0.7%时,CMDB 推进剂的平均燃速可提高 13.22%,随压强的升高,炭黑的增速效果减弱。

这可能是因为炭黑质量分数的增加,提高了燃烧表面的催化剂载体含量,有效吸附 Pb、Cu 等催化微粒,从而提高催化效率;同时,炭黑质量分数的增加有助于进一步促进燃烧表面附近的 NO 还原成 N_2 的放热反应,使推进剂燃速提高。

关于炭黑的作用机理,目前尚无定论。一般认为,炭黑在推进剂燃烧表面或亚表面形成催化剂的良好载体,有效吸附 Pb、Cu 等催化微粒,阻止 Pb、Cu 等催化剂微粒的凝聚,从而提高催化效率。同时,炭黑可促进 $2NO+2CO \longrightarrow N_2+2CO_2$ 等放热反应,使推进剂燃速提高。

4. 二元复配燃烧催化剂对 CMDB 推进剂中压下(10～22MPa)燃烧性能的影响

为考察二元复配燃烧催化剂对 CMDB 推进剂中压下(10～22MPa)燃烧性能的影响,研究了不同铅盐/炭黑、铜化合物/炭黑和铅盐/铜盐的复配对 CMDB 推进剂燃烧性能的影响。

1) 铅盐/炭黑复配催化剂对推进剂中压下燃烧性能的影响

考虑到不同分子结构的铅盐对推进剂的燃烧性能可能有不同的影响，选择了含能铅盐 NTO-Pb、芳香族铅盐 β-Pb、脂肪族铅盐 St-Pb 和无机铅盐 $PbCO_3$ 分别与中超炭黑复配，考察铅盐/炭黑复配催化剂对推进剂燃烧性能的影响，结果见表 3-2-16 和图 3-2-28。

表 3-2-16　铅盐/炭黑复配催化剂对 CMDB 推进剂燃烧性能的影响

催化剂		u /(mm/s)					压强指数			
铅盐	其他	10MPa	13MPa	16MPa	19MPa	22MPa	$n_{10\sim13}$	$n_{13\sim16}$	$n_{16\sim19}$	$n_{19\sim22}$
空白配方		13.97	18.01	22.00	25.52	29.92	0.97	0.96	0.86	1.08
NTO-Pb	CB	17.38	19.96	24.67	29.03	31.94	0.53	1.02	0.95	0.65
β-Pb	CB	17.02	20.13	23.66	27.54	31.30	0.64	0.78	0.88	0.87
St-Pb	CB	14.96	17.27	21.87	25.35	29.16	0.55	1.14	0.86	0.96
$PbCO_3$	CB	15.33	18.13	22.37	26.32	29.32	0.64	1.01	0.95	0.74

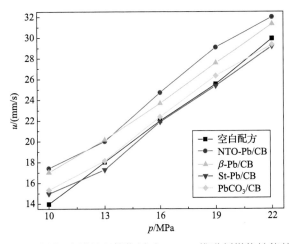

图 3-2-28　铅盐/炭黑复配催化剂对 CMDB 推进剂燃烧性能的影响

分析可知，对比空白配方推进剂，NTO-Pb/CB 和 β-Pb/CB 复配催化剂对提高推进剂 10～22MPa 压强下燃速作用较明显，分别使推进剂的平均燃速提高 12.39% 和 9.35%；St-Pb/CB 和 $PbCO_3$/CB 复配对推进剂的燃速影响不大。在 10～13MPa 压强条件下，推进剂的压强指数较低。

在铅盐和炭黑复配体系中，铅盐降低推进剂低压下燃烧压强指数的作用较明显，炭黑可在一定程度上提高推进剂的燃速。这可能是因为炭黑作为催化载体吸附铅微粒，提高了催化效率，相比于只含有铅盐的推进剂，铅盐和炭黑复配体系中，推进剂燃速得到了提高。

2) 铜化合物/炭黑复配催化剂对推进剂中压下燃烧性能的影响

选择含能铜盐 NTO-Cu、芳香族铜盐 β-Cu、脂肪族铜盐 AD-Cu 和无机 CuO 分别与中超炭黑复配，考察铜化合物/炭黑复配催化剂对推进剂燃烧性能的影响，结果见表 3-2-17 和图 3-2-29。

表 3-2-17　铜化合物/炭黑复配催化剂对推进剂燃烧性能的影响

催化剂		u /(mm/s)					压强指数			
铜化合物	其他	10MPa	13MPa	16MPa	19MPa	22MPa	$n_{10\sim13}$	$n_{13\sim16}$	$n_{16\sim19}$	$n_{19\sim22}$
空白配方		13.97	18.01	22.00	25.52	29.92	0.97	0.96	0.86	1.08
NTO-Cu	CB	14.31	18.15	22.07	25.55	29.25	0.91	0.94	0.85	0.92
β-Cu	CB	13.50	16.83	20.89	24.53	26.95	0.84	1.04	0.93	0.64
AD-Cu	CB	12.24	15.9	19.63	23.55	27.23	1.00	1.01	1.06	0.99
CuO	CB	13.66	17.09	21.22	24.58	27.94	0.85	1.04	0.86	0.87

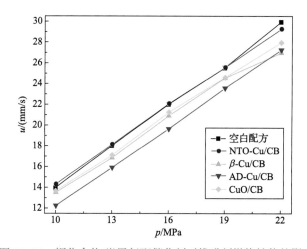

图 3-2-29　铜化合物/炭黑复配催化剂对推进剂燃烧性能的影响

分析可知，对比空白配方推进剂，NTO-Cu/CB 复配催化剂对推进剂的燃速影响不大；β-Cu/CB 和 CuO/CB 分别使推进剂的平均燃速降低 6.14% 和 4.51%；AD-Cu/CB 降低推进剂 10～22MPa 压强下燃速作用较明显，可使推进剂的平均燃速降低 9.93%。

铜化合物和炭黑复配体系，铜化合物主要降低推进剂 10～22MPa 压强下的燃速，而炭黑的加入使推进剂的燃速比只含有铜化合物的推进剂燃速有所提高。这可能是因为铜化合物和炭黑协同作用的结果。

3) 铅盐/铜盐复配催化剂对推进剂中压下(10～22MPa)燃烧性能的影响

选择了含能铅盐和铜盐 NI-Pb 与 NI-Cu、NTO-Pb 与 NTO-Cu、芳香族铅盐 β-Pb 与芳香族有机铜盐 β-Cu、脂肪族有机铅盐 St-Pb 与脂肪族有机铜盐 AD-Cu 复配，考察铅盐/铜盐复配催化剂对推进剂燃烧性能的影响，结果见表 3-2-18 和图 3-2-30。

表 3-2-18　铅盐/铜盐复配催化剂对推进剂中压下(10～22MPa)燃烧性能的影响

催化剂		u /(mm/s)					压强指数			
铅盐	铜盐	10MPa	13MPa	16MPa	19MPa	22MPa	$n_{10～13}$	$n_{13～16}$	$n_{16～19}$	$n_{19～22}$
空白配方		13.97	18.01	22.00	25.52	29.92	0.97	0.96	0.86	1.08
NI-Pb	NI-Cu	22.63	25.08	27.44	30.05	31.16	0.39	0.43	0.53	0.25
NTO-Pb	NTO-Cu	20.17	22.34	25.07	27.64	29.98	0.39	0.56	0.57	0.55
β-Pb	β-Cu	19.48	22.19	24.26	26.31	28.69	0.50	0.43	0.47	0.59
St-Pb	AD-Cu	15.24	20.32	22.29	24.48	27.28	1.10	0.45	0.55	0.74

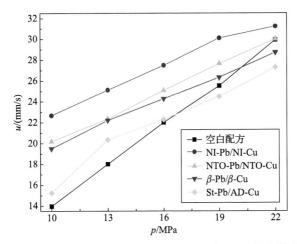

图 3-2-30　铅盐/铜盐复配催化剂对推进剂燃烧性能的影响

分析可知，对比空白配方推进剂，铅盐和铜盐复配催化剂可提高较低压强下(10～16MPa)的燃速，并且抑制较高压强下(19～22MPa)推进剂的燃烧，从而降低推进剂的压强指数。

关于复配催化剂的作用机理，一般认为，在较低压强下铅盐可提高推进剂燃烧表面的温度和嘶嘶区的温度梯度，从而提高燃速；铜盐的分解产物可使铅盐热分解的温度降低，提高了催化活性，故铜盐可作为助催化剂提高铅盐的催化效率。

5. 三元复配燃烧催化剂对中压下(10～22MPa)CMDB 推进剂燃烧性能的影响

研究表明，当铅/铜/炭黑以一定比例复配时，其对 CMDB 推进剂的燃烧催化作用效果十分显著。根据以上试验结果，选择可提高 10～22MPa 压强下 CMDB 推进剂燃速，并降低燃烧压强指数的铅盐、铜盐和炭黑，将其复配，考察铅/铜/炭黑复配催化剂对推进剂在 10～22MPa 压强下燃烧性能的影响，为进一步筛选有效调节更高压强下 CMDB 推进剂燃烧性能的催化剂提供参考。

铅/铜/炭黑复配催化剂对 CMDB 推进剂在 10～22MPa 压强下燃烧性能的作用结果见表 3-2-19 和图 3-2-31。

表 3-2-19　铅/铜/炭黑复配催化剂对 CMDB 推进剂燃烧性能的影响

催化剂			u /(mm/s)					压强指数	
铅盐	铜盐	其他	10MPa	13MPa	16MPa	19MPa	22MPa	$n_{10\sim16}$	$n_{19\sim22}$
	空白配方		13.97	18.01	22.00	25.52	29.92	0.97	1.08
NI-Pb	NI-Cu	CB	24.47	27.15	29.36	32.43	33.56	0.39	0.23
NI-Pb	NTO-Cu	CB	23.47	26.22	28.69	31.45	32.47	0.43	0.22
NTO-Pb	NI-Cu	CB	23.81	26.36	28.16	29.95	31.38	0.36	0.32
NTO-Pb	NTO-Cu	CB	22.04	24.43	28.43	30.29	31.29	0.54	0.22
β-Pb	β-Cu	CB	21.95	24.31	26.88	28.84	29.82	0.43	0.23
β-Pb	Sa-Cu	CB	23.00	25.31	26.11	26.78	28.31	0.27	0.38
St-Pb	AD-Cu	CB	17.47	20.00	23.48	26.78	28.02	0.63	0.31

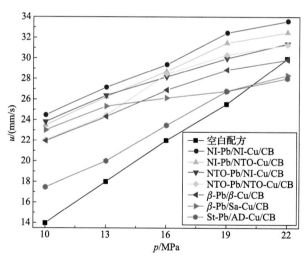

图 3-2-31　铅/铜/炭黑复配催化剂对推进剂燃烧性能的影响

分析可知，铅/铜/炭黑复配催化剂可有效调节 10～22MPa 下 CMDB 推进剂的燃烧性能。不同的复配催化剂，使 CMDB 推进剂在 10MPa 下的燃速在 17.5～24.5mm/s 可调，在 16MPa 下 CMDB 推进剂的燃速在 23.5～29.4mm/s 可调，并且推进剂的压强指数大幅降低。

铅/铜/炭黑复配催化剂的催化作用可能是因为炭黑在推进剂燃烧过程中起到了催化活性中心的作用，有效吸附铅、铜等催化物质，且铜盐作为助催化剂，有效地促进了铅盐的催化作用，从而提高了推进剂的燃速。

3.3　组合装药推进剂低压燃烧特性

3.3.1　低压燃烧临界工作压强

有多种金属氧化物已被用作燃烧速率催化剂，但只有几种纳米金属氧化物可以作为燃烧催化剂。晶体纳米氧化镍(nNiO)和纳米氧化锌(nZnO)是通过一种新的回流方法制备的，它们的平均粒径分别为 6nm 和 31nm。这些纳米过渡金属氧化物可较好地作为双基(DB)推进剂和基于 RDX 的改性双基(MDB)推进剂的燃烧催化剂[17]。过去几十年中纳米添加剂催化燃烧的研究工作主要由赵凤起团队开展[14,22]。他们研究了多种纳米金属氧化物对双基(DB)推进剂和改性双基推进剂燃烧性能的影响。这些金属氧化物包括纳米氧化铋(nBi_2O_3)、纳米氧化铅(nPbO)、纳米二氧化铈($nCeO_2$)、nNiO、纳米氧化钴(nCo_2O_3)、纳米氧化亚铜(nCu_2O)。这些纳米材料主要通过固态反应制备，并通过透射电子显微术(TEM)、X 射线衍射(XRD)和扫描电子显微术(SEM)进行了充分表征。同时，为了便于比较，还研究了普通的 PbO 催化剂。每个推进剂样品的总质量为 500g。DB 推进剂含有 2.5%的纳米添加剂，而改性双基推进剂中含有 3%的纳米添加剂。推进剂是通过传统的无溶剂挤出制备工艺获得的：将原材料在水中混合，然后进行干燥、轧制和机械加工，最终尺寸为 5mm×150mm。燃烧压力范围在 2～22MPa，压强指数(n)按 $u = ap^n$ 计算。燃烧速率(简称"燃速")见表 3-3-1。

表 3-3-1　纳米金属氧化物作用下双基推进剂的燃烧速率

样品	不同压力下的燃速 u/(mm/s)							
	2MPa	4MPa	6MPa	8MPa	10MPa	12MPa	14MPa	16MPa
DB	2.15	3.59	5.19	6.49	7.81	8.99	9.77	10.38
DB/nBi_2O_3	2.53	3.99	5.48	6.86	8.02	8.91	9.68	10.62
DB/nPbO	4.72	5.84	6.88	7.42	7.91	8.27	9.18	10.09
DB/PbO	4.01	5.53	7.05	7.63	8.12	8.96	9.86	11.06
MDB	3.09	5.34	7.42	9.85	11.88	14.04	15.75	17.54
MDB/nBi_2O_3	3.19	5.67	8.49	10.33	13.16	14.64	16.23	17.92
MDB/$nCeO_2$	3.34	5.78	8.33	11.15	13.59	15.33	16.92	18.58
MDB/nNiO	3.04	4.92	6.91	9.06	11.66	13.11	14.97	17.12
MDB/nCo_2O_3	2.99	4.92	7.00	9.09	11.34	13.81	15.50	17.99
MDB/nCu_2O	3.29	5.51	7.84	10.43	13.00	15.11	17.09	18.35

样品	不同压力下的燃速 u/(mm/s)					压强指数
	4MPa	7MPa	10MPa	13MPa	16MPa	$n_{4\sim16}$
MDB-1	4.04	6.58	8.80	10.18	11.12	0.73
MDB/PbO	5.53	7.36	8.12	9.26	11.06	0.53
MDB/mPbO	5.61	7.41	8.18	9.61	11.21	0.50
MDB/nPbO	5.84	7.15	7.91	8.43	10.09	0.39

注：mPbO 为微米氧化铅。

普通 PbO 和 nPbO 都会增加 DB 和 MDB 推进剂的燃烧速率，但压强指数(n)仍然很高。含普通 PbO 的推进剂在 6～10MPa 时 n 为 0.277，含 nPbO 的推进剂在 6～12MPa 时，n 为 0.268。相比之下，nBi$_2$O$_3$ 在 10～14MPa 也可以将 n 略微降低至 0.559，但并没有增加燃烧速率。可以看出，nBi$_2$O$_3$、nCeO$_2$ 和 nCu$_2$O 对 DB 推进剂有一定的催化作用，但没有获得平台燃烧效应，具有较高的压强指数。nNiO 和 nCo$_2$O$_3$ 可在一定压力下降低 DB 推进剂的燃烧速率，表明它们是负催化剂。据报道，在低压范围内，nBi$_2$O$_3$ 对提高 DB 燃烧速率的催化效果优于 nPbO，其中 nBi$_2$O$_3$ 使推进剂压强指数从 0.80 下降到 0.71(下降 11.3%)。nBi$_2$O$_3$ 可以确保更高的燃烧速率和低压指数，比 PbO 更好。对于 MDB 推进剂，2%的 Bi$_2$O$_3$ 或 nPbO 无法实现平台燃烧效应，这可以通过与炭黑(CB)或具有更低压强指数的铜盐组合来实现。进一步证实 nPbO 的催化能力优于普通 PbO。含 3%nPbO 的 DB 推进剂在 4～10MPa 压力条件下的压强指数约为 0.3。当 nPbO 与铜盐混合时，可以观察到平台燃烧效应。

为了研究纳米金属氧化物复合材料(二元)及其"协同"催化效果，在 DB 和 MDB 推进剂中使用了几种二元金属氧化物。这些二元纳米复合材料包括 nPbO · CuO(nPCC)、nCuO · SnO$_2$、nMgO · SnO$_2$ 和 nCuO · Gr$_2$O$_3$。DB 推进剂含有 2.5%的纳米复合材料，而 MDB 推进剂含有 3%的纳米复合材料。推进剂通过常规的无溶剂挤出技术制备。DB 和 MDB 推进剂在纳米二元金属氧化物复合材料作用下的燃烧速率结果如表 3-3-2 所示，与金属氧化物作图并进行比较，见图 3-3-1。

表 3-3-2　纳米二元金属氧化物作用下双基推进剂的燃烧速率

样品	不同压力下的燃速 u/(mm/s)							
	2MPa	4MPa	6MPa	8MPa	10MPa	12MPa	14MPa	16MPa
DB	2.15	3.59	5.19	6.49	7.81	8.99	9.77	10.38
DB/nPCC	5.72	6.56	6.07	6.64	7.51	8.43	9.39	10.55
DB/nCuO · SnO$_2$	2.53	3.87	5.55	6.89	8.28	9.64	10.60	11.63
DB/nMgO · SnO$_2$	2.19	3.54	4.84	6.17	7.50	8.81	9.89	10.97

续表

样品	不同压力下的燃速 u/(mm/s)							
	2MPa	4MPa	6MPa	8MPa	10MPa	12MPa	14MPa	16MPa
MDB/nTPCC	5.91	8.08	9.41	9.21	7.59	8.11	8.64	9.50
MDB/nTPCC(分散)	7.22	8.83	9.77	10.02	7.59	7.88	8.62	9.36
MDB	3.09	5.34	7.42	9.85	11.88	14.04	15.75	17.54
MDB/nCuO · Gr$_2$O$_3$	3.39	5.30	7.25	9.42	11.61	13.76	15.67	17.27
MDB/nPbO · SnO$_2$	3.75	8.21	11.51	14.10	16.33	17.32	18.03	18.83

注: nTPCC 为异氰酸酯改性的 nPCC。

由表 3-3-2 和图 3-3-1 可以看出，只有纳米复合的 nPCC 才能使 MDB 推进剂在 2～4MPa 下不加速燃烧，且 4～8MPa 处于低压指数燃烧区。nPCC 催化剂的催化效率因子(η)在 2MPa、4MPa、6MPa 和 8MPa 压力下分别为 2.69、1.83、1.17 和 1.02。效率因子 $\eta = u_c / u_0$，其中 u_0 是空白参考推进剂的燃烧速率，u_c 是带有催化剂的推进剂的燃烧速率。平台燃烧发生在 4～6MPa，压强指数 n 为-0.192。在 8MPa 以上的压力下，含有 nPCC 催化剂的 MDB 推进剂的燃烧速率低于空白样品。这表明 nPCC 催化剂在较低压力范围内具有更高的活性，压强指数显著降低。因此，nPCC 具有很好的催化作用，但在相应推进剂制备过程中的聚集产生了一些均匀性问题。为了解决这一问题，进一步提高其催化活性，采用异氰酸酯对 nPCC 的表面结构进行进一步改性，得到改性纳米复合材料 nTPCC。如图 3-3-1(b) 所示，无论它在添加到组合物中之前是否分散，nTPCC 在更宽的平台燃烧压力范围内都具有更好的催化效果。在 6～10MPa 可以观察到平台燃烧效应，压强指数为-0.867。这意味着表面活性剂对 nPCC 的表面改性将进一步提高其催化效率。

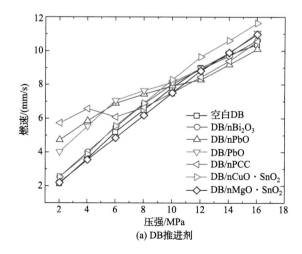

(a) DB推进剂

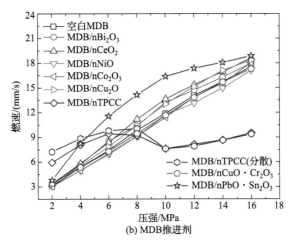

图 3-3-1　含有纳米金属氧化物的 DB 和 MDB 推进剂燃速与压力关系

这一结果表明，nTPCC 能够在较大的压力范围内降低 DB 和 MDB 推进剂的压强指数，可广泛用于其他含有硝胺的 MDB 推进剂。

由于 nPCC 和 nTPCC 在降低 MDB 推进剂压强指数方面非常有效，因此进一步研究了它们的含量对推进剂燃烧速率的影响，结果列于表 3-3-3。在 6～8MPa 和 8～10MPa 的压力条件下，3%的 nTPCC 可以将 n 分别降低到-0.075 和-0.867。nTPCC 在较低压力范围内具有较高的催化效率，在 2MPa 和 6MPa 时其 η 分别为 2.59、1.32。这意味着 MDB 的燃烧速率在 2MPa 时提高了 2.59 倍。显然，nTPCC 在 MDB 中分散良好后，发生了更显著的燃烧，随后台面燃烧区的 n 更低，为-1.245。当 nTPCC 的含量从 3%降低到 1.5%时，低压范围(2～8MPa)的催化效率略有下降，平台燃烧区(6～8MPa)的 n 较高，为 0.031 和平台燃烧区(8～10MPa)为-0.832。当 nTPCC 与 CB 一起用于 MDB 推进剂时，燃烧速率更高，并且平台燃烧区的压力扩大到 12~22MPa，n 小于 0.3。

表 3-3-3　nPCC 含量对 MDB 推进剂燃烧速率及其催化效率的影响

样品	不同压力下的燃速 u /(mm/s)										
	2MPa	4MPa	6MPa	8MPa	10MPa	12MPa	14MPa	16MPa	18MPa	20MPa	22MPa
MDB	3.09	5.34	7.42	9.85	11.88	14.04	15.75	17.54	19.23	20.92	—
MDB/nTPCC(3%)	8.00	10.39	9.81	9.89	12.82	13.46	14.73	17.06	18.66	21.23	23.09
MDB/nPCC	5.89	5.73	7.60	9.52	11.44	13.60	15.58	17.76	19.88	22.68	24.69
MDB/nTPCC(1.5%)	5.70	10.81	14.18	16.31	17.39	18.18	18.73	19.86	20.66	22.12	24.33
MDB/nTPCC/CB	7.60	12.94	15.92	19.42	20.83	22.32	23.15	23.75	24.45	25.15	25.68

续表

样品	催化效率/η					压力/MPa	n	相关系数(R)
	2MPa	6MPa	10MPa	14MPa	18MPa	—	—	—
MDB	1	1	1	1	1	—	—	—
MDB/nTPCC(3%)	2.59	1.32	1.08	0.94	0.97	4~8	−0.08	0.849
MDB/nPCC	1.91	1.02	0.96	0.99	1.03	2~4	−0.04	1
MDB/nTPCC(1.5%)	1.85	1.91	1.46	1.19	1.07	8~14	0.267	0.9924
MDB/nTPCC/CB	2.46	2.15	1.75	1.47	1.27	12~22	0.232	0.9991

相比之下，$nCuO \cdot Gr_2O_3$ 复合材料具有一定的催化作用，但对压强指数较大的 DB 推进剂没有形成平台燃烧区。同样，$nMgO \cdot SnO_2$ 对 DB 推进剂的催化作用很小。平均粒径为 40~60nm 的纳米复合材料 $PbO \cdot SnO_2$ 在 10~20MPa 的压力下可以明显提高 DB 推进剂的燃速，同时将压强指数降低至 0.257。对于 MDB 推进剂，$nPbO \cdot SnO_2$ 必须与 CB 结合才能得到与 DB 推进剂相似的催化效果。如图 3-3-2 所示，作为对比，纳米复合材料 nBi_2WO_6 与 nTPC 和 nTPCC 非常相似，也可以大大提高 DB 推进剂的燃速，并降低压强指数。特别是在 16~22MPa 的高压范围内可以获得平台燃烧。柠檬酸铋在 3~9MPa 的压力下具有与 nBi_2WO_6 相当的催化效率，但在降低压强指数方面效果不佳。总之，nTPCC 和 nBi_2WO_6 在 DB 和 MDB 推进剂中用作催化剂具有很大的潜力。

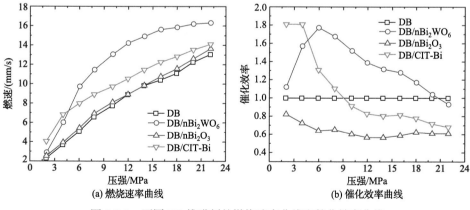

图 3-3-2　不同 DB 推进剂的燃烧速率曲线和催化效率曲线
CIT-Bi-柠檬酸铋

对于复合推进剂来说，最广泛使用的燃烧催化剂是 Fe_2O_3、TiO_2 和 CuO，端羟基聚丁二烯(HTPB)则是最常用的黏合剂。Fe_2O_3 是商用 AP 基复合推进剂中使用最广泛的催化剂，因为它成本低、制造工艺简单，并且燃速质量稳定性高。它们的催化作用对催化剂粒径的依赖性很显著。金属纳米添加剂，如 nAl 及其粒度分布也极大地影响燃烧速率。结果表明，与微米级的铝颗粒相比，铝纳米颗粒可以将 AP/HTPB/铝推进剂的燃速提高 100%。

纳米 α-Fe_2O_3 在复合推进剂的催化燃烧中拥有比普通级更好的性能。结果表明，在复合推进剂中使用纳米 α-Fe_2O_3 使其燃速提高了 50% 以上。由于更高的比表面积和与氧化剂的更多接触点，纳米级催化剂比其微米级催化剂更有效。然而，这使得推进剂的制备变得更加困难，并且随着催化剂尺寸的减小，相应的力学性能受到负面影响。针对这个问题提出的解决方案是将纳米尺寸的催化剂封装在氧化剂内。将含有 40% 复合 nFe_2O_3/AP 颗粒的推进剂与一种空白参考推进剂(40%粗 AP，40%细 AP，20%黏合剂)作比较，一种采用微米级 Fe_2O_3 催化剂(0.21%)制备，另一种采用 nFe_2O_3 催化剂(0.21%)制备。结果表明，封装催化剂的推进剂燃烧速率比空白推进剂高 90%，比微米级催化剂高 44%，比纳米级推进剂高 15%[23]，如图 3-3-3 所示。这表明封装催化剂的推进剂的高燃烧速率是由于细 AP/黏合剂基体的加速燃烧。含有微米级的 mFe_2O_3 的推进剂压强指数大于含有纳米级 nFe_2O_3 和封装催化剂的推进剂的压强指数。之前已经观察到压强指数对 Fe_2O_3 催化剂粒径的依赖性。压强指数的下降归因于较低压力范围内燃烧速率的提高，DB 和 MDB 推进剂在纳米金属氧化物的影响下也是如此。

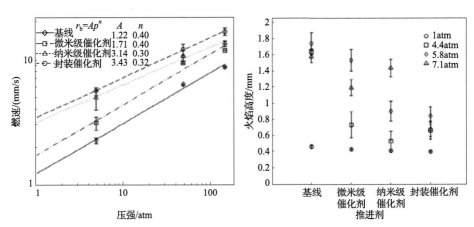

图 3-3-3　推进剂燃烧速率曲线

1atm=1.01×10⁵Pa

3.3.2　低压燃烧催化机理

1. RDX 和 HMX 的分解机理

为了研究含能材料的热分解机理，需要确定随温度或时间变化而生成的不同气态和凝聚相产物，近年来在这方面已经发展出了许多新的试验方法。例如，使用 T-Jump-FTIR(温度-跳跃-傅里叶变换红外光谱)联用技术，利用不同压力下的含能材料及其复合物的热分解来模拟它们在燃烧中的快速分解。除了 T-Jump-FTIR 联用技术之外，研究人员还使用了各种其他技术，如三四极杆质谱仪(TQMS)、二维荧光激发光谱、平面激光诱导荧光(PLIF)照相光谱、紫外-可见吸收光谱以及耦合自发拉曼飞行时间(TOF)质谱分析，用于分析分解或燃烧火焰中的气相产物。分析技术的发展提高了含能材料热分解研究的数据质量。固体推进剂的燃烧是基于复杂多阶段过程的凝聚相和气相化学反应。如果没有关于这些化学反应的信息，就不可能建立一个准确的模型来估计固体推进剂的燃烧速率和性能。从分子结构上看，虽然奥克托今(HMX)和 RDX 的气态分解产物相似，但其凝聚相和途径的变化方式不同。

　　对于硝胺的热分解，目前普遍认为硝基是引发多硝基化合物反应的主要原因。在 RDX 单分子分解时，所有反应条件下都可观察到—NO_2 基团是由 N—N 键的均裂生成的，N—NO_2 键的裂解也是仲硝胺的典型特征。RDX 在气相和凝聚相中分解的化学途径是不同的。

　　最近，Maharrey 等研究了 RDX 在其熔点以下(160~189℃)热分解的物理和化学过程。在试验的初始阶段，RDX 的两个气相反应占主导地位。一种是 HONO 和 HNO 的脱离，生成 H_2O、NO、NO_2 和氧-s-三嗪(OST)或 s-三嗪；另一种是 NO 与 RDX 反应形成 NO_2 和 1-亚硝基-3,5-二硝基六氢-s-三嗪(ONDNTA)，随后分解成另一组产物，其中 CH_2O 和 N_2O 含量最多(图 3-3-4，Ps1~Ps4)。RDX 的气相分解产物，如 ONDNTA，可以沉积在其晶体表面，从而又产生出一套新的反应途径。在最初的分解阶段(图 3-3-5(b))，单个 RDX 颗粒可以烧结并形成白色、不透明的刚性基质。位于烧结表面下方的 RDX 颗粒可以恢复，但仍为半透明状态，其上没有黑色斑点或橙色斑块(图 3-3-5(c))。

　　最初的表面反应会在 RDX 颗粒表面形成橙色的非挥发性残留物(NVR)膜(图 3-3-5(d))。NVR 薄膜很可能是通过表面上的 ONDNTA 分解形成的。涉及 NVR 的反应在分解过程的后期阶段占主导地位，如图 3-3-4 所示(Ps3，Ps4)。ONDNTA 可能会快速产生 N_2 和 NO_2，分子的剩余部分成为动态 NVR(图 3-3-4，Ps2)。动态 NVR 还会分解并形成 H_2O、CH_2O、N_2O、NH_2CHO、$(CH_3)_2NCHO$、$(CH_3)_2NNO$、$C_2H_2N_2O$、$(CH_3)_3N$ 和 $CH_3NCH_2CH_3$。NVR 薄膜和表面上的 RDX 之间的反应将导致形成熔融的 RDX 层，其中可能发生液相分解。这些反应的将加速后期分解阶段的反应速率，即 RDX 分解的自催化现象。

　　关于 HMX 的分解机理，同时热重调制束质谱仪(STMBMS)试验的结果比标准热分析方法提供了更多的结果。图 3-3-6 显示了 HMX 在 235℃热分解过程中形成的产物的特性和气体生成率(GFR)以及单个 HMX 颗粒的相应形态变化。发现

主要分解产物含有 CH_2O、NO、N_2O、H_2O 和 CO。样品达到235℃后，有一个诱导期，此时气态产物的形成速度相对较慢。随后是一个加速期，在此期间产物的生成速度增加。然后在第三个时期，气体生成率随时间降低。

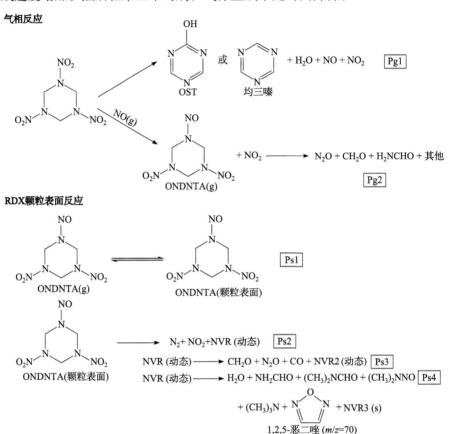

图 3-3-4　RDX 在其熔点以下的一次热解机理

m/z-质荷比

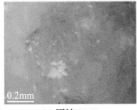

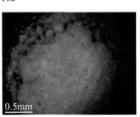

(a) 原始 RDX　　　　　(b) 3%质量损失后的 RDX

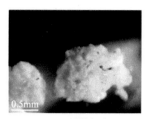

(c) 30%质量损失
后的 RDX

(d) RDX完全分解后剩余的
暗红色半透明 NVR 样品

图 3-3-5　在分解过程中不同阶段采集的 RDX 样品的图像

图 3-3-6　N—NO₂ 裂变和 HONO 消除途径示意图

括号中为分子量；MN-甲硝胺(H_2CNNO_2)

　　HMX 颗粒的中心区域存在加热过程中形成的粒状结构。与 RDX 分解类似，HMX 在分解中表面同样会形成 NVR 壳状结构。HMX 分解的主要反应途径可归纳如下：①从 HMX 中消除 HONO 形成 HCN，随后 HONO 反应生成 H_2O、NO 和 NO_2。该反应主要与气相中 HMX 的分解有关。②通过用—NO 取代—NO_2 基团形成 HMX 的单亚硝基化合物。使用 ¹⁵N 标记的 HMX 和 ¹⁴N 标记的 HMX 混合物的分解试验阐明了这一途径，其中观察到单亚硝基产物中 N—NO 键的干扰。③在 HMX 和 NVR 的反应中从—NO_2 基团中夺取氧形成 HMX 的单亚硝基化合物。因此，随着 NVR 含量的增加，单亚硝基 HMX 产物的含量也增加了。④单亚硝基 HMX 主要分解为 N_2O、CH_2O 和其他几种次要产物，这类似于 RDX 的单亚硝基类似物的分解。⑤由 HMX 的单亚硝基类似物分解形成 NVR。⑥HMX 在 NVR 表面的分解产生 N_2O 和 CH_2O 作为主要产物。⑦NVR 的分解形成各种酰胺作为分解产物。

相比之下，气态 HMX 的分解可以描述如下：$N—NO_2$ 裂变和 HONO 消除，如图 3-3-6 所示。在第一个途径中，HMX 进行开环反应生成 INT1，之后与 $C—N$ 键断裂获得的附近碳原子连接形成 10 元环(INT2)。然后 INT2 中的 $O—N$ 键断裂，重新开环，通过过渡态 TS3 形成 INT3。在水分子的作用下，MN 可以很容易地分解为 CH_2O 和 N_2O。在这个分解阶段，单位物质的量的 HMX 是一个整体反应：$HMX \longrightarrow NO_2+H_2CN+3CH_2O+3N_2O$。一旦形成这些产物，释放的能量就会维持 HMX 的进一步分解。此外，沿着这条路径的所有能垒都低于初始步骤的能垒。因此，$N—NO_2$ 键裂变是限速步骤。第二种途径中，INT1 依次通过 INT7、TS9 和 INT8 分别丢掉 3 个 MN。该途径的最终产物与第一途径中的相同。由于后续步骤的势垒高度较低，$N—NO_2$ 裂变路径中的两条路径都非常有可能。这两种途径的产物分布与试验观察结果一致，即 1molHMX 生成 $3molN_2O$。

在纳米添加剂的作用下，RDX 和 HMX 的分解机理会发生变化，主要气体产物的比例不同。结果表明，基于 RDX 的推进剂的主要气态产物是 CH_2O、NO_2、CO_2、NO、CO 和 N_2O，其中 N_2O 是 RDX 分解的独特产物。随着纳米催化剂(金属氧化物和盐)的加入，N_2O 和 HCN、CH_2O 和 NO_2、CH_2O 和 NO 的物质的量之比均大幅增加，表明产生了更多的 N_2O 和 CH_2O。这意味着这种催化剂会有助于 $C—N$ 键的断裂。据报道，CH_2O 是一种有效催化剂，可以通过以下方式与硝胺的主要初始气态产物 NO_2 反应：$CH_2O+NO_2 \longrightarrow HCO+HONO$(第一步)$HCO+NO_2 \longrightarrow CO+HONO$ (第二步) $\longrightarrow H+CO_2+NO$(第三步)。在较低的热分解温度下，第一步反应占主导地位。后两步应在火焰区的较高温度下占主导地位，负责催化燃烧具有低压指数的硝胺基推进剂。同时，CH_2O 具有较大的生成热(−115.9kJ/mol)，因此其具有较高的分解热和燃烧热。据报道，一些纳米添加剂如 $LaMnO_3$ 和 $La_{0.8}Sr_{0.2}MnO_3$ 也可以加速 CO 和 NO 之间的反应或 CO 的氧化。

作为应用最广泛的催化剂，金属氧化物对 RDX 和 HMX 分解的催化机理已被深入研究。在 HMX 热解过程中产生的主要气体是 N_2、NO、NO_2、N_2O、CH_2O、HCN、CO、CO_2 和 H_2O。添加纳米级金属氧化物显著改变了这些生成气体的动力学行为。纯 HMX 在 250～300℃ 的狭窄区间内有气体析出，在纳米氧化物的影响下，HMX 分解的起始温度降低到 150℃。其中纳米 TiO_2 是最有效的添加剂。为了使 HMX 质量分数相同，添加 3%质量分数的 $nTiO_2$，而 nFe_2O_3 的质量分数为 20%。

根据试验结果，$nTiO_2$ 对 HMX 分解的催化模型被提出(图 3-3-7)。在催化分解过程开始时(150℃)，从 $nTiO_2$ 表面产生的—OH 会与硝胺反应。一些作者将其认为是"游离羟基基团"。目前还不确定它们是否是 ·OH，因为它们的寿命不再是

10^{-9}s。显然，电子对从金属阳离子到表面—OH 的全部或部分转移，增加了其从 HMX 分子中吸引氢原子的活性和能力。氢吸附后，HMX 分子中的 N—NO$_2$ 键能显著下降，导致硝基脱离，和理论预测一致。反过来，—NO$_2$ 可以攻击另一个 HMX 分子中的 H 原子，就像"笼效应"(3a)一样，或者吸附在部分二羟基化后形成的路易斯中心上(3b)。试验观察到在 250～350℃时 nTiO$_2$ 表面上的 NO$_2$ 吸附。DSC 试验表明，NO$_2$ 的吸附会增加反应产生的冷凝相中的热量释放(图 3-3-7，4a～4c)。根据温度和加热速率，可得到两类主要的气态产物，即在低温下，主要产物是 CH$_2$O 和 N$_2$O(4a)，而在高温下，主要产物是 HCN 和 NO$_2$(4b)。综上所述，CH$_2$O 和 NO$_2$ 之间的放热反应(5)在较高温度下发生。该模型的主要步骤是在纳米金属氧化物表面脱羟基，然后开始硝胺分解，并在 nTiO$_2$ 颗粒表面吸附释放的 NO$_2$。因此，nTiO$_2$ 在 HMX 分解中起着双重作用：①作为活性物质(·OH)的来源，在低温(150℃)下启动 HMX 分子破坏；②作为吸附表面"保持"NO$_2$ 接近冷凝相，从而

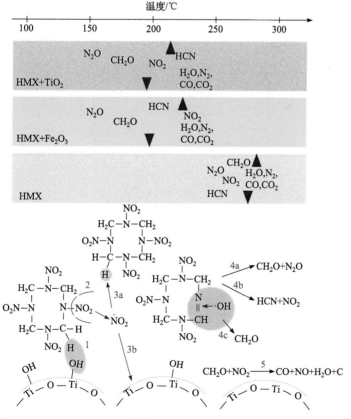

图 3-3-7 HMX 和 HMX/纳米氧化物样品的热解气体产物随温度的变化
及 nTiO$_2$ 对 HMX 分解影响的模型
向上的三角形为 DSC 峰，向下的三角形为 TG 下降

增加了那里的热量释放。两种途径取决于温度和加热速率，从而确定了纳米氧化物在 HMX 分解和燃烧过程中的催化效率。

2. AP 的分解机理

20 世纪 60 年代以来，对 AP 的分解机理进行了深入研究。普遍认为，AP 的分解根据温度不同有两种机理：电子转移和质子转移。第一种电子转移，AP 的分解是电子通过 $ClO_4^- + NH_4^+ \longrightarrow \cdot ClO_4 + \cdot NH_4$ 从阴离子转移到阳离子而发生分解。由于离子之间的距离小，电子转移的可能性很高。接受电子后，铵自由基分解为氨和氢原子：$\cdot NH_4 \longrightarrow NH_3 + \cdot H$。然后 $\cdot H$ 通过 AP 的晶格迁移，电子以完全相同的方式在阴离子的亚晶格上迁移，导致 $\cdot ClO_4$ 与 $\cdot H$ 相互作用，形成 $HClO_4$。$HClO_4$ 与 $\cdot H$ 的持续相互作用可能产生 H_2O 和 $\cdot ClO_3$。$\cdot ClO_3$ 捕获电子，转化为 ClO_3^-，随后分解为亚氯酸根离子和 $\cdot ClO_4$。产物可能与 NH_4^+ 相互作用生成次要产物，主要是 Cl_2、N_2O 和 H_2O。通过考虑能带内电子跃迁的理论，电子可以从价带跃迁到导带，这使得 AP 成为典型的介电材料。因此，在 AP 的分解中，由于其发生电子转移的概率低，该过程不能通过电子转移来维持。不同研究人员在试验中检测到的产物主要是 NH_3 和 $HClO_4$。可假设 AP 热分解过程的主要阶段是质子转移[24]。

对于基于 AP 的复合物，最广泛使用的纳米添加剂是过渡金属及其氧化物。最早关于纳米 Cu(nCu)/碳纳米管(CNTs)复合材料的催化热分解机理和 AP/HTPB 推进剂燃烧机理的文献发表于 20 世纪 80 年代。据报道，铜纳米粉在晶格上含有许多缺陷。缺陷上的铜原子不饱和，并通过将具有多余电子的材料吸收到其表面上而趋于稳定。AP 的 N 原子含有多余的电子，因此 N—X 键由于 N 原子在 Cu 原子表面的吸收而变弱且容易断裂，这有利于 NH_3 的生成[25]。一方面，由于氮氧化物在 AP 的第一和第二分解步骤中均有生成，并且 nCu 可以通过催化氮氧化物的分解来加速 AP 的分解。据报道，氮氧化物很容易通过 $4Cu + 2NO \longrightarrow 2Cu_2O + N_2$ 和 $2Cu_2O + 2NO \longrightarrow 4CuO + N_2$ 与 Cu 反应。另一方面，nCu 含有较大的缺陷，而 Cu 原子 4s 轨道上的未成对电子处于不饱和状态，自由基可以通过电子吸收 NH_3。由于这两种反应，nCu 粉末对 AP 的第一和第二分解步骤显示出高催化作用。综上所述，与 nCu 类似，纳米镍(nNi)在其晶体中也存在大量缺陷和孔隙，从而改变了晶格结构和能带结构的周期性。它会增加电子载体的数量，并促进电子转移过程。在 AP/nNi 的低温分解下，nNi 表面的低价带会接受来自 ClO_4^- 的电子，导致电子空位消失，加速分解反应。这个过程可以表示为 $[e]^+ + ClO_4^- \longrightarrow O_{oxide} + ClO_3^- \longrightarrow 1/2O_2 + ClO_3^- + e^-$，其中 $[e]^+$ 是价带中的空位，O_{oxide} 是氧化物。AP 热解产生的富氧中间体如 $HClO_4$、$\cdot ClO_4$、$\cdot ClO_3$ 和 $\cdot ClO$ 通过氧化纳米金属反应可以实现催化效果。典型的反应过程包括：Ni+ · ClO —→ NiO+ · Cl 和 Ni+ · O —→ NiO。

3. 含 AP 推进剂催化分解机理

由于推进剂体系的多组分特性，研究燃烧过程必须要先研究各组分的相互作用，一个能描述真实燃烧过程的较完善的模型必须要有各组分相互作用的基本动力学和热力学数据。Lengelle 等在描述燃烧的物理-化学过程时认为，AP 与惰性黏合剂之间来自 AP 的 O_2 和黏合剂的烷烃之间相互作用产生火焰，提高了 AP 的燃速，并促进黏合剂的降解。同时还发现低加热速率下(如热重法(TG)或 DSC)获得的惰性黏合剂的裂解特征，其裂解机理是交联键和聚合物的热断裂，不受添加剂的影响，故可在燃烧条件下外推和应用。Korobeinichev 从比较 AP-HTPB 与 AP 气相分解(火焰)产物分解中发现，在 AP-HTPB 体系中不存在 AP 的中间产物 $HClO_4$，因此认为 NH_3 和 HTPB 的分解产物与 $HClO_4$ 分解产物发生氧化反应，是此类复合推进剂火焰中的主要反应，而且后者的氧化速率远快于前者，由此建立了一种 AP 复合推进剂的燃烧模型。

为了探究纳米催化剂如何在基于 AP 推进剂的催化燃烧中发挥作用，已建立了许多关于这些催化剂的作用机理。其一般步骤如下：找出催化反应的位置(固相或气相)→确定催化反应的类型及其与反应物的相互作用→估计所有可能的反应途径和相应的热力学参数。普遍认为，催化剂可以加速放热反应，导致燃烧表面温度升高，从而使燃烧速率增加。然而，关于哪些关键的放热反应被催化仍然存在许多争论。催化燃烧机理一般有三种理论：气相催化机理、非均相界面催化机理和多相非均相催化燃烧机理，这取决于燃烧催化剂的作用部位。有多种试验方法可用于确定推进剂燃烧的催化机理，而圆柱形多层夹层燃烧器是最有效的一种。这种夹层燃烧器的优点是它可以将催化剂添加到推进剂的不同位置，以识别特定催化剂的作用部位和机理。之后使用高速相机观察火焰结构，使用扫描电镜观察燃烧表面，使用电子探针分析燃烧表面的元素成分，使用质谱仪测试气体产物。

1) 气相催化机理

该机理主要包含以下两点：①催化剂促进了 AP 的气相分解和相应气态产物的放热反应；②催化剂加速了推进剂燃烧表面 AP 颗粒的分解。该机理基于稳态燃烧模型，该模型假设维持表面分解反应所需的热量由气相反应能量提供。此外，催化剂能够加速气相放热反应。在各种类型的铁催化剂上观察到了以下几个现象：①与 AP 共沉淀或涂覆在 AP 上的催化剂活性不如混合在黏合剂中的催化剂；②氧化剂不能改变催化活性；③AP 中的 N—H 键在催化过程中起重要作用。这表明催化剂不能加速燃烧表面下方的氧化剂 AP 和黏合剂之间的非均相反应。例如，在 AP 的催化燃烧过程中，使用 CuO 作为催化剂，CuO 的氧化是不可逆的，即燃烧表面嵌入的催化剂颗粒在推进剂燃烧过程中参与了氧化还原循环，加速了催化剂表面的气相放热反应，导致对燃烧表面的热反馈更高。然而，也有许多试验表明稳态燃烧模型和相应的气相催化机理是不合理的假设。

2) 非均相界面催化机理

非均相界面催化机理表明，燃烧催化剂加速了氧化剂和黏合剂表面或这两种组分之间界面上的放热反应，从而提高了燃烧表面或燃烧表面上方气相的温度。这是基于催化剂不能改变黏合剂的分解过程，但可以加速氧化性气体产物与黏合剂之间的非均相放热反应的假设。支撑性试验包括以下几点：①亚铬酸铜催化剂在低压下可有效催化 AP 分解，并且增强了黏合剂与 AP 之间的相互作用，而对黏合剂分解的影响很小；②Fe_2O_3 可以加速 AP 的分解，促进其气态产物与黏合剂的相互作用，但不改变黏合剂的分解过程；③AP 在 HTPB 和端羧基聚丁二烯(CTPB)中，在相同催化剂下使用圆柱形多层夹层燃烧器的催化燃烧行为几乎相同。这些试验表明，燃烧催化剂只能加速 AP 的放热分解反应及其气态产物与界面处黏合剂的相互作用。因此，为了提高基于 AP 的推进剂的燃烧速率，可以采用以下方法：①当催化剂加入黏合剂中时，通过使用粒径尽可能小的 AP 来增加黏合剂和 AP 之间的接触界面；②找到一种方法将催化剂涂覆在 AP 颗粒上或与AP 形成复合材料。为了进一步证实上述理论，Strahle 等研究了亚铬酸铜、Fe_2O_3、二茂铁和衍生物对基于 AP 的推进剂燃烧的催化机理，使用圆柱形多层夹层燃烧器与高速摄像机耦合研究。用扫描电镜检查燃烧表面，用电子探针分析燃烧表面的成分。结果表明：①亚铬酸铜能有效地催化 AP 的爆燃，而铁化合物是加速上述界面反应的有效催化剂；②催化机理还取决于压力，如 Fe_2O_3 可以在较低压力下抑制 AP 的爆燃，而在较高压力下加速爆燃；③在没有催化剂的情况下，黏合剂会熔化并流动并覆盖在 AP 的表面上，防止其爆燃，因为催化剂会抑制流动过程；④燃烧催化剂可以显著改变 AP 的爆燃面。这些结果表明，燃烧催化剂抑制熔融黏合剂流动是提高燃烧速率的关键机理，但催化剂如何抑制黏合剂流动仍不清楚。催化剂可能会增强 AP 颗粒与黏合剂之间的相互作用，导致熔融黏合剂的黏度更高。

3) 多相非均相催化燃烧机理

对比上述两种机理，多相界面催化理论发展较快且被广泛接受。然而，在没有足够的关于中间体证据的情况下，现有试验部分推导出了非均相界面催化的理论。为了建立更合适的理论，Tian 等对基于 AP 的推进剂的催化燃烧机理进行了大量的试验和模拟工作。在上述催化机理的基础上，他们提出了多相非均相催化燃烧机理，即非均相界面催化机理和气相催化机理的结合。这表明气体、液体和固体中间体以凝聚相和气相共存。该机理很好地解释了粒度与催化剂催化效率之间的关系，以及圆柱形多层夹层燃烧器在燃烧试验中观察到的所有现象。

这种多相机理可以概括如下：①气态产物可以在凝聚相中扩散，从而在凝聚相中可以观察到纵横交错的毛细管气道。②无论涉及哪种催化反应，固体催化剂都将通过凝聚相相互作用发挥作用。催化作用可分为物理催化和化学催化,气相中的催化作用是由于催化剂加速了气体从凝聚相中的释放。③物理催化主要是指催化剂对黏合剂的熔化和随后氧化剂的覆盖产生直接或间接的影响,从而改变燃烧表面的物理状态。④凝聚相催化属于多相催化,催化剂主要通过直接参与凝聚相分解反应,改变其热效应、温度和产物浓度分布发挥作用。由于气态物质很容易扩散到催化剂和其他液固两相组分的表面,因此可以充分利用催化剂的活性中心。

3.3.3　低压燃烧平台控制

对纳米有机盐(复合物)对双基和改性双基推进剂的催化作用进行了系统比较研究。涉及的纳米有机盐包括纳米 2,4-二羟基苯甲酸铅(nPbDHB)、纳米对氨基苯甲酸铜(nCuAB)、纳米邻苯二甲酸铅(nPbP)、纳米 3-硝基邻苯二甲酸铅(nPbNP)、纳米 3,5-二硝基水杨酸铅(nPbNP)、纳米 1,4-二硝基苯甲酸铅(nPbDNB)、没食子酸铋(BiGal)、纳米没食子酸铅复合物(nPbGal)和纳米-Pb(Ⅱ)-单宁酸复合物(nPbTA)。参考空白 DB 和 MDB 推进剂的组成与 3.1 节相同。DB 推进剂在上述有机盐作用下的燃烧速率见表 3-3-4。燃速和相应的催化效率见图 3-3-8。

表 3-3-4　纳米有机金属盐对双基推进剂的燃速的影响

样品	不同压力下的燃速 u /(mm/s)										
	2MPa	4MPa	6MPa	8MPa	10MPa	12MPa	14MPa	16MPa	18MPa	20MPa	22MPa
DB	2.15	3.59	5.20	6.49	7.81	8.99	9.77	10.38	11.22	12.24	13.63
DB/nPbDHB	4.81	9.01	9.65	8.78	8.55	9.40	10.42	11.87	13.08	14.52	16.60
DB/PbDHB	4.32	8.86	9.49	8.37	8.44	9.35	10.45	11.64	12.98	14.64	16.41
DB/nPbP	5.66	9.07	10.38	9.86	8.93	9.73	11.17	12.32	13.40	14.97	16.69
DB/PbP	5.57	8.17	9.49	9.26	8.71	9.57	10.78	11.61	12.81	14.04	15.76
DB/nPbDNS	3.35	5.84	8.21	11.09	9.44	9.78	10.81	11.75	12.85	14.17	15.59
DB/PbDNS	3.51	5.74	7.45	7.99	8.88	9.43	10.63	11.73	12.80	13.95	15.57
DB/nCuAB	4.02	9.00	10.47	10.61	9.73	9.92	11.89	11.97	13.35	15.96	16.92
DB/CuAB	4.64	8.76	10.67	11.40	10.66	10.69	11.38	12.39	13.49	14.95	17.04
DB/nPbNP	5.49	8.27	10.81	12.15	10.32	10.10	11.21	12.48	13.95	15.54	16.68
DB/PbNP	4.66	8.25	11.20	12.66	11.14	9.87	11.04	12.36	13.86	15.36	16.70
DB/nPbDNB	3.61	6.68	9.35	8.90	8.38	9.28	10.28	11.33	12.31	14.57	15.99
DB/PbDNB	4.04	8.17	8.90	8.80	8.63	9.42	10.52	11.46	12.89	14.18	16.06
DB/BiGal	4.99	8.49	9.78	10.44	11.19	11.98	12.97	14.14	15.14	16.14	16.95
样品	不同压力下的燃速 u /(mm/s)									$n_{6\sim18}$	
	2MPa	4MPa	6MPa	8MPa	10MPa	12MPa	14MPa	16MPa	18MPa		
MDB-1	3.09	5.34	7.42	9.85	11.88	14.04	15.75	17.54	19.23	0.861	
MDB-1/nPbTA	6.19	13.25	15.43	16.64	17.38	17.84	18.03	18.07	18.07	0.129	
MDB-1/nPbGal	5.80	6.96	7.19	8.49	——	——	——	——	——	0.250	

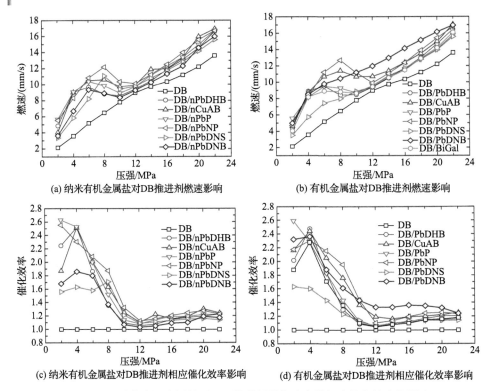

(a) 纳米有机金属盐对DB推进剂燃速影响

(b) 有机金属盐对DB推进剂燃速影响

(c) 纳米有机金属盐对DB推进剂相应催化效率影响

(d) 有机金属盐对DB推进剂相应催化效率影响

图 3-3-8　纳米有机金属盐对 DB 推进剂燃烧速率及相应催化效率的影响

如图 3-3-8 所示，与空白 DB 推进剂相比，nPbDHB 和 PbDHB 都可以使 DB 推进剂在 2～6MPa 进行快速燃烧，但含有 nPbDHB 的推进剂平均粒径约为 40nm，比普通 PbDHB 燃烧得更快。使用 nPbDHB 后，2MPa 的燃烧速率提高了 11.34%，催化效率 η 提高了 0.23。6MPa 时的燃烧速率提高了 1.67%，而 η 提高了 3%。同时，纳米和微米尺度的 PbDHB 都可以在 6～10MPa 的压力下使 DB 推进剂形成平台燃烧区，n 分别为-0.24 和-0.25。当压力超过 10MPa 时，它们的燃烧速率-压力曲线几乎重合。说明与普通 PbDHB 相比，nPbDHB 在中等或较低压力范围(2～10MPa)下可以有效提高燃烧速率，并有可能将平台燃烧区扩展到 6～10MPa 的压力下，有利于发动机设计。相比之下，含 nPbAB 的 DB 在 2～18MPa 压力下的燃烧速率低于普通 PbAB，nPbAB 在 6～8MPa 时出现平台燃烧现象，而普通 PbAB 的燃烧速率在此压力范围内不断快速增长。然而，它们都可以在 8～10MPa 的压力下产生平台燃烧效应，而在较高的压力范围(10～20MPa)下，它们的燃烧速率保持相对恒定。这两种纳米添加剂的催化效率对压力的依赖性也具有相同的趋势(图 3-3-8(c)和(d))。上述结果表明，nPbAB 在改善燃烧方面不如普通 PbAB，但在降低压强指数方面优于普通 PbAB。此外，nPbP 和普通 PbP 可以提高 DB 推进剂的燃烧速率，其中 nPbP 的作用更强。在低压范围(2~6MPa)，由于燃速提高，含 nPbP 或普通 PbP 的 DB 推进剂的压强指数(分别为 0.85 和 0.83)高于空白 DB 推进剂(0.45)。含有 nPbP 的燃烧过程在 6~10MPa 压力下会经历更强的平台燃烧过程，负压指数较大(-0.74)，当压力超过 10MPa 时消失。这表明 nPbP 比其微米尺寸的同类产品具有更好的催化性能。

与金属氧化物的催化作用类似，金属盐也是 AP 分解和燃烧的重要催化剂。有多种金属盐已用于 AP 的催化分解，如 $PbCO_4$、$FeCO_4$、$CoCO_4$、$NiCO_4$、$LaFeO_3$、$LaCoO_3$、$CuCrO_3$、$LaNiO_3$ 等。金属盐可以大大提高 AP 的分解速率，降低 AP 活化能和放热峰温度。

Cu-Cr-O 纳米复合材料是一种广泛使用的金属盐(如 $CuCrO_3$)，也可用于基于 AP 的推进剂的催化燃烧。所制备的 Cu-Cr-O 纳米复合材料的相结构取决于起始材料中 Cu 与 Cr 的物质的量之比。这些纳米复合材料可以显著提高燃速并降低 AP 推进剂的压强指数。Cu 与 Cr 物质的量之比为 0.7 的 Cu-Cr-O 纳米复合材料具有最稳定的燃速。由于所制备的 Cu-Cr-O 纳米复合材料中所含尖晶石 $CuCr_2O_4$ 和铜铁矿 $CuCrO_2$ 之间的相互作用，其催化活性还能进一步提高，在所有压力下具有最高燃速和低压指数。图 3-3-9 展示了含有 Cu-Cr-O 纳米复合催化剂的固体推进剂燃速的压力曲线。为了对比，研究了未加催化剂的空白推进剂与采用常规固相法制备的 Cu-Cr-O 复合材料。

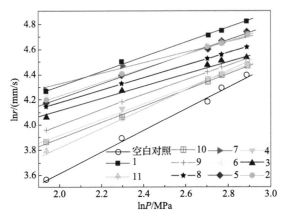

图 3-3-9 不同 AP 样品催化燃烧的燃速的压力曲线
r-燃速；P-压力
图例中数字表示样品编号

Cu-Cr-O 复合材料的加入可以大大提高推进剂在所有压力下的燃烧速率，显著降低 n。然而，通过 Pechini 方法获得的 Cu-Cr-O 纳米复合材料在提高燃烧速率和降低压强指数方面远优于通过固态方法获得的 Cu-Cr-O 复合材料。Cu 与 Cr 物质的量之比为 0.7 的样品表现出相对较高的燃烧速率及最低的压强指数

(0.43)，即其在所有压力下都有最稳定的燃烧。当 Cu 与 Cr 物质的量之比固定在 0.5 时，随着温度的升高，燃烧速率逐渐降低。n 首先减小(700℃之前从 0.60 减小到 0.55)然后增大(700℃之后从 0.55 增大到 0.64)。当温度恒定在 700℃时，随着 Cu 与 Cr 物质的量之比从 0.3 增加到 1.0，低压燃烧速率逐渐增大然后减小。虽然 n 与 Cu 和 Cr 物质的量之比呈随机关系，但随着 Cu 与 Cr 物质的量之比的增大(从 0.3 增大到 0.7)先减小后增大。作为典型的 Cu-Cr-O 复合材料之一，$Cu_2Cr_2O_5$ 的比表面积为 19.7m^2/g，孔容(PV)为 0.08mL/g。在 6MPa 压力下，仅含 1%$Cu_2Cr_2O_5$ 的 AP/HTPB 推进剂(86%固含量)的燃烧速率从 15.88mm/s 增加到 17.78mm/s，和空白推进剂的 n 几乎相同(0.41 和 0.40)。当它与 SiO_2 结合形成 $Cu_2Cr_2O_5$/SiO_2 复合材料时，由于比表面积显著增加至 76.1m^2/g 且 PV 含量显著增加至 0.32mL/g，其催化活性显著提高。相应的燃烧速率进一步增加到 18.56mm/s，n 为 0.35。除了所制备的 Cu-Cr-O 复合材料外，市售的铬酸铜也是复合固体推进剂燃烧的良好燃烧速率催化剂。此外，含 Al/AP/HTPB 的机械性能基本上不受亚铬酸铜类型的影响。

总之，为了满足各种固体火箭发动机的要求，常常需要调整推进剂的燃烧速率，目前常用的调整推进剂燃烧速率的方法有三种：①合理选择推进剂成分及推进剂的尺寸和结构；②将长金属丝或短金属纤维嵌入推进剂装药内；③添加高效燃烧催化剂，特别是纳米添加剂。在这三种方法中，纳米催化剂的加入是最佳选择，既不会降低推进剂的能量，也不会改变推进剂的生产工艺。目前，可作为 DB、MDB 和复合推进剂燃烧催化剂的纳米添加剂可分为七类：铬铁矿和铬酸盐、无机氧化物、有机金属化合物、二茂铁及其衍生物、金属螯合物、纳米铝热剂和碳纳米材料复合金属氧化物。关于这些纳米添加剂的制备及其对 RDX、HMX、AP 和基于它们的固体推进剂分解和燃烧的催化作用已经发表了大量的研究成果[26,27]。研究表明，在纳米添加剂的作用下，大多数情况下分解峰温会降低，而随着活化能的降低，放热会增加。在大多数情况下，根据催化剂的类型，分解反应速率和燃烧速率都会提高，压强指数降低。

3.4 组合装药推进剂转级燃烧特性

3.4.1 组合装药推进剂催化燃烧机理

1. 推进剂热分解气体产物及催化剂作用机理

选用七种改性双基推进剂配方，编号为 R0～R7。R0 为不含催化剂的空白推进剂，R1 添加纳米级铅催化剂，R2～R3 添加不同含量的纳米级铅、铜复合催化剂，R4 添加微米级铅、铜、炭黑复合催化剂，S0 为对照空白推进剂，S1 为添加纳米级铅催化剂的对照推进剂。

用高压差示扫描量热(PDSC)方法和热重-差示扫描量热-傅里叶变换红外光谱-质谱(TG-DSC-FTIR-MS)联用技术研究了 RDX-CMDB 推进剂在燃速催化剂，如没食子高铅、对氨基苯甲酸铜和炭黑作用下的热分解特性。对添加催化剂(含纳米级、微米级)和不添加催化剂的 RDX-CMDB 推进剂热分解主要气体产物变化进行了分析，研究了燃速催化剂对热分解特征量的影响，结果列在表 3-4-1 中。

表 3-4-1　R 系列推进剂主要气体产物物质的量之比

样品	$n(N_2O)/n(HCN)$	$n(CH_2O)/n(NO_2)$	$n(CH_2O)/n(NO)$
R0	0.41	2.81	1.78
R1	0.54	3.39	1.96
R2	0.59	4.09	2.33
R3	0.66	5.26	2.82
R4	0.52	3.57	2.59
S0	—	4.23	1.20
S1	—	12.33	5.11

结果表明，加入催化剂后，推进剂热分解生成了更多 CH_2O 和 N_2O，表明催化剂的加入使反应机理发生变化，促进了放热分解过程，其中纳米催化剂作用效果比普通催化剂更好，二元复配、三元复配比一元催化剂的作用效果好[28]。

通过分析热分解数据可以得出，压力升高和使用燃速催化剂都可使推进剂的分解起始温度和结束温度提前，分解速度加快，使 RDX 相对放热量增加，促使燃速提高。铅、铜盐和炭黑三元复配的催化效果最好。

2. 改性双基推进剂催化燃烧机理

固体推进剂的燃烧过程中，凝聚相受热转化为气相，一方面通过物理蒸发和升华，更主要的形式是推进剂各组分在燃烧表面通过快速热分解变成气态产物。因此，一般认为固体推进剂燃烧过程的初期阶段为推进剂组分，如 RDX、NC、NG 等在推进剂表面的热分解，然后其气态分解产物发生燃烧反应[29,30]。燃烧催化剂除了加速各组分在推进剂表面的热分解速度外，还参与气态分解产物的燃烧反应。

过渡金属及过渡金属化合物的催化作用主要是因为催化剂表面的活性中心容易与反应物发生化学吸附，生成不稳定的络合物。过渡金属由于外层电子轨道可实现 sd 电子轨道杂化，导电的电子数小于 1，使其具有一定导电作用，并且其化学活性较弱，可与氧化剂反应形成不稳定的氧化性络合物，此络合物与还原物反应后，放出过渡金属，可再参与下一步催化，最终结果是降低了氧化还原反应的活化能，进而提高反应速率。

催化剂一般作用于推进剂燃烧的暗区、燃烧表面及其以下的凝聚相区，未团聚的固态或熔态铅铜氧化物可在燃面上为醛类、NO_2、NO、CO 等燃烧中间产物提供活性中心和催化床，增加中间产物的滞留时间并加剧燃烧反应，使得单位时间内产生的热量增多，燃面温度升高，推进剂燃速增大。随着压力升高，推进剂燃速增加，气体流量增加，催化床随高速燃气流离开燃面，造成催化效率下降，出现了燃烧平台，甚至麦撒燃烧现象。

3.4.2 催化剂作用效果

改性双基推进剂最常用的燃烧催化剂主要为铅铜氧化物和盐类，以及各类炭黑。当使用铅铜有机盐或无机盐作为催化剂时，其催化燃烧的最终作用物仍为高温下分解产生的铅铜氧化物。为进一步探索提高催化剂对推进剂的催化效应，纳米级催化剂是很有效的研究方向。

1. 纳米级 PbO 及复配物对双基系推进剂燃烧性能的影响

选用双基系推进剂配方制作样品，配方组成(以质量分数计)如下：NC 34%，NG 32%，C 22%，苯二甲酸二乙酯(DEP) 8%，nPbO 3%，其他 1%。

本部分介绍纳米级 PbO 不同加入方法对推进剂燃烧性能的影响。

选用四种不同的加入方法将纳米级 PbO 加入配方，四种加入方法如下：①干混法，将纳米级 PbO 直接搓入吸收好的吸收药团。②混合液分散法，将纳米级 PbO 加入 DEP、N-N'-二甲基-N-N'-二苯脲(C2)混合液中，搅拌 7min 后加入吸收药团。③超声分散法，将纳米级 PbO 倒入烧杯，加入水，用超声波分散 7min 后加入吸收药团。④胶体磨分散法，以水为介质，将纳米级 PbO 在胶体磨中分散 7min 后加入[31]。推进剂燃速测试结果见表 3-4-2。

表 3-4-2　纳米级 PbO 加入方法对推进剂燃烧性能的影响

加入方法	燃速/(mm/s)					压强指数
	4MPa	7MPa	10MPa	13MPa	16MPa	
干混法	5.47	6.66	8.42	10.35	12.49	0.59
混合液分散法	5.53	7.17	8.52	9.82	10.84	0.49
超声分散法	5.61	7.08	7.99	8.54	10.33	0.44
胶体磨分散法	5.84	7.15	7.91	8.43	10.09	0.39
无	4.04	6.58	8.80	10.18	11.12	0.73

可以看出，纳米级 PbO 以不同方法加入配方，均可降低基础配方的燃速压强指数，且不同加入方法对推进剂燃烧性能的影响不同，胶体磨分散法制得的推进

剂样品在所测压力范围内压强指数最小,超声分散法制得的推进剂样品压强指数与之基本相当,混合液分散法次之,干混法所制推进剂样品压强指数最高。

纳米级 PbO 不同加入方法对推进剂燃烧性能的影响,实质上是不同加入方法使得纳米级 PbO 在推进剂中分散效果不同引起的,纳米级 PbO 在推进剂中分散效果越好,低压下燃烧性能越好[32]。因此,传统的胶体磨分散法仍然适用于纳米级催化剂。

2. 纳米级 PbO 对推进剂燃烧性能的影响

分别在基础推进剂配方中加入普通 PbO、普通 PbO 与纳米级 PbO1∶1 级配、纳米级 PbO,推进剂燃速及其压强指数测试结果见表 3-4-3。

表 3-4-3　纳米级 PbO 对推进剂燃速及其压强指数的影响

催化剂种类	燃速/(mm/s)					压强指数
	4MPa	7MPa	10MPa	13MPa	16MPa	
无	4.04	6.58	8.80	10.18	11.12	0.73
普通 PbO	5.53	7.36	8.12	9.26	11.06	0.53
级配 PbO(1∶1)	5.61	7.41	8.18	9.61	11.21	0.50
纳米级 PbO	5.84	7.15	7.91	8.43	10.09	0.39

整体来看,纳米级 PbO 可以提高基础配方在低压下的燃速,并降低基础配方在高压下的燃速,从而降低配方的压强指数,获得燃烧平台。如果用 $Z = r_1 / r_0$ 表示催化剂的作用效果,可知推进剂在所研究压力区间的初始段 Z 较大,燃速增加越多,中间段的 Z 将降低,燃速有所降低,因此压强指数大幅减小。

当压力为 4.0MPa 时,纳米级 PbO 的 Z 最大,催化效果最好,普通 PbO 和纳米级 PbO 级配后效果次之,普通 PbO 的 Z 最小。当压力为 7MPa、10MPa、13MPa、16MPa 时,普通 PbO 和纳米级 PbO 级配后的效果与普通 PbO 的 Z 基本相当,而纳米级 PbO 在相同压力下的 Z 小于前两者,因此纳米级 PbO 的催化效果最好,且推进剂压强指数最小。

3. 纳米级 PbO 与不同铜盐复配对推进剂燃烧性能的影响

将纳米级 PbO 与不同铜盐复配后加入基础配方,燃速测试结果见表 3-4-4。

表 3-4-4　纳米级 PbO 与不同铜盐复配对推进剂燃速的影响

复配催化剂	燃速/(mm/s)					压强指数		
	4MPa	7MPa	10MPa	13MPa	16MPa	$n_{4\sim10}$	$n_{10\sim16}$	$n_{4\sim16}$
无	5.84	7.15	7.91	8.43	10.09	0.33	0.52	0.39
β-Cu	6.46	8.06	9.13	10.26	10.63	0.38	0.32	0.36

复配催化剂	燃速/(mm/s)					压强指数		
	4MPa	7MPa	10MPa	13MPa	16MPa	$n_{4\sim10}$	$n_{10\sim16}$	$n_{4\sim16}$
α-Cu	5.79	6.96	6.34	6.98	8.03	0.10	0.50	0.23
ψ-Cu	5.75	7.18	6.35	7.22	8.22	0.11	0.55	0.26
NTO-Cu	6.15	7.22	6.46	7.52	8.73	0.05	0.64	0.25

结果表明，纳米级 PbO 与不同铜盐复配效果有所差异，α-Cu、β-Cu、ψ-Cu 在压力为 7~10MPa 是典型的麦撒燃烧，与 β-Cu 复配后催化效果最好，燃速较高，低压强指数区间也最宽，而且此区间有向高压区移动的趋势。复配催化剂对推进剂燃烧的催化效果次序是 β-Cu>NTO-Cu>ψ-Cu>α-Cu。

4. 纳米级 PbO 与不同炭黑复配对推进剂燃烧性能的影响

分别采用中超炭黑、乙炔炭黑、通用炭黑和特黑炭黑与纳米级 PbO 复配后加入推进剂基础配方。试验表明，粒径为 9~17nm 的特黑炭黑提高燃速效果最好，粒径为 20~25nm 的中超炭黑次之，粒径 35~45nm 的乙炔炭黑不如前两者，通用炭黑(粒径为 49~60nm)效果最差。与纳米级 PbO 复配后，上述催化效果的顺序完全颠倒过来，可能是配方中纳米级 PbO 与炭黑的质量比为 80：20，存在两种材料粒径不同造成的级配，故分散最均匀，使推进剂燃速升高。此外，纳米级 PbO 高催化活性导致粒径较细的炭黑被氧化的速度加快，过早失去催化剂导致反应剧烈程度下降；炭黑同时也是防止 PbO 聚集的有效组分，可使 PbO 更好地分散于燃烧表面[33]，发挥催化作用，消失最快的炭黑就起不到该作用，故催化效果下降。

3.4.3 转级燃烧熄火机理

随着武器发展的需要，导弹总体对动力装置提出了更高的能量要求，同时要求动力装置能量分配更合理，一方面增加导弹射程，另一方面提高导弹远界机动过载。单室多推力发动机以其结构简单，推力调节方便，发动机综合性能好等优点，已经开始在火箭弹及战术导弹中得到了应用。地空导弹、潜射防空导弹、空空导弹等也提出了单室多推力的需求。单室多推力发动机是利用一台发动机通过不同燃速、不同药型甚至不同工艺的推进剂组合来实现导弹的发射、增速、续航、加速等功能，发射级、增速级、续航级的级间过渡燃烧就是高工作压强高燃速推进剂向较低工作压强较低燃速推进剂的过渡燃烧，如设计不当可能导致级间过渡燃烧熄火，无法实现单室多推力发动机的战技指标[34]。

综上，深入研究固体推进剂的熄火过程和熄火特性，实现对不同推进剂固有熄火特性的表征，实现表征参数与工程设计参数关联，将对固体火箭发动机推力可控和多次启动技术以及单室多推力技术产生极大的技术推动。

固体推进剂熄火就是燃烧的中断，其产生根源是燃烧的生热速率小于散热速率。要使固体推进剂燃烧的生热速率小于散热速率而达到熄火，工程上主要应用的方式之一就是突然降低燃烧室压强。燃烧室突然泄压施加给燃烧表面一个强气流，使散热速率突然增大，同时压力降低也使燃烧反应减弱，生热速率减小，两者协同作用导致推进剂熄火[35]。

固体推进剂在稳定压力下燃烧通常具有稳定的燃烧区：凝聚相区、燃烧表面区、气相区等，各燃烧区有稳定的温度分布以维持燃烧。当燃烧室压力突然下降时，化学反应性气体被吹离燃烧表面，改变了燃烧表面温度梯度和气相火焰的热反馈，而各燃烧区温度分布随压力变化而改变需要一定的时间，压力变化越快，温度分布调整到与新的压力状况相适应所需要的时间越长。当凝聚相、燃烧表面及气相的温度分布无法达到匹配时导致推进剂熄火。受推进剂组分的影响，不同推进剂存在一个熄火临界降压速率，也就是说使推进剂熄火的燃烧室降压速率有一个最小值，在比临界值小的降压速率下推进剂可以继续燃烧或暂时性熄火，在比临界值大的降压速率下推进剂可以实现永久熄灭，临界降压速率随初始燃烧室压力增大而线性增大。

固体推进剂降压熄火特性参数就是其在一定初始压力下能够熄灭的最小压力下降速率，通过对特性参数的准确测试可以实现对不同推进剂熄火特性的表征，其表征技术对工程设计有重要意义。

3.4.4　压强转级稳定性控制

本小节以发射药破片泄压熄火技术为基础进行固体推进剂降压熄火特性试验技术研究，搭建了具有自主知识产权的推进剂降压熄火特性试验装置，对组合装药降压熄火特征开展了系统研究，为推进剂装药压强转级稳定性控制提供了大量有益的指导。

固体推进剂降压熄火特性用熄火临界线来表述。图 3-4-1 为典型改性双基推

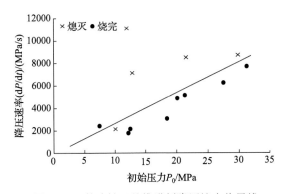

图 3-4-1　某改性双基推进剂降压熄火临界线

进剂降压熄火临界线，图中横坐标为熄火前的初始压力，纵坐标为压力下降速率，简称降压速率，图中斜线为熄火临界线，表示在一定初始压力下，压力下降速率高于临界降压速率，推进剂会熄灭；低于临界降压速率，推进剂持续燃烧；接近临界降压速率，推进剂可能暂时性熄灭后复燃。

不同配方体系的固体推进剂熄火难易程度不同，本小节深入研究了不同燃速、不同压强指数、不同氧化剂的推进剂降压熄火特性。

1. 不同燃速推进剂降压熄火特性

选取两种燃速推进剂，低燃速编号 U_0，高燃速编号 U_1，配方组成大致如下：NC+NG 47%～57%；RDX 30%～35%；燃速催化剂(铅盐、铜盐)3.5%～4.5%；Al_2O_3 及其他助剂 6%。两种样品的降压熄火特性试验结果见图 3-4-2 和图 3-4-3。

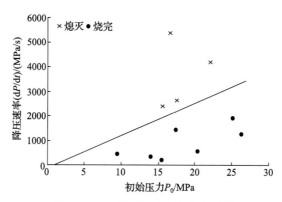

图 3-4-2　U_0 推进剂降压熄火临界线

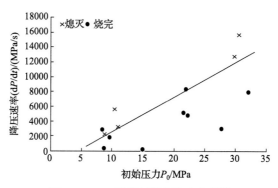

图 3-4-3　U_1 推进剂降压熄火临界线

由此可见，相同初始压力下，U_0 推进剂的临界压降速率小于 U_1 推进剂，随着初始压力的增大，U_0 和 U_1 推进剂的临界压降速率均增大，并且 U_1 推进剂临界压降速率增幅远远大于 U_0 推进剂。例如，10MPa 下 U_0 推进剂临界压降速率约为

1100MPa/s，U_1 推进剂约为 2100MPa/s，相差不太大；30MPa 时 U_0 推进剂临界压降速率增至约 4000MPa/s，而 U_1 推进剂增至约 12000MPa/s，临界降压速率约为 U_0 的 3 倍。这就意味着，在 30MPa 范围内，相同初始压力下，普通燃速推进剂比高燃速推进剂易于熄灭，并且随着初始压力的增大，高燃速推进剂比普通燃速推进剂越来越难于熄灭。

2. 不同压强指数推进剂降压熄火特性

选取两种平台改性双基推进剂，低压强指数样品编号 n_0，高压强指数样品编号 n_1，n_0 推进剂 10MPa 下燃速约为 20mm/s，10～18MPa 的压强指数小于 0.1；n_1 推进剂 10MPa 下燃速为 18mm/s，10～18MPa 的压强指数为 0.7。两样品的降压熄火特性试验结果见图 3-4-4 和图 3-4-5。

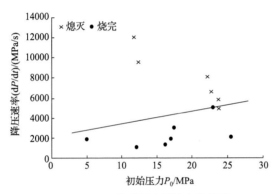

图 3-4-4 n_0 推进剂降压熄火临界线

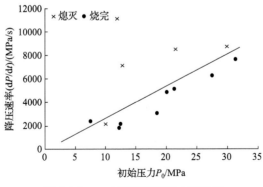

图 3-4-5 n_1 推进剂降压熄火临界线

由此可见，在 5～15MPa 压力下，n_1 推进剂与 n_0 推进剂的临界降压速率比较接近，为 2000～4000MPa/s，熄火难易程度相当；当初始压力大于 15MPa 时，n_1 推进剂临界降压速率的增幅比 n_0 推进剂越来越大；30MPa 时 n_1 推进剂临界降压速率增至 8000MPa/s 左右，n_0 推进剂增至 5000MPa/s，n_1 推进剂变得明显难以熄灭。也就是说，当初始压力小于 15MPa 时，所研究的两种推进剂熄火难易程度相差不大，当初始压力大于 15MPa 时，随着初始压力增大，高压强指数推进剂更加难以熄灭。

3. 含不同氧化剂的推进剂降压熄火特性

选取改性双基推进剂中普遍使用的两种氧化剂 RDX 和 HMX，以及一种新型降燃温、降燃速的氧化剂 3,5-二硝基吡唑(DNP)，分别制备成推进剂试验样品。三个样品的降压熄火特性试验结果见图 3-4-6～图 3-4-8。

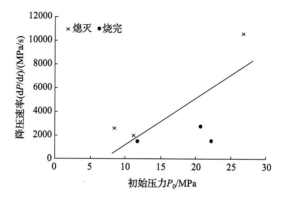

图 3-4-6　RDX 改性双基推进剂降压熄火临界线

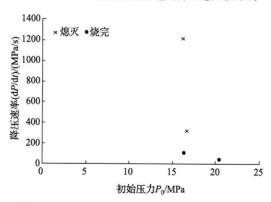

图 3-4-7　HMX 改性双基推进剂降压熄火临界线

由此可见，在 30MPa 范围内，RDX 改性双基推进剂的临界降压速率为 2000～8000MPa/s，远远高于另外两种推进剂；在 16MPa 附近，HMX 改性双基推进剂的临界降压速率在 110～320MPa/s，DNP 改性双基推进剂的临界降压速率为 220MPa/s 左右，两者接近。因此，在选用 RDX、HMX、DNP 的改性双基推进剂中，以含 RDX 的推进剂为最难熄灭，含 HMX 的推进剂与含 DNP 的推进剂熄火难易程度相当，

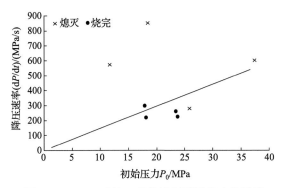

图 3-4-8　DNP 改性双基推进剂降压熄火临界线

RDX 改性双基推进剂的临界降压速率几乎是另两种推进剂的 10 倍。

4. 固体推进剂降压熄火过程研究

选取前文所述的 U_0 推进剂为试验样品，在视窗燃烧室内，样品在 4MPa 氮气压力下被点燃，随即以大约 4MPa/s 的速度使燃烧室内压力下降，同时利用高速数字图像设备记录下燃烧室压力下降过程中推进剂样品燃烧过程的变化情况，结果见图 3-4-9。

图 3-4-9　U_0 推进剂熄火过程燃烧火焰变化

使燃烧室压力下降的排气气流方向与推进剂样品火焰同轴，与燃面退移方向相反。随着燃烧室压力下降，推进剂样品气相火焰的长度变长，在压力下降初期火焰长度变化大，而后火焰长度变化逐渐变小。此外，在燃烧室压力下降过程中，气相火焰的亮度有所减弱。如果压力下降速度再高一些，火焰结构的变化会更明显。

每一种配方确定的固体推进剂均具有其特有的降压熄火特性，且与其燃速、压强指数、能量等其他特性间接关联。本部分研究得到的定性结果可以为组合装药推进剂配方设计提供最直接的指导。

3.5　组合装药推进剂不稳定燃烧抑制技术

3.5.1　不稳定燃烧成因与抑制方法

1. 不稳定燃烧成因

人们对不稳定燃烧产生机理的认识是一个曲折的过程，早期的固体发动机在遇到该问题时，只能采用试凑的方法来抑制其反常特性。直到20世纪40年代末出现了高频响测试技术，才了解到不稳定燃烧出现时，燃烧室内压力的实时状况，从此开始了固体发动机不稳定燃烧研究的新纪元，也为研制更高性能的发动机奠定了基础[36,37]。

固体火箭发动机不稳定燃烧按对其数理描述的不同可以分为线性不稳定和非线性不稳定；按产生机理的差异可以分为非声不稳定和声不稳定。声不稳定燃烧按振型可以分为纵向振型和横向振型，按耦合过程又可以分为速度耦合和压力耦合。声不稳定燃烧在工程实践中出现的频率较高，且难以解决，故将之作为组合装药研制中的重点方向。

在固体火箭发动机工作过程中，推进剂的燃面始终处于燃烧室内的声场环境下，由各种原因(如包覆层或推进剂碎片通过喷管，燃面或燃速突变，外界施加的压力脉冲或漩涡脱落等)引起的压力波动以周期性变化的声压和质点振动速度形式作用于推进剂的燃烧表面，引起燃面附近热流量、燃烧场和流场状态的变化，使推进剂的燃速发生周期性的波动，而燃速的波动又会造成压力和内流场的波动。依据瑞利准则，如果推进剂燃速波动的频率与压力波动的频率接近，且相位相同，燃面上释放出的能量就可以维持甚至放大燃烧室内的声振能量，最终压力小波动得以放大，形成典型的压力振荡，此现象即为声不稳定燃烧或振荡燃烧；压力和内流场振荡的频率取决于燃烧室腔的几何形状，振荡燃烧的频率等于燃烧室腔的固有频率。该机理可以用自激振荡器的工作过程来描述，如图 3-5-1 所示。F_e 表示

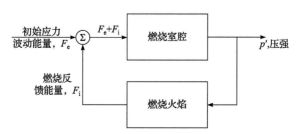

图 3-5-1　燃烧室压力波动放大机理示意图

最初的压力波动能量，F_i 表示燃烧反馈的能量，两者共同作用形成一个自激振荡系统，振荡的频率为系统的固有频率，得以维持的振荡能量最终导致压力振荡 p'。

固体火箭发动机最初使用的推进剂因为能量较低，不稳定燃烧的现象也较少出现，但随着推进剂能量水平和战技指标要求的提高，不稳定燃烧现象逐渐凸显。不稳定燃烧的基本特征是燃烧室压力 p、燃速 u 和推力 F 等参数随时间作周期性或近似周期性的波动。当出现不稳定燃烧时，熄火的推进剂表面可以观察到有规律的波纹和凹坑，伴随出现的是刺耳的哨音，有时还可以发现发动机的壳体温度异常升高，燃气羽流也更加明显等。从图 3-5-2 中可以清楚地看到出现不稳定燃烧的发动机与正常工作的发动机之间的区别。

(a) 正常工作的发动机

(b) 出现不稳定燃烧的发动机

图 3-5-2　正常工作的发动机与出现不稳定燃烧的发动机的对比

一般而言，固体发动机出现不稳定燃烧时，装药表面的热传导增加，燃烧环境也发生变化，推进剂的燃速和燃速压强指数都偏离正常值，使得燃烧时间与预定时间不符，最终导致发动机的原推力方案无法实现和发动机壳体烧穿等后果。如果压力增加超出发动机壳体的承受极限，则可能发生爆炸事故；如果燃烧室压力波动的频率与飞行器中其他元件的固有频率相同，可能引发共振，影响飞行器的正常工作。

2. 不稳定燃烧抑制方法

假设燃烧室的内腔结构接近于经典声腔，其固有频率从基频到高阶频率有无数阶，一般情况下，基频是"优先频率"，即最容易出现振荡燃烧的频率。此外，在工程实践中遇到的压力振荡振型有纵向振型和横向振型，图 3-5-3 给出了各振型的数理描述。图 3-5-3 上方表示频率为基频的纵向振型，下方表示横向振型(包括切向振型和径向振型)，箭头方向表示声波的行进方向。

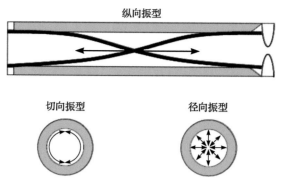

图 3-5-3　燃烧室内压力振荡的振型

针对不同频率和不同振型的振荡燃烧，有不同的抑制措施。依据 Culick 线性理论，固体发动机燃烧室内的压力小扰动能否被放大取决于燃烧室内声能的增益因素和阻尼因素线性叠加的结果。增益因素主要有燃面上的能量输入、分布式燃烧的激励和漩涡增益；阻尼因素主要有喷管对流与辐射损失、壁面摩擦与导热损失、平均流转弯与黏性损失和微粒阻尼等。如果增益大于阻尼，压力小扰动将被放大造成振荡燃烧，反之则不会出现振荡燃烧。因此，抑制固体火箭发动机不稳定燃烧有两种途径：降低增益或增加阻尼。据此，抑制手段也可以从四个方面入手：①改进固体推进剂的配方，如使用一定含量和粒度的氧化剂及燃烧稳定剂等；②合理设计装药形状；③修改发动机结构参数和工作参数；④安装机械抑振装置等。

1) 改进固体推进剂的配方

双基系固体推进剂的主体组分 NC 和 NG 含量的变化对燃烧响应函数 R_p 的影响不大，但燃气中缺少能够有效阻尼切向振型的固液体微粒，故高频切向振型的振荡燃烧是常常面临的问题。在维持低特征信号的前提下，经济可行的措施是添加少量的燃烧稳定剂，如金属和非金属氧化物或碳化物、有机金属化合物等，对其作用效果影响较大的因素为颗粒的粒径和含量。为了保持最佳阻尼粒径，提高微粒阻尼效果，使用高熔点的燃烧稳定剂是最经济有效的途径。

2) 合理设计装药形状

由声学理论可知，燃烧室两端的压力振幅较大，不适合设计较大的燃面，且尾部装药提前烧完会导致尾腔过早暴露，使喷管阻尼下降。因此，在燃烧室的前端留出一定的空间，并消除装药下游的空腔可以从一定程度上降低出现不稳定燃烧的可能性。

端面燃烧的药型易出现纵向振型的振荡燃烧，环形管状和单孔管状装药易产生切向振型的振荡燃烧。不规则的横截面设计可以扰乱流场，消除耦合现象，提高燃烧的稳定性，如设计键槽、星孔和开槽管状的药型，以及在药柱上打孔等。

在药柱上打孔应位于发动机前端，孔洞互成 90°螺旋形排列，孔径则需视振型和振幅而定，由孔中喷出的高速气流可以破坏燃烧室内的振荡波形。

双推力固体发动机在工作过程中，装药界面处出现的台阶和大型发动机装药使用的挡药板都可能诱导产生漩涡，脱落的漩涡与声场耦合，或与发动机喷管部件碰撞反射后都可能影响燃烧过程，增益压力振荡，故应尽量减少装药中的台阶和锐边。

3) 修改发动机结构参数和工作参数

工作压力升高，推进剂燃烧响应函数的峰值向高频方向移动，因此可升高燃烧室的设计压力使推进剂的易振区间远离室腔的固有频率，消除耦合作用，但压力过高又会降低喷管的阻尼作用。

喷管通过对流和辐射作用耗散声能，对纵向压力振荡有很强的阻尼作用。影响因素主要有喷管收敛段的长度、入口角度和喷喉面积。为了减少声波反射，增加喷管阻尼，可将喷管入口段设计成凸形，增加喷管收敛段长度和喷喉面积，采用多喷管时减小各喷管间的平面区域等。潜入式喷管对声波的反射作用较强，阻尼能力较差。

4) 安装机械抑振装置

在其他修改方案对抑制振荡燃烧效果不理想时才考虑使用机械抑振装置，因为它会增加发动机的消极质量，降低质量比冲。针对不同振型的压力振荡，机械抑振装置也各有差异，如谐振棒、隔板、叶片和亥姆霍兹共振器等，作用原理是扰乱燃气流场，改变燃烧室的固有频率和增加声能阻尼。

谐振棒和纵向隔板对高频的切向压力振荡抑制作用明显。亥姆霍兹共振器和横向隔板对纵向振荡抑制效果较好。此外，减少固体发动机工作过程中产生的碎片或将碎片的体积控制在临界值以下是从根本上消除脉冲引发的振荡燃烧的最佳途径。影响固体发动机不稳定燃烧的因素复杂，有时需要结合多种抑制措施才能实现发动机的稳定工作。

组合装药项目在研制过程中，除了对装药形状和发动机总体设计进行优化外，同时对推进剂配方设计也展开了详细研究，以进一步降低发动机出现不稳定燃烧的可能性。

3.5.2　燃烧稳定剂作用机理

依据悬浮液对声波传播产生的耗散现象提出微粒阻尼理论，认为固液体微粒与周围的介质存在物化特性差异，从而产生动力弛豫，导致对声能的黏滞性耗散。结合斯托克斯流动可得出目前最常用的微粒阻尼理论：

$$\alpha_s = \frac{\omega}{2} \frac{C_m}{1+C_m} \frac{\omega\tau_D}{1+(\omega\tau_D)^2} \tag{3-5-1}$$

$$\tau_{\mathrm{D}} = \frac{2\rho_{\mathrm{s}}D_{\mathrm{s}}^2}{9\mu} \tag{3-5-2}$$

式中，α_{s} 表示微粒阻尼；ω 表示振荡角频率；C_{m} 表示燃气中微粒的质量分数；τ_{D} 表示微粒的动力弛豫；μ 表示燃气的黏性系数；ρ_{s} 表示微粒密度；D_{s} 表示微粒直径。

由公式(3-5-1)可知，如果微粒的质量分数固定，当 $\omega \cdot \tau_{\mathrm{D}} = 1$ 时，α_{s} 取得最大值 $\alpha_{\max}$，经验公式如下：

$$\alpha_{\max} = 1.81 f \frac{C_{\mathrm{m}}}{1 + C_{\mathrm{m}}} \tag{3-5-3}$$

且对应 $\alpha_{\max}$ 有最佳微粒阻尼粒径：

$$D_0 = \sqrt{\frac{9\mu}{\pi\rho_{\mathrm{s}}f}} \tag{3-5-4}$$

结合公式(3-5-1)～公式(3-5-4)编制微粒阻尼计算程序，可计算出一定含量燃烧稳定剂的微粒阻尼与振型频率 f 和微粒粒径 D_{s} 的函数曲线，如图 3-5-4 所示。

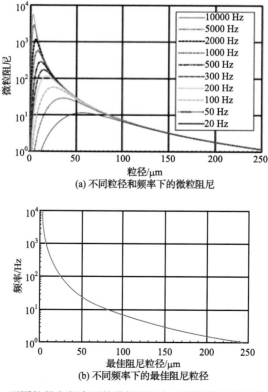

图 3-5-4　不同粒径和频率下的微粒阻尼和不同频率下的最佳阻尼粒径

由图 3-5-4 可总结出以下三点：①对于同一频率，随着微粒粒径的增大，阻尼先增后减，其最大值对应的粒径即为最佳阻尼粒径；②每一个频率下的最佳阻尼粒径各不相同，高频率对应较小的最佳阻尼粒径，而低频率则对应较大的最佳阻尼粒径；③在较小的粒径范围内，微粒阻尼随频率的升高而增大，且小粒径对高频振荡的阻尼作用要强于大粒径对较低频率振荡的阻尼作用[38]。

3.5.3　组合装药燃烧稳定剂选择

1. 燃烧稳定剂研究方向

在固体推进剂中添加 Al 粉不仅可以提高能量，其燃烧产物 Al_2O_3 又能抑制燃烧室内的压强振荡。一方面，其最佳粒径需要根据实际情况调整，最佳粒径太大或者太小都会降低微粒阻尼效果。另一方面，Al 粉在燃烧过程中易熔融凝聚，且凝聚作用与许多因素有关，如燃烧室压强、推进剂的燃温及燃速、燃气流速和推进剂的配方等，使得燃烧产物的粒度控制更加困难。

2. 燃烧稳定剂应具备的特点

如前文所述，影响燃烧稳定剂微粒阻尼效果的主要因素为微粒的粒度和含量，因此在工程应用上需要精确控制高熔点燃烧稳定剂的粒度分布和添加量。燃烧稳定剂的粒度分布越窄，与 D_0 越接近，在达到相同的微粒阻尼效果时，使用量也最少。Dobbins 等认为，燃烧稳定剂的统计粒度 D_{32} 需要有 90% 与 D_0 相同，但这一点在工程上很难实现。

依据固体推进剂对燃烧稳定剂的要求可知，在寻找新型燃烧稳定剂时，需要遵循以下几点原则：①熔点较高，最好高于推进剂的燃温；②粒度分布可控，且分布较窄；③与推进剂其他组分的相容性好；④对推进剂的燃速和燃速压强指数影响较小；⑤不溶于水，不吸湿，使用前的处理简单；⑥生产工艺简单，成本低廉。

3. 燃烧稳定剂选择

本部分系统分析了工业上可以实现批量生产，且粒度分布基本满足使用要求的 WB、WC、ZrB_2、ZrO_2、SiC 和 BN 等六种高熔点新材料对组合装药燃烧性能的影响，以及对推进剂不稳定燃烧的抑制效果和规律，确定了新型燃烧稳定剂的含量和粒度分布。

1) 高熔点材料对推进剂燃烧性能的影响

组合装药基础配方组成(以质量分数计)如下：NC(氮质量分数 12%)为 20.0%～27.0%，NG 为 30.0%～38.0%，RDX 为 30.0%～37.0%，燃烧稳定剂 Al_2O_3 或新材料为 1.5%～2.0%，燃速催化剂为 9.3%。不同催化剂对推进剂燃烧性能的影响如表 3-5-1～表 3-5-6 所示。

表 3-5-1　WB 对浇铸 RDX-CMDB 推进剂燃烧性能的影响

配方编号	ω(WB)/%	u /(mm/s)				
		11MPa	13MPa	15MPa	18MPa	20.5MPa
G0	0	25.84	27.22	27.70	28.09	29.13
G2-1	1.00	25.38	26.62	27.30	27.86	28.33
G2-2	1.50	25.62	26.93	27.70	28.20	28.85
G2-3	2.00	24.75	26.11	27.42	27.32	28.06
G2-4	2.50	24.25	25.58	26.62	27.22	28.09

配方编号	ω(WB)/%	n				
		11～13MPa	13～15MPa	15～18MPa	18～20.5MPa	—
G0	0	0.31	0.12	0.08	0.28	—
G2-1	1.00	0.28	0.18	0.11	0.13	—
G2-2	1.50	0.30	0.20	0.10	0.18	—
G2-3	2.00	0.32	0.34	−0.02	0.21	—
G2-4	2.50	0.32	0.28	0.12	0.24	—

注：WB 的粒度分布：D_{50} =4.4μm，D_{32} =2.6μm，D_{43} =8.9μm，D_{90} =22.7μm，比表面积为 2.29m²/g。$ω(i)$ 表示 i 的质量分数。

表 3-5-2　WC 对浇铸 RDX-CMDB 推进剂燃烧性能的影响

配方编号	ω(WC)/%	u /(mm/s)				
		11MPa	13MPa	15MPa	18MPa	20.5MPa
G0	0	25.84	27.22	27.70	28.09	29.13
G9-1	1.00[1]	25.08	26.38	26.95	27.55	28.04
G9-2	1.50[1]	25.71	27.08	27.62	27.96	28.17
G9-3	2.00[1]	25.34	26.62	27.17	27.57	28.41
G9-4	1.00[2]	24.81	26.16	26.95	27.17	27.88
G9-5	1.50[2]	24.69	25.71	26.71	27.30	28.09
G9-6	2.00[2]	24.90	26.27	27.40	28.29	28.52

配方编号	ω(WC)/%	n				
		11～13MPa	13～15MPa	15～18MPa	18～20.5MPa	—
G0	0	0.31	0.12	0.08	0.28	—
G9-1	1.00[1]	0.30	0.15	0.12	0.14	—
G9-2	1.50[1]	0.31	0.14	0.07	0.06	—
G9-3	2.00[1]	0.30	0.14	0.08	0.23	—
G9-4	1.00[2]	0.32	0.21	0.04	0.20	—
G9-5	1.50[2]	0.24	0.27	0.12	0.22	—
G9-6	2.00[2]	0.32	0.29	0.18	0.06	—

注：(1)和(2)分别表示 WC 的粒度分布为：D_{50} =9.4μm 和 6.0μm，D_{32} =7.0μm 和 4.5μm，D_{43} =13.7μm 和 9.0μm，D_{90} =30.4μm 和 13.4μm，比表面积为 0.86m²/g 和 1.35m²/g。

表 3-5-3　ZrB₂ 对浇铸 RDX-CMDB 推进剂燃烧性能的影响

配方编号	$\omega(\text{ZrB}_2)$/%	u /(mm/s)				
		11MPa	13MPa	15MPa	18MPa	20.5MPa
G0	0	25.84	27.22	27.70	28.09	29.13
G4-1	1.50[1]	24.00	25.38	26.25	26.81	28.09
G4-2	1.00[2]	24.53	25.62	26.57	27.10	28.14
G4-3	1.50[2]	24.21	25.75	26.29	26.93	27.93
G4-4	2.00[2]	24.88	25.40	26.74	28.52	29.47
G4-5	1.00[3]	25.13	26.13	26.71	27.17	28.20
G4-6	1.50[3]	25.08	26.67	27.42	27.99	28.87
G4-7	2.00[3]	24.53	25.71	26.18	27.12	28.12

配方编号	$\omega(\text{ZrB}_2)$/%	n				
		11～13MPa	13～15MPa	15～18MPa	18～20.5MPa	—
G0	0	0.31	0.12	0.08	0.28	—
G4-1	1.50[1]	0.33	0.23	0.12	0.36	—
G4-2	1.00[2]	0.26	0.25	0.11	0.29	—
G4-3	1.50[2]	0.37	0.15	0.13	0.28	—
G4-4	2.00[2]	0.13	0.36	0.35	0.25	—
G4-5	1.00[3]	0.24	0.15	0.09	0.28	—
G4-6	1.50[3]	0.37	0.20	0.11	0.24	—
G4-7	2.00[3]	0.28	0.13	0.19	0.28	—

注：(1)、(2)和(3)分别表示 ZrB₂ 的粒度分布：D_{50} =8.0μm、9.0μm 和 13.3μm，D_{32} =3.4μm、5.0μm 和 6.4μm，D_{43} = 10.6μm、16.5μm 和 22.6μm，D_{90} =22.8μm、39.9μm 和 47.9μm，比表面积分别为 1.78m²/g、1.56m²/g 和 0.94m²/g。

表 3-5-4　ZrO₂ 对浇铸 RDX-CMDB 推进剂燃烧性能的影响

配方编号	$\omega(\text{ZrO}_2)$/%	u /(mm/s)				
		11MPa	13MPa	15MPa	18MPa	20.5MPa
G0	0	25.84	27.22	27.70	28.09	29.13
G6-1	1.50[1]	24.53	25.60	26.04	26.69	27.78
G6-2	1.00[2]	24.79	25.93	26.55	27.08	28.03
G6-3	1.50[2]	24.59	26.00	26.42	27.03	27.88
G6-4	2.00[2]	24.55	25.73	26.50	27.25	28.82
G6-5	1.00[3]	25.23	26.50	26.88	27.25	28.09
G6-6	1.50[3]	25.80	27.12	27.65	28.09	28.79
G6-7	2.00[3]	25.32	26.57	27.25	27.55	27.96

续表

配方编号	$\omega(ZrO_2)$/%	n				
		11～13MPa	13～15MPa	15～18MPa	18～20.5MPa	—
G0	0	0.31	0.12	0.08	0.28	—
G6-1	1.50[1]	0.25	0.12	0.13	0.31	—
G6-2	1.00[2]	0.27	0.17	0.11	0.27	—
G6-3	1.50[2]	0.33	0.11	0.13	0.24	—
G6-4	2.00[2]	0.28	0.21	0.15	0.43	—
G6-5	1.00[3]	0.29	0.10	0.07	0.23	—
G6-6	1.50[3]	0.30	0.13	0.09	0.19	—
G6-7	2.00[3]	0.29	0.17	0.06	0.11	—

注: (1)、(2)和(3)分别表示 ZrO_2 的粒度分布: D_{50} =2.1μm、3.5μm 和 61.7μm, D_{32} =1.6μm、2.4μm 和 12.7μm, D_{43} =3.2μm、5.3μm 和 87.8μm, D_{90} =5.3μm、7.7μm 和 212.4μm, 比表面积分别为 3.74m²/g、2.89m²/g 和 0.47m²/g。

表 3-5-5 SiC 对浇铸 RDX-CMDB 推进剂燃烧性能的影响

配方编号	$\omega(SiC)$/%	u /(mm/s)				
		11MPa	13MPa	15MPa	18MPa	20.5MPa
G0	0	25.84	27.22	27.70	28.09	29.13
G5-1	1.00[1]	24.08	25.36	26.25	26.67	27.62
G5-2	1.50[1]	23.49	24.61	25.32	25.84	27.27
G5-3	2.00[1]	23.36	24.65	25.32	26.86	28.41
G5-4	1.50[2]	23.58	24.69	25.58	26.18	27.47
G5-5	1.00[3]	24.98	26.27	27.08	27.37	28.14
G5-6	1.50[3]	25.42	26.50	27.25	27.80	28.71
G5-7	2.00[3]	24.49	26.04	26.57	27.32	28.12

配方编号	$\omega(SiC)$/%	n				
		11～13MPa	13～15MPa	15～18MPa	18～20.5MPa	—
G0	0	0.31	0.12	0.08	0.28	—
G5-1	1.00[1]	0.31	0.24	0.09	0.27	—
G5-2	1.50[1]	0.28	0.20	0.11	0.41	—
G5-3	2.00[1]	0.32	0.19	0.32	0.43	—
G5-4	1.50[2]	0.27	0.25	0.13	0.37	—
G5-5	1.00[3]	0.30	0.21	0.06	0.21	—
G5-6	1.50[3]	0.25	0.20	0.11	0.25	—
G5-7	2.00[3]	0.37	0.14	0.15	0.22	—

备注: (1)、(2)和(3)分别表示 SiC 的粒度分布: D_{50} =3.1μm、5.8μm 和 19.7μm, D_{32} =2.1μm、4.1μm 和 18.0μm, D_{43} =3.6μm、6.3μm 和 21.1μm, D_{90} =6.7μm、10.7μm 和 33.1μm, 比表面积分别为 2.90m²/g、1.48m²/g 和 0.33m²/g。

表 3-5-6　BN 对浇铸 RDX-CMDB 推进剂燃烧性能的影响

配方编号	$\omega(BN)$/%	u /(mm/s)				
		11MPa	13MPa	15MPa	18MPa	20.5MPa
G0	0	25.84	27.22	27.70	28.09	29.13
G7-1	1.00[1]	22.12	23.81	24.71	25.84	27.12
G7-2	1.50[1]	21.35	23.17	23.96	25.51	27.10
G7-3	2.00[1]	19.93	21.01	22.80	24.55	26.06
G7-4	2.50[1]	19.26	21.20	22.37	24.14	25.84
G7-5	1.50[2]	21.32	22.78	23.94	26.09	28.30

配方编号	$\omega(BN)$/%	n				
		11～13MPa	13～15MPa	15～18MPa	18～20.5MPa	—
G0	0	0.31	0.12	0.08	0.28	—
G7-1	1.00[1]	0.44	0.26	0.24	0.37	—
G7-2	1.50[1]	0.49	0.24	0.34	0.46	—
G7-3	2.00[1]	0.32	0.57	0.41	0.46	—
G7-4	2.50[1]	0.57	0.38	0.42	0.52	—
G7-5	1.50[2]	0.40	0.35	0.47	0.63	—

注：(1)和(2)分别表示 BN 的粒度分布：D_{50} =0.6μm 和 1.6μm，D_{32} =0.3μm 和 0.3μm，D_{43} =3.0μm 和 4.8μm，D_{90} =7.3μm 和 14.55μm，比表面积分别为 23.5m²/g 和 18.7m²/g。

综上可知：加入 WB、WC、ZrB₂、ZrO₂、SiC 和 BN 后，11～20.5MPa 下基础推进剂的燃速基本都降低。11～15MPa 下基础推进剂的燃速随 WB、SiC 和 BN 含量的增加而降低，WC、ZrB₂ 和 ZrO₂ 含量的变化对基础推进剂的燃速影响较小。11～20.5MPa 下基础推进剂的燃速随 WC、ZrB₂、ZrO₂ 和 SiC 粒度的减小而降低。

加入一定粒度的 ZrB₂、ZrO₂ 和 SiC 后，11～20.5MPa 下基础推进剂的燃速压强指数变化较小；加入 WB 和 WC 后，18～20.5MPa 下基础推进剂的燃速压强指数降低；加入 BN 后，11～20.5MPa 下推进剂的燃速压强指数明显增大，燃烧平台效应也消失。

2) 高熔点材料对推进剂不稳定燃烧的抑制效果和规律

组合装药基础配方组成(以质量分数计)如下：NC(氮质量分数 12%)20.0%～27.0%，NG 30.0%～38.0%，RDX 30.0%～37.0%，燃烧稳定剂 Al₂O₃ 或新材料 1.5%～2.0%，见表 3-5-7，燃速催化剂 9.3%。

表 3-5-7　试验配方中的燃烧稳定剂

配方编号	燃烧稳定剂	燃烧稳定剂的熔点/K	D_{50}/μm	质量分数/%
G0	无	—	—	—

续表

配方编号	燃烧稳定剂	燃烧稳定剂的熔点/K	D_{50}/μm	质量分数/%
GL	Al_2O_3	2323.0	3.5	1.5
G9-1	WC	3143.0	6.0	1.0
G9-2				1.5
G6-1	ZrO_2	2988.0	3.5	1.0
G6-2				1.5
G5-1	SiC	2973.0	3.1	1.0
G5-2				1.5
G4-1	ZrB_2	3273.0	8.7	1.0
G4-2				1.5
G7-2	BN	3273.0	—	1.5

表 3-5-8　不同频率下燃烧稳定剂的最佳阻尼粒径计算结果

燃烧稳定剂	熔点/K	密度/(g/cm³)	D_0/μm				$\overline{D_0}$/μm
			800Hz	1000Hz	1500Hz	2000Hz	800~2000Hz
WC	3143	15.60	1.45	1.36	1.11	0.96	1.22
ZrO_2	2988	5.90	2.41	2.21	1.80	1.56	2.00
SiC	2973	3.20	3.28	3.00	2.45	2.12	2.71
ZrB_2	3273	6.10	2.59	2.17	1.77	1.53	2.02
BN	3273	2.30	3.92	3.53	2.89	2.50	3.21

参考表 3-5-8 中的理论计算结果,选择合适粒度分布的 WC、ZrO_2、SiC、ZrB_2 和 BN 进行试验研究,其粒度分布测试结果见表 3-5-9。

表 3-5-9　新材料的粒度分布

燃烧稳定剂	D_{50}/μm	D_{32}/μm	D_{43}/μm	D_{90}/μm	D_{10}/μm	2~8μm 的微粒百分数/%
WC	6.02	4.46	8.97	13.43	2.24	67.76
ZrO_2	3.51	2.39	5.27	7.70	1.40	77.50
SiC	3.06	2.07	3.57	6.73	1.11	69.82
ZrB_2	8.72	5.02	16.49	39.91	2.11	43.91
BN	4.80	4.10	5.86	10.69	2.24	86.35

测试方法:利用压强可控 T 型发动机进行试验,通过改变发动机的长度来实现不同频率调节,如长度分别为 255mm、340mm 和 510mm 的发动机对应的频率分别为 1700Hz、1200Hz 和 800Hz 左右,然后利用系统自带的计算软件处理压强-时间曲线,得到 α_b、α_d(气相阻尼)、α'_d、α_c、R_p、$\overline{f}$(平均频率)、$\overline{p}$(平均压强)和 Δp

(压强变化量)等。压强耦合响应函数 R_p 体现的是推进剂的综合性能，即燃烧稳定性；压强振幅增长常数 α_b 体现的是燃烧室内压强振幅随时间的变化率，是燃面增益 α_c 与微粒阻尼 α_s 共同作用的结果；微粒阻尼作用引起的压强振幅衰减常数为 α_d'。

研究了空白配方 G0 的燃烧稳定性，研究结果见图 3-5-5～图 3-5-9。

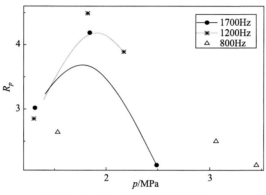

图 3-5-5　配方 G0 不同频率下的 R_p

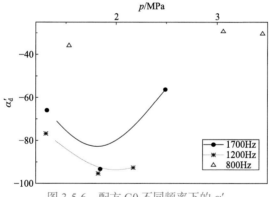

图 3-5-6　配方 G0 不同频率下的 α_d'

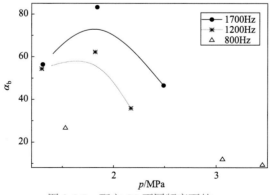

图 3-5-7　配方 G0 不同频率下的 α_b

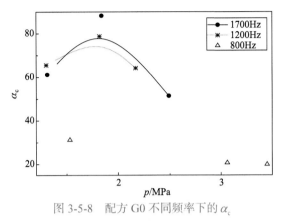

图 3-5-8 配方 G0 不同频率下的 α_c

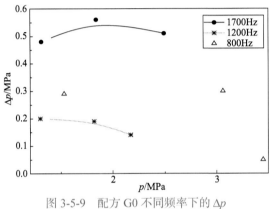

图 3-5-9 配方 G0 不同频率下的 Δp

总体来看，空白配方在 1700Hz 和 800Hz 频率下的易振压强区间较宽，振荡燃烧程度也比较剧烈。

研究了 G0、GL 和含 WC 配方的 G9-1、G9-2 在 1700Hz 和 800Hz 频率下的燃烧稳定性，研究结果见图 3-5-10～图 3-5-19。

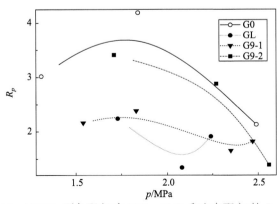

图 3-5-10 1700Hz 下各配方(含 WC、Al$_2$O$_3$ 和空白配方)的 R_p-p 曲线

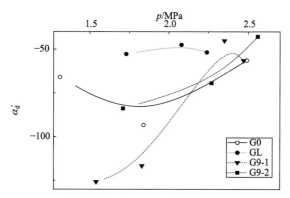

图 3-5-11　1700Hz 下各配方(含 WC、Al$_2$O$_3$ 和空白配方)的 α_d' - p 曲线

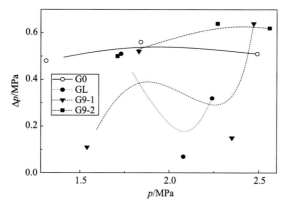

图 3-5-12　1700Hz 下各配方(含 WC、Al$_2$O$_3$ 和空白配方)的 Δp - p 曲线

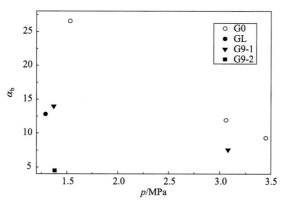

图 3-5-13　800Hz 下各配方(含 WC、Al$_2$O$_3$ 和空白配方)的 α_b

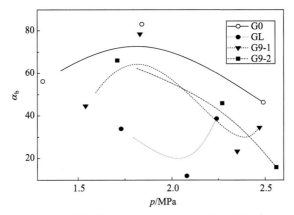

图 3-5-14　1700Hz 下各配方(含 WC、Al$_2$O$_3$ 和空白配方)的 α_b - p 曲线

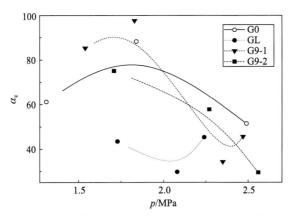

图 3-5-15　1700Hz 下各配方(含 WC、Al$_2$O$_3$ 和空白配方)的 α_c - p 曲线

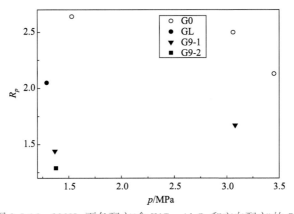

图 3-5-16　800Hz 下各配方(含 WC、Al$_2$O$_3$ 和空白配方)的 R_p

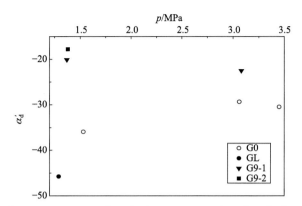

图 3-5-17　800Hz 下各配方(含 WC、Al_2O_3 和空白配方)的 α'_d

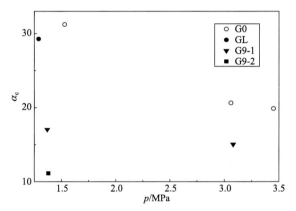

图 3-5-18　800Hz 下各配方(含 WC、Al_2O_3 和空白配方)的 α_c

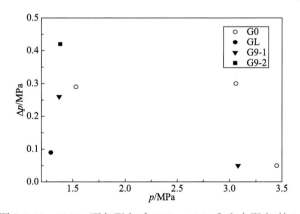

图 3-5-19　800Hz 下各配方(含 WC、Al_2O_3 和空白配方)的 Δp

　　综上可知,本研究使用的 WC 在 1700Hz 频率下的微粒阻尼效果虽然比 Al_2O_3 大,但却随压强的升高逐渐下降;当频率为 800Hz 时,WC 的微粒阻尼作用更小,可能是因为 WC 的密度较大，相同含量时微粒的数目较少，不适用于抑制该频率段的压强振荡。在试验过程中未观察到与 Al₂O₃ 相似的熔融团聚现象，可见熔点较高的 WC 在推进剂的燃烧过程中没有熔融。

研究了 G0、GL 和含 ZrO_2 配方的 G6-1、G6-2 在 1700Hz 频率下的燃烧稳定性，研究结果见图 3-5-20～图 3-5-24。

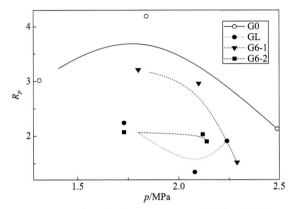

图 3-5-20　1700Hz 下各配方(含 ZrO_2、Al_2O_3 和空白配方)的 R_p - p 曲线

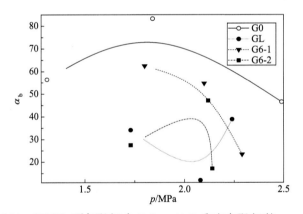

图 3-5-21　1700Hz 下各配方(含 ZrO_2、Al_2O_3 和空白配方)的 α_b - p 曲线

综上可知，在 1700Hz 频率下，推进剂中加入 ZrO_2 后的 R_p、α_b、α_c、Δp 和 α_d' 都随 ZrO_2 含量的增加有减小的趋势。当 ZrO_2 的含量与 Al_2O_3 相同时，推进剂的 α_b 随压强的升高大幅减小。

研究了 G0、GL 和含 SiC 配方的 G5-1、G5-2 在 1700Hz 和 800Hz 频率下的燃烧稳定性，当频率为 800Hz 时，含 SiC 的配方均未出现振荡燃烧。其中，1700Hz 频率下的研究结果见图 3-5-25～图 3-5-29。

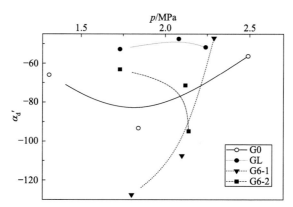

图 3-5-22　1700Hz 下各配方(含 ZrO_2、Al_2O_3 和空白配方)的 α_d' - p 曲线

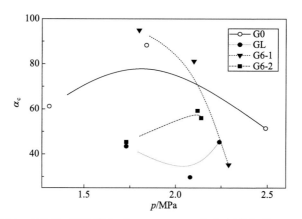

图 3-5-23　1700Hz 下各配方(含 ZrO_2、Al_2O_3 和空白配方)的 α_c - p 曲线

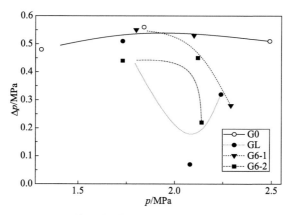

图 3-5-24　1700Hz 下各配方(含 ZrO_2、Al_2O_3 和空白配方)的 Δp - p 曲线

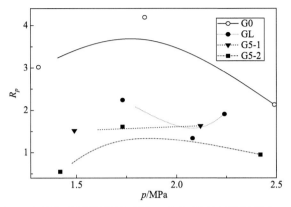

图 3-5-25　1700Hz 下各配方(含 SiC、Al₂O₃ 和空白配方)的 R_p - p 曲线

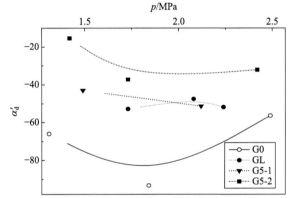

图 3-5-26　1700Hz 下各配方(含 SiC、Al₂O₃ 和空白配方)的 α'_d - p 曲线

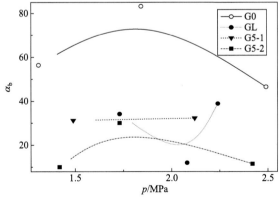

图 3-5-27　1700Hz 下各配方(含 SiC、Al₂O₃ 和空白配方)的 α_b - p 曲线

综上可知，SiC 颗粒对该配方的不稳定燃烧有较明显的抑制作用。在 1700Hz 频率下，推进剂中加入 SiC 后的 α'_d 随压强的升高缓慢减小，表明 SiC 颗粒的微粒阻尼功能能够保持。

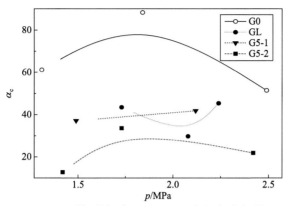

图 3-5-28　1700Hz 下各配方(含 SiC、Al₂O₃ 和空白配方)的 α_c - p 曲线

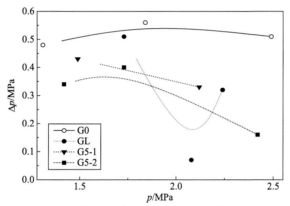

图 3-5-29　1700Hz 下各配方(含 SiC、Al₂O₃ 和空白配方)的 Δp - p 曲线

　　研究了 G0、GL 和含 ZrB₂ 配方的 G4-1、G4-2 在 1700Hz 和 800Hz 频率下的燃烧稳定性,当频率为 800Hz 时,含 ZrB₂ 的配方未出现振荡燃烧。其中,1700Hz 频率下的研究结果见图 3-5-30～图 3-5-34。

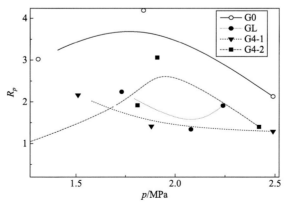

图 3-5-30　1700Hz 下各配方(含 ZrB₂、Al₂O₃ 和空白配方)的 R_p - p 曲线

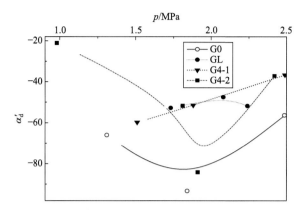

图 3-5-31　1700Hz 下各配方(含 ZrB$_2$、Al$_2$O$_3$ 和空白配方)的 α'_d - p 曲线

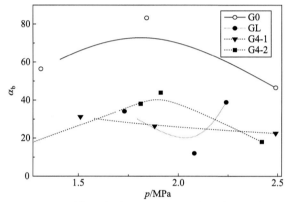

图 3-5-32　1700Hz 下各配方(含 ZrB$_2$、Al$_2$O$_3$ 和空白配方)的 α_b - p 曲线

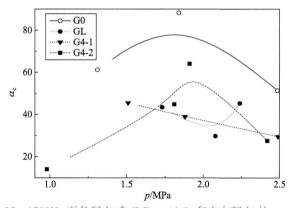

图 3-5-33　1700Hz 下各配方(含 ZrB$_2$、Al$_2$O$_3$ 和空白配方)的 α_c - p 曲线

　　综上可知，含量较少的 ZrB$_2$ 的作用效果就可以等同于含量较高的 Al$_2$O$_3$ 的作用效果。在 1700Hz 频率下，ZrB$_2$ 的微粒阻尼效果随压强的升高逐渐下降，推测如果使用粒度更小的 ZrB$_2$ 颗粒将获得更好的抑振效果。

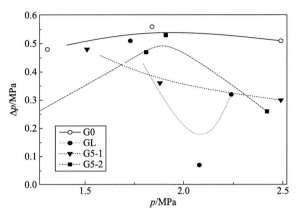

图 3-5-34　1700Hz 下各配方(含 ZrB$_2$、Al$_2$O$_3$ 和空白配方)的 Δp - p 曲线

研究了 G0、GL 和含 BN 配方的 G7-2 在 1700Hz 和 800Hz 频率下的燃烧稳定性，当频率为 800Hz 时，出现了高频振荡燃烧，振荡频率转变为 2500～3000Hz。1700Hz 频率下的研究结果见图 3-5-35～图 3-5-39。

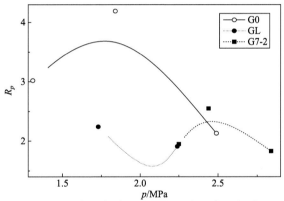

图 3-5-35　1700Hz 下各配方(含 BN、Al$_2$O$_3$ 和空白配方)的 R_p - p 曲线

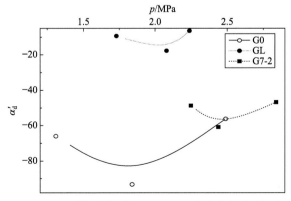

图 3-5-36　1700Hz 下各配方(含 BN、Al$_2$O$_3$ 和空白配方)的 α_d' - p 曲线

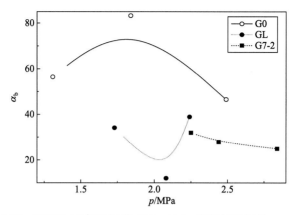

图 3-5-37　1700Hz 下各配方(含 BN、Al₂O₃ 和空白配方)的 α_b - p 曲线

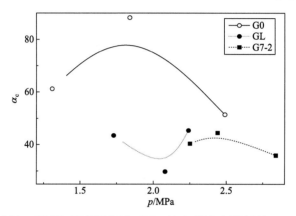

图 3-5-38　1700Hz 下各配方(含 BN、Al₂O₃ 和空白配方)的 α_c - p 曲线

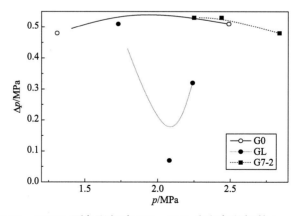

图 3-5-39　1700Hz 下各配方(含 BN、Al₂O₃ 和空白配方)的 Δp - p 曲线

综上可知,加入 BN 并未完全抑制推进剂的高频振荡燃烧现象,BN 对推进剂不稳定燃烧的抑制作用较弱,一旦出现振荡燃烧现象,压强振幅将很大。

图 3-5-40 显示了 1700Hz 频率下，五种含不同稳定剂的新材料和传统燃烧稳定剂 Al_2O_3 在含量相同时的微粒阻尼效果。可见，随着压强的升高，六种材料微粒阻尼功能的变化趋势各不相同。其中，BN 的阻尼效果与 Al_2O_3 相当，SiC 的阻尼效果低于 Al_2O_3，而 WC、ZrO_2 和 ZrB_2 的阻尼能力在一定压强范围内都大于 Al_2O_3。

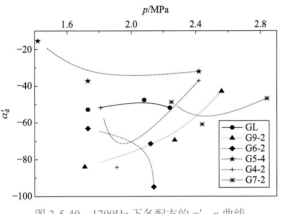

图 3-5-40　1700Hz 下各配方的 $\alpha_d' - p$ 曲线

综合来看，ZrO_2、SiC、ZrB_2 和 BN 有取代传统燃烧稳定剂 Al_2O_3 的潜力，以下将采用 Φ50mm 标准发动机开展进一步的试验验证，测试结果见图 3-5-41～图 3-5-44。

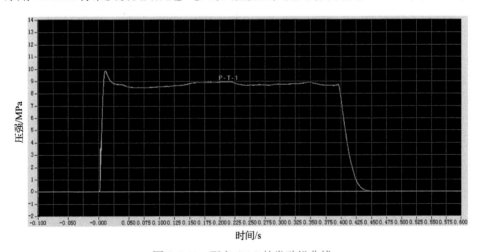

图 3-5-41　配方 G6-2 的发动机曲线

由图 3-5-41～图 3-5-44 可知，加入 ZrO_2 和 ZrB_2 后，发动机稳定工作，而加入 SiC 和 BN 后，发动机的 p-t 曲线出现了异常的压强峰，含 BN 配方的 p-t 曲线的压强增幅甚至达到 10MPa，可见其振荡燃烧过程异常剧烈；含 SiC 配方的不稳定燃烧程度则略有下降，其压强增幅约为 5MPa。此外，放大图 3-5-42 和图 3-5-44 中

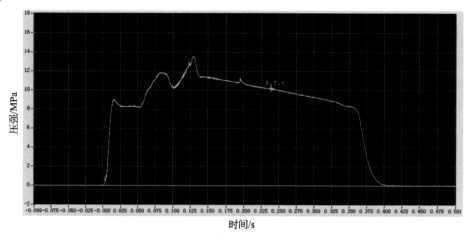

图 3-5-42　配方 G5-2 的发动机曲线

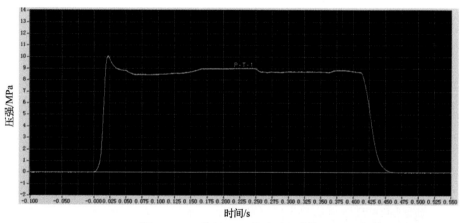

图 3-5-43　配方 G4-2 的发动机曲线

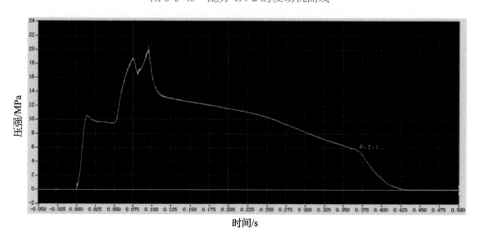

图 3-5-44　配方 G7-2 的发动机曲线

p-t 曲线的局部细节后发现，发动机燃烧室内的压强振荡在采样频率较低的传感器中也有体现，如图 3-5-45 和图 3-5-46 所示。

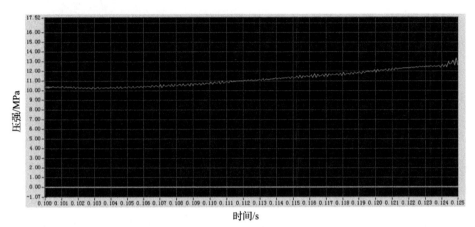

图 3-5-45 配方 G5-2 发动机曲线中的压强波动现象

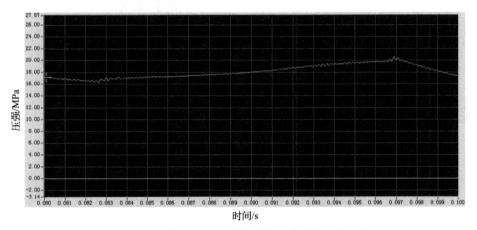

图 3-5-46 配方 G7-2 发动机曲线中的压强波动现象

可见，ZrO_2 和 ZrB_2 的微粒阻尼效果和抑振效果最佳，SiC 次之，BN 最差。此外，加入 BN 并不能完全抑制较高阶频率的压强振荡，且一旦出现振荡燃烧，其压强振幅将很大。

考虑到推进剂能量的持续升高，选择更高熔点的 ZrO_2 和 ZrB_2 可以完全抑制推进剂的不稳定燃烧，还可以代替传统燃烧稳定剂 Al_2O_3，并降低惰性燃烧稳定剂的使用量。

第 4 章　组合装药结构完整性

一般来说，固体火箭发动机在生产、运输、存储和发射过程中，受到温度变化、机械振动、燃气冲击等诸多外界载荷因素，使得固体推进剂在其服役寿命中要承受机械载荷和温度载荷的共同作用。机械载荷包括准静态低应变率下的加载情况，如药柱制造装配、运输存储等，又包括冲击载荷下高应变率加载情况，如振动冲击、点火冲击、发射过载等。推进剂力学特性受温度影响显著，表现出复杂多样性，温度载荷对推进剂力学特性的影响不可忽略[39]。在这些机械载荷和温度载荷的共同作用下，固体推进剂内部会形成不同形式的累积损伤，使推进剂表现出复杂多样的力学特性。同时，推进剂内部微观损伤缺陷会影响推进剂的燃烧特性，甚至引起燃烧转爆轰(DDT)，对火箭正常工作造成严重影响[40]。固体推进剂组合装药由于工作环境多变、工艺流程复杂、装药界面差异等显著特点，其结构完整性是研究者需要考虑的重要问题。例如，美国部分民兵导弹发动机推进剂药柱全寿命周期由固化、冷却、温度循环、勤务处理、贮存和点火过程组成，推进剂从其生产过程开始就受到应力作用，应力状态开始表现为拉伸应力，到点火发射时表现为压应力。同时，药柱内损伤在固化降温过程中开始累积并逐步发展演化，在点火压力冲击载荷下损伤达到最大，接近破坏。

为准确评估固体火箭发动机药柱结构完整性问题，需对其在其全寿命周期中所受外载荷进行分类，一般来说分为以下三类：

(1) 热载荷。主要指推进剂生产浇铸过程中固化降温载荷、储存过程中温度随季节和昼夜变化的交变温度载荷、弹箭飞行过程中气动加热载荷等。药柱在固化降温中，从较高浇铸温度降到较低环境温度，不同材料热膨胀系数不同，会在药柱黏结界面上引起热应变和热应力；发动机贮存过程由于环境温度随季节和昼夜交替变化，药柱内部会受到交变的应力和应变作用，影响药柱力学性能；气动加热载荷是续航发动机在飞行过程中，空气摩擦加热使壳体温度升高较快，而壳体内药柱导热慢，温度变化小，这使得药柱与壳体界面处产生静应力，造成界面黏结强度下降或黏结失效。

(2) 加速度载荷。固体发动机在发射、飞行过程中都会产生轴向和横向的加速度载荷，在弹箭常规飞行情况下，发动机需要承受纵向 $40g\sim100g$ 的飞行加速度；目前导弹广泛采用的弹射技术，其发射过载一般大于 $100g$，在采用火炮发射方式的弹箭中，其发射过载甚至超过 $10000g$；存储和勤务处理时也会受到机械振动冲击载荷,这类载荷也属于加速度载荷。

(3) 点火燃气压力载荷。药柱在点火压力冲击载荷下迅速扩张变形,发动机点火瞬间,几十毫秒内压力上升几兆帕甚至十几兆帕,载荷作用时间短,幅值变化快,该载荷是发动机全寿命周期中最严酷苛刻的载荷,大部分发动机事故发生在点火过程。这些载荷作用下固体推进剂不仅会发生力学性能的劣化,导致结构破坏,也会在推进剂材料内部产生微空穴、微孔洞、微裂纹等微观损伤缺陷。推进剂内这些微观损伤缺陷的存在会影响推进剂燃烧特性,改变推进剂的燃烧速率和燃气生成速率,当推进剂内空隙率和燃烧表面积足够大时,甚至发生推进剂燃烧转爆轰,引起发动机壳体爆炸事故[10]。因此,为保证固体火箭发动机在全寿命周期中安全、可靠工作,进行固体推进剂不同载荷条件下结构完整性研究显得尤为重要。推进剂结构完整性研究可以用来分析和预估推进剂寿命,对固体发动机设计而言尤为重要,因此成为广大固体火箭发动机从业人员和科研工作者研究的热点[40]。

4.1 改性双基推进剂的力学性能

固体推进剂在生产、运输、贮存和使用过程中,其力学性能随外界载荷的种类、环境温度和时间而变化。无论是对推进剂装药进行应力应变分析,还是对推进剂的配方和生产加工工艺进行改进来提高其力学性能,都必须首先研究并掌握推进剂的力学性能及其变化规律[41]。本节对改性双基推进剂在不同应变率和温度下单轴拉伸力学性能进行了试验研究,分析了其力学响应规律,并从细观角度对其破坏方式开展了介绍,为工程中改性双基推进剂的选择和装药结构完整性分析奠定基础。

4.1.1 改性双基推进剂宏观力学行为

改性双基推进剂属于异质推进剂,主要组元包括硝化棉(NC)、硝化甘油(NG)、过氯酸铵(AP)或硝铵炸药(奥克托今 HMX 或黑索金 RDX)及助溶剂、增塑剂、燃烧稳定剂等微量组元。作为推进剂中主要能源之一,硝化棉在吸收硝化甘油被溶化后,其分子成为推进剂的基体或骨架,赋予装药药柱一定的机械强度。硝化甘油是甘油与硝酸作用的产物,其本身是一种高威力的液体炸药,对冲击作用及机械振动非常敏感,容易引起爆炸。硝化甘油在燃烧时会放出大量热量,并生成大量气体,其中含有一部分自由氧,可以提供给缺氧的硝化棉,从而提高硝化棉燃烧的完全性。因此,硝化甘油在推进剂中同时起溶剂和能源的作用。以硝化纤维和硝化甘油为主要组分组成的双基推进剂,由于含氧量不足,不能使燃烧产物完全燃烧，因此需加入过氯酸铵(AP)或硝铵炸药(奥克托今 HMX 或黑索金 RDX)等氧化剂，有效地提高推进剂的能量。硝化棉经硝化甘油溶胀后，二者共同组成推进剂的基体相，而过氯酸铵或硝铵炸药等氧化剂则属于颗粒相，推进剂细观模型如图 4-1-1 所示。

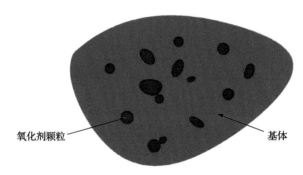

图 4-1-1　改性双基推进剂细观模型示意图

改性双基推进剂相对于双基推进剂而言，其能量更高；相对于复合推进剂及复合改性双基推进剂而言，其燃烧产物较清洁、特征信号较低、可以采用自由装填的方式置于发动机中。凭借以上特点，改性双基推进剂已广泛应用于大推力助推发动机、燃气发生器、火箭增程炮弹和激光制导武器中。与此同时，改性双基推进剂在高温、低温条件下的力学性能还不够理想。高温环境下，表现出强度降低，低温环境下表现出断裂伸长率降低，容易在高低温环境下出现装药结构完整性问题，需要进一步改进。

1. 推进剂配方及试验试件

研究对象为某淤浆浇铸型改性双基推进剂，其组分主要包括：NG、NC、HMX，以及弹道稳定剂、安定剂、燃烧催化剂等其他组分。其中，NG、NC 作为材料的基体组分，HMX 及其他组分以颗粒的形式填充在基体内部。制备方法如下：首先，将干混后的球形 NC、HMX 等固体物料与 NG 加入 HKV-Ⅱ型立式捏合机，真空捏合 1h，出料后于 70℃固化 72h，最终经降温后脱模整形得到产品[42]。

参考标准《火药试验方法》(GJB 770B—2005)方法 413.1，试验采用如图 4-1-2 所示的标准哑铃形试件，试件的有效尺寸为 50mm×10mm×10mm。在推进剂的单轴拉伸力学试验中，首先在保温箱中对推进剂开展相应温度的保温，保温结束后在如图 4-1-3 所示的力学试验机中开展具体试验。

2. 试验方法及数据处理

本部分对七个拉伸速度和七个温度点进行了交叉试验，在结果分析中，以 20℃下不同拉伸速度的试验结果对推进剂力学性能相关性开展研究，以 100mm/min

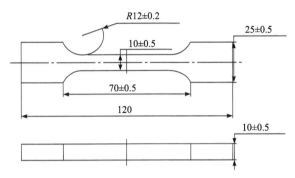

图 4-1-2　标准哑铃形试件(单位：mm)

图 4-1-3　力学试验机

拉伸速度下不同温度的试验结果对推进剂力学性能温度相关性进行研究。

在固体推进剂力学性能相关性研究中，选取七个不同速率，分别为 1mm/min、10mm/min、50mm/min、100mm/min、200mm/min、500mm/min、1000mm/min。为方便后续分析，将拉伸速度转化为应变率，计算方法为

$$\dot{\varepsilon} = \frac{v}{60 \times 50} \times 100\% \tag{4-1-1}$$

式中，$\dot{\varepsilon}$ 为应变率(s^{-1})；v 为拉伸速度(mm/min)。

将固体推进剂哑铃形试件放置在保温箱中，20℃恒温保温 2h，同时对力学试验机内部环境及拉伸模具进行 20℃保温 2h。保温结束后，分别开展不同速率下的单轴拉伸试验，为保证试验结果一致性，每个速率点开展三组试验。试验过程中，对比试验结果的一致性，如果试验结果未出现较大差异则不需补充试验。如果三组数据中出现较大离散情况，则补充试验，直至获取 5 组相近的曲线作为试验依据。

在固体推进剂力学性能温度相关性研究中，选取七个不同温度，分别为 −55℃、−40℃、−20℃、0℃、20℃、50℃、70℃。将固体推进剂哑铃形试件放置

在保温箱中，相应温度下恒温保温 2h，同时对力学试验机内部环境及拉伸模具进行恒温保温 2h。保温结束后，以 100mm/min 的拉伸速度开展单轴拉伸试验，为保证一致性，每个温度点开展三组试验。试验过程中，对比试验结果的一致性，如果试验结果未出现较大差异则不需补充试验。如果三组数据中出现较大离散情况，则补充试验，直至获取 5 组相近的曲线作为试验依据。

图 4-1-4 为试验用改性双基推进剂单轴拉伸试验试件及其拉断后试件的整体形貌对比图，由图可知，试件的断面基本垂直于拉伸方向，说明该推进剂的单轴拉伸试验破坏准则遵循正应力准则。

图 4-1-4　拉伸试件及拉断后试件整体形貌对比图

以常温 20℃，100mm/min 拉伸速度为例，对试验原始数据开展数据处理。试验原始数据包括推进剂的拉力 F、形变 Δl 随时间 t 的逐点数据，在进行处理时，首先将拉力与位移分别变换为应力和应变：

$$\sigma = \frac{F}{A} \tag{4-1-2}$$

$$\varepsilon = \frac{\Delta l}{l} \tag{4-1-3}$$

式中，A 为受力面积。

图 4-1-5 为常温 20℃，100mm/min 拉伸速度下的应力-应变关系曲线，从图中可以看出，曲线表现出明显的非线性并伴随着应变强化现象。作为材料单轴拉伸试验应力-应变关系的一组重要参数，屈服应力及屈服应变在图中不能直观地观测到。一般，对于曲线上屈服点获取的方式主要有双切线法、塑性功曲率法则、两倍弹性斜率等。通常情况下，对于推进剂的屈服点获取方式选双切线法：首先，在弹性区域和强化起始阶段分别作切线 l、m，切点分别为 A、B，二者相交于点 E，从 E 点作纵轴的平行线，与应力-应变曲线交于点 S，S 点对应横纵坐标分别为屈服应变 ε_s 和屈服应力 σ_s；其次，在强化阶段斜率最大点处作切线 n，与切线交于点 P，从 P 点作纵轴的平行线，交于点 C，C 点对应横纵坐标分别为强化应变 ε_h 和强化应力 σ_h。

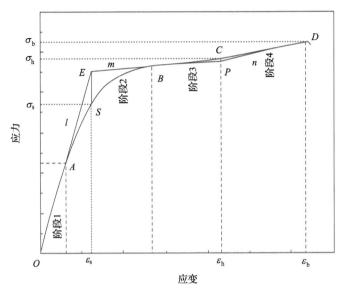

图 4-1-5　20℃、100mm/min 的应力-应变曲线

σ_s -屈服应力；ε_s -屈服应变；σ_b -断裂应力；ε_b -断裂伸长率；σ_h -强化应力；ε_h -强化应变

从图 4-1-5 可以发现，整个曲线可以分为 4 个阶段：①阶段 1(OA 段)为弹性应变主导阶段，该阶段材料主要表现出线弹性的应力-应变关系，应力随应变呈线性增长，该阶段中，曲线的斜率即为推进剂初始模量 E；②阶段 2(AB 段)为屈服阶段，材料变形达到一定程度，内部结构发生变化，分子间作用力、氢键破坏、颗粒脱湿等，导致该阶段材料的应力不再随应变线性增长；③阶段 3(BC 段)为塑性流动阶段，随着应变的增加应力响应变化较小；④阶段 4(CD 段)为应变强化主导阶段，塑性流动阶段后，随着应变的继续增大，应力随之出现明显增长，直至应力达到最大值后，材料内部结构发生破坏，推进剂断裂，最大应力点的应力、应变分别为断裂应力 σ_b 及断裂伸长率 ε_b。

3. 力学性能相关性分析

图 4-1-6 为推进剂装药在 20℃下，应变率为 0.033%/s 时的单轴拉伸应力-应变曲线，由图可以发现，该速率下的应力-应变曲线不存在强化阶段，曲线包括以下三个阶段，即弹性阶段(A)、屈服阶段(B)、断裂阶段(C)。A 阶段，推进剂内部未产生明显损伤，其形变在去除载荷后可以恢复，属弹性变形；B 阶段，随着载荷的增大，推进剂内部逐渐产生损伤，使推进剂发生屈服，部分形变不可恢复；C 阶段，载荷继续增大，推进剂的强度等力学性能已经开始下降，说明其内部已经出现损伤或破坏，当应变达到一定程度后，推进剂发生断裂。由于拉伸速度较低，在推进剂的变形过程中产生的能量虽然会转化成热量的形式，但其具有足够

的时间散去，从而不会导致推进剂自身温度升高，不会出现温度升高对推进剂力学性能的影响，因此在低拉伸速度下的应力-应变关系比较单一。

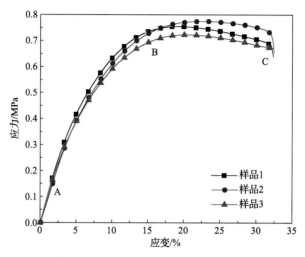

图 4-1-6　应变率 0.033%/s 应力-应变曲线

图 4-1-7、图 4-1-8 分别为推进剂装药在 20℃下，应变率为 3.3%/s、33%/s 时的单轴拉伸试验应力-应变曲线。推进剂在发生屈服后，随应变增大，出现了应变强化的阶段(D 阶段)，即推进剂在屈服后没有直接发生断裂，而是随应变率增大，强度突然增大。这是因为推进剂作为一种黏弹性材料，在其疲劳过程中，应变会滞后于应力，形成滞回环，滞回环会消耗一定的机械功，转变成热能耗散于周围环境，同时材料在疲劳过程中不断有新的损伤出现，形成新的脱黏面，消耗部分能量。当拉伸速度较低时，推进剂屈服产生的热量能够有效地散去，而不至于使

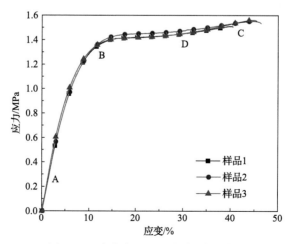

图 4-1-7　应变率 3.3%/s 应力-应变曲线

推进剂的温度有明显的上升。当拉伸速度较高时，试验时间较短，推进剂内部缺少有意义的热传递，使得推进剂本身温度升高，间接地减弱了应变强化过程。随应变的进一步增加，时间增长，由于热量散失及新的脱黏面的形成，推进剂本身的温度下降，材料又恢复到应变强化占主导的变形。这导致了图 4-1-7 和图 4-1-8 所示的应变强化呈现双线性的过程。当应变率为 33%/s 时，应变强化现象更加明显，说明应变率越高，应变强化现象越明显[42]。

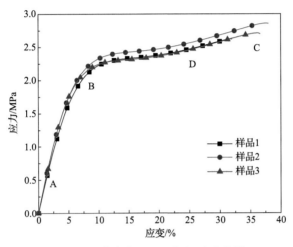

图 4-1-8　应变率 33%/s 应力-应变曲线

图 4-1-9 为推进剂在不同应变率下单轴拉伸试验的应力-应变对比曲线，表 4-1-1 为不同应变率下推进剂拉伸试验具体性能参数。

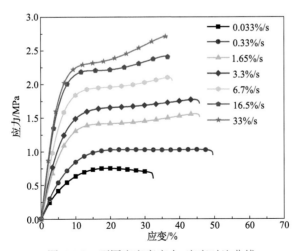

图 4-1-9　不同应变率应力-应变对比曲线

表 4-1-1　不同应变率推进剂拉伸试验具体性能参数

应变率/(%/s)	初始模量/MPa	屈服强度/MPa	屈服应变/%	强化强度/MPa	强化应变/%	断裂强度/MPa	断裂伸长率/%
0.033	6.479	0.558	6.348	—	—	0.681	33.28
0.33	11.61	0.801	6.269	—	—	0.997	45.92
1.65	20.16	1.086	6.112	1.453	28.79	1.539	43.62
3.3	28.02	1.189	6.218	1.679	28.38	1.758	43.66
6.7	30.19	1.494	6.310	1.767	26.32	2.016	41.02
16.5	41.09	1.758	5.976	2.243	22.87	2.334	38.43
33	44.87	1.833	5.901	2.450	21.96	2.619	31.94

第一，随应变率增加，初始模量、屈服强度、应变强化点强度(强化强度)及断裂强度逐渐增加，说明初始模量和各阶段强度受应变率影响较大。这是因为改性双基推进剂装药内部由大量的硝化纤维高分子网络构成，其受力变形除受分子链的作用外，还有分子间作用力及氢键等。在小变形范围内，分子间作用力和氢键是主要承载因素。当分子间作用力和氢键被破坏时，推进剂内部会产生一定量的微裂纹。当应变率较低时，裂纹传播速度较快，导致推进剂在短时间内发生破坏，此时推进剂的强度较低；当应变率较高时，裂纹传播速度较慢，导致推进剂经历一定时间后发生破坏，此时推进剂的强度较高。因此，出现了随应变率的增大，推进剂初始模量、强度等不断增大的现象。

第二，屈服应变基本不随应变率改变，维持在 5.9%~6.4%，说明屈服应变与应变率关系不大。这是因为屈服应变是指材料发生塑性变形时对应的应变，无论应变率多大，当应变达到推进剂塑性变形点所对应的应变时，材料就会发生屈服，故屈服应变不会随应变率发生较大改变。

第三，应变强化点应变(强化应变)逐渐变小，这是因为随着应变率的增加，所需屈服时间较短，推进剂内部产生的能量相对较少，当其进入屈服阶段时，材料内部散发出热量所需时间较短，应变强化阶段出现较快，即应变强化点对应应变较小。

第四，断裂伸长率随应变率增大先增大再减小，推断这是因为在不同的应变率下，推进剂的断裂方式不同。

4. 力学性能温度相关性分析

不同温度下改性双基推进剂单轴拉伸试验试件及其拉断后试件的整体形貌与本小节的试验方法及数据处理中一致，试件的断面基本垂直于拉伸方向，说明该推进剂在不同温度下的单轴拉伸试验破坏准则也遵循正应力准则。

图 4-1-10~图 4-1-13 为–55℃、–20℃、20℃、50℃四个温度点的单轴拉伸试验结果，每个温度点进行了三组试验。从图中可以发现，每个温度点的三组试验

曲线基本趋势相同。温度较低时，初始模量基本相同，但由于此时部分力学试件内部存在的缺陷对材料力学性能影响较大，最终的断裂强度和断裂伸长率略有差异。随着温度的升高，每个温度点的力学试验结果一致性逐渐变好，材料参数比较接近。

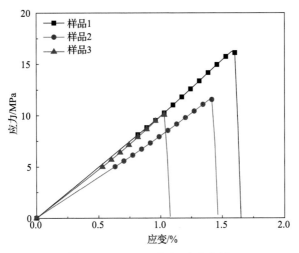

图 4-1-10　-55℃应力-应变曲线

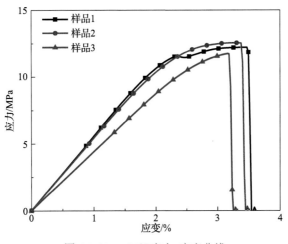

图 4-1-11　-20℃应力-应变曲线

由图 4-1-10 可以发现，相比于固体推进剂典型应力-应变曲线，-55℃下固体推进剂的应力-应变曲线只存在弹性应变主导阶段与塑性流动阶段，不存在屈服阶段与应变强化主导阶段。这是因为在低温下，固体推进剂表现为硬而脆的力学特性，分子链及其链段的运动处于"冻结"的状态，链段仅通过内旋转改变其构象，只能在固定位置作热振动，此时的应力-应变关系较为单一，推进剂不能表现出屈

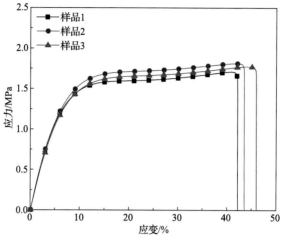

图 4-1-12　20℃应力-应变曲线

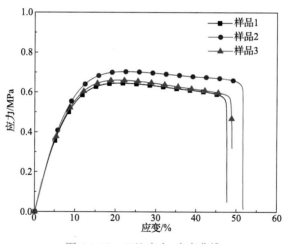

图 4-1-13　50℃应力-应变曲线

服现象，而且此时推进剂的断裂伸长率很小。

　　当温度升高至–20℃左右时，如图 4-1-11 所示，推进剂的应力-应变曲线出现了屈服阶段。这是因为此时推进剂分子链段热运动的幅值相比–55℃而言逐渐变大，分子的链段之间受彼此间的作用出现了一定的松动。由于热振动的加剧，分子间的自由体积不断增大，链段开始由短程的扩散运动变为自由位移。此时的自由容积还不够大，导致分子链整体的运动依然不可能，断裂伸长率依然较小。

　　当温度升至 20℃附近时，如图 4-1-12 所示，曲线的整体趋势与典型应力-应变曲线基本一致。与图 4-1-11 不同的是，推进剂在发生屈服后，随应变增大，出现了应变强化主导阶段，即推进剂在屈服后没有直接发生断裂，而是随应变增大，强度突然增大。这是因为推进剂作为一种典型的黏弹性材料，在其疲劳过程中，应变会滞后于应力，形成滞回环，这种滞回环会消耗一定的机械功，转变成热能耗散于周围环境，同时材料在疲劳过程中不断有新的损伤出现，形成新的脱黏面，消耗部分能量。当环境温度较低时，推进剂屈服产生的热量能够有效且及时地散去，而不至于使推进剂的温度有明显的上升。当环境温度较高时，试验时间较短，推进剂内部缺乏有意义的热传递，使得推进剂本身温度升高，间接地减弱了应变强化过程。随应变的进一步增加，时间增长，由于热量散失及新的脱黏面形成，推进剂本身的温度下降，材料又恢复到应变强化占主导的变形。这一过程导致了如图 4-1-12 和图 4-1-13 所示的应变强化呈现双线性的过程。

图 4-1-14 为推进剂在不同温度下单轴拉伸试验的应力-应变对比曲线，表 4-1-2 为不同应变率下推进剂拉伸试验具体性能参数，其中，在-40℃及以下不存在屈服阶段。

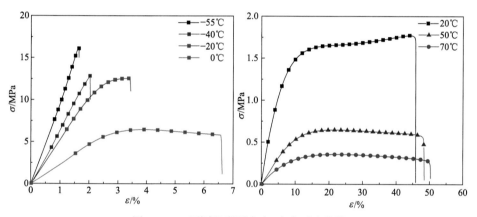

图 4-1-14　不同温度下应力-应变对比曲线

表 4-1-2　不同应变率推进剂拉伸试验具体性能参数

温度/℃	初始模量/MPa	屈服强度/MPa	屈服应变/%	断裂强度/MPa	断裂伸长率/%
−55	1009	—	—	16.35	1.622
−40	634.1	—	—	12.75	2.014
−20	529.2	11.47	2.381	12.50	3.393
0	234.2	6.033	2.916	4.806	6.555
20	28.02	1.189	6.218	1.758	43.16
50	6.526	0.5467	10.48	0.5603	47.78
70	4.437	0.2841	9.316	0.2609	49.78

从图 4-1-14 和表 4-1-2 中可以发现：

第一，随温度升高，推进剂初始模量、屈服强度及断裂强度逐渐降低，说明推进剂的初始模量和各阶段强度受温度影响较大。这是因为改性双基推进剂作为一种复合材料,其内部存在大量大分子链段,随温度的升高,大分子链段的热运动加剧,松弛过程较快,表现出材料的初始模量和强度下降。

第二,随温度升高,推进剂断裂伸长率逐渐升高,在−20～20℃断裂伸长率变化较大。这是因为在温度逐渐升高的过程中,推进剂内部大分子的运动逐渐加剧,推进剂由硬而脆的材料转变为硬而韧的材料,最后转变为软而韧的材料。从力学状态角度可以理解为,推进剂从玻璃态转变为黏弹态,再转变为黏流态。当温度低于−40℃时,推进剂几乎处于玻璃态,力学行为主要表现为线黏弹性,断裂伸长率较低;在−40～50℃,推进剂主要表现为黏弹塑性,其断裂伸长率较温度低于−40℃时有了一定量的增长;在温度高于 50℃之后,推进剂主要表现为黏塑性,推进剂的断裂伸长率基本没有大的变化。

4.1.2 改性双基推进剂力学性能优化

经微观力学性能及细观力学性能研究可知,在固含量相对固定的情况下,影响改性双基推进剂材料力学性能的主要因素如下:基体材料的微观组成及力学性能(NC 体系、功能助剂等)、颗粒的粒度及级配、颗粒/基体界面力学性能等;同时,工程经验表明推进剂的固化参数也是影响推进剂力学性能的因素之一。因此,本小节将从以上因素出发,对推进剂的力学性能进行优化研究,为推进剂配方的确定提供试验依据。

1. 不同种类的 NC 对改性双基推进剂力学性能的影响

在理论计算基础上制备了不同含氮量的 NC 球形药(1#NC 含氮量 13.13%;2#NC 含氮量 12.13%;3#NC 含氮量 11.98%)以及 3#NC/NG 双基球形药,并研究了它们对推进剂力学性能影响。

以含25%的 3#NC 球形药的改性双基推进剂配方为基础,其他组分含量不变,分别以 1#NC 球形药、2#NC 球形药和双基球形药部分取代 3#NC 球形药,研究 1#NC、2#NC 和双基球形药含量对改性双基推进剂力学性能的影响,其结果分别见表 4-1-3、表 4-1-4 和表 4-1-5。在不加说明的情况下,本小节所述的抗拉强度 σ_m 及断裂伸长率 ε_m 含义为采用哑铃形标准试件在 100mm/min 拉伸速度下测得的应力-应变曲线上应力最大值及断裂伸长率。

表 4-1-3 1#NC 含量对改性双基推进剂力学性能的影响

1#NC 含量/%	20℃		50℃	
	σ_m /MPa	ε_m /%	σ_m /MPa	ε_m /%
0	0.71	15.66	0.28	17.26

续表

1#NC 含量/%	20℃		50℃	
	σ_m /MPa	ε_m /%	σ_m /MPa	ε_m /%
2	0.82	15.48	0.29	16.79
4	0.83	14.00	0.29	16.92
6	0.84	13.76	0.31	16.26
8	0.86	12.30	0.31	15.82
10	0.84	12.14	0.30	13.58

由表 4-1-3 可知，随着 1#NC 球形药取代 3#NC 球形药的量增加，改性双基推进剂常温和高温(20℃和 50℃)的抗拉强度 σ_m 增大，断裂伸长率 ε_m 减小；当 1#NC 球形药取代 3#NC 球形药的量超过 8%时，推进剂常温和高温的抗拉强度减小，断裂伸长率继续减小[43]。

表 4-1-4　2#NC 含量对改性双基推进剂力学性能的影响

2#NC 含量/%	20℃		50℃	
	σ_m /MPa	ε_m /%	σ_m /MPa	ε_m /%
0	0.71	15.66	0.28	17.26
2	0.72	16.14	0.29	18.00
4	0.73	16.28	0.31	20.37
6	0.71	16.19	0.30	18.85
8	0.69	15.83	0.29	18.52
10	0.63	15.37	0.28	18.36

由表 4-1-4 可知，随 2#NC 球形药取代 3#NC 球形药的比例增加，改性双基推进剂常温和高温(20℃和 50℃)的抗拉强度 σ_m 和断裂伸长率 ε_m 在一定范围内增大；当 2#NC 球形药取代 3#NC 球形药的含量超过 4%时，推进剂的抗拉强度 σ_m 和断裂伸长率 ε_m 反而减小，说明在浇铸改性双基推进剂中添加适量的 1#NC 球形药和 2#NC 球形药均有助于提高浇铸改性双基推进剂抗拉强度。

表 4-1-5　双基球形药含量对改性双基推进剂力学性能的影响

双基球形药含量/%	20℃		50℃	
	σ_m /MPa	ε_m /%	σ_m /MPa	ε_m /%
0	0.71	15.66	0.28	17.26
2	1.11	19.42	0.28	28.76
4	1.34	23.91	0.30	30.18

续表

双基球形药含量/%	20℃		50℃	
	σ_m /MPa	ε_m /%	σ_m /MPa	ε_m /%
6	1.11	22.60	0.288	29.84
8	1.00	22.37	0.29	28.38
10	0.98	22.05	0.27	28.17

从表 4-1-5 可知,随着双基球形药取代 3#NC 球形药的比例增加,低 NC 含量改性双基推进剂的常温和高温(20℃和 50℃)的抗拉强度 σ_m 和断裂伸长率 ε_m 均在一定范围内增大。当双基球形药含量为 4%时,改性双基推进剂的常温、高温的抗拉强度和断裂伸长率分别达到最大值。继续增加双基球形药的含量,推进剂的常温和高温的抗拉强度和断裂伸长率反而减小。上述结果表明,在改性双基推进剂中,添加适量的双基球形药也有利于提高推进剂的抗拉强度和断裂伸长率[44]。

2. 功能助剂对 CMDB 推进剂力学性能的影响

以含 25%的 3#NC 球形药的 CMDB 推进剂配方为基础,其他组分含量不变,研究增塑剂种类对 CMDB 推进剂的力学性能影响,其结果见表 4-1-6。

表 4-1-6　增塑剂种类对浇铸高能 CMDB 推进剂力学性能影响

增塑剂	20℃		50℃	
	σ_m /MPa	ε_m /%	σ_m /MPa	ε_m /%
—	0.71	15.66	0.28	17.26
DOP	0.91	20.89	0.32	25.88
DEP	0.90	20.57	0.32	25.77
TBC	0.89	20.58	0.33	25.34
TEC	0.95	22.49	0.36	27.18
TEBC	1.02	23.85	0.39	29.21

注:TBC 为柠檬酸三丁酯,TEC 为柠檬酸三乙酯,TEBC 为柠檬酸-1,2-二丁酯-3-乙酯,DOP 为邻苯二甲酸二辛酯。

从表 4-1-6 可见,DOP、DEP、TBC、TEC、TEBC 对改性双基推进剂有显著的增塑作用,体现在高低温抗拉强度及断裂伸长率的增加。与含 1%DOP 或 1%DEP 的 CMDB 推进剂相比,含 1%TBC 的 CMDB 推进剂在常温和高温(20℃和 50℃)的抗拉强度 σ_m 变化不大,断裂伸长率 ε_m 也与含 1%DOP 及 1%DEP 的推进剂大致相当。这表明与 DOP、DEP 相比,用少量 TBC 替代 DOP、DEP 对高能少烟推进剂力学性能的影响不大。用少量 TEC 或 TEBC 替代 DOP、DEP 对推进剂力学

性能有较大的影响，含 TEC 或 TEBC 的推进剂常温(20℃)的抗拉强度分别从含
DOP 或 DEP 的推进剂的 0.90MPa 左右，提高到了 0.95MPa、1.02MPa，高温抗拉
强度(50℃)也从 0.32MPa 分别提高到了 0.36MPa、0.39MPa，此外，断裂伸长率 ε_m
也有提高。

上述结果表明，TBC 对 NC 塑化的能力与 DOP、DEP 对 NC 塑化的能力相当，
而 TEC 和 TEBC 对 NC 塑化的能力比 DOP、DEP 强；在低 NC 含量的 CMDB 推
进剂中，可以使用 TEC 和 TEBC 提高其抗拉强度。TEC 和 TEBC 对 CMDB 推进
剂的黏合剂 NC 有较强的增塑性。进一步研究了柠檬酸酯(TEC 或 TEBC)部分替
代 NG 对 CMDB 推进剂力学性能的影响，其结果见表 4-1-7。

表 4-1-7　TEC 或 TEBC 含量对浇铸高能少烟推进剂力学性能影响

柠檬酸酯	柠檬酸酯含量/%	NG 含量/%	20℃		50℃	
			σ_m /MPa	ε_m /%	σ_m /MPa	ε_m /%
—	0	30	0.71	15.66	0.28	17.26
TEC	1	29	0.95	22.49	0.36	27.18
TEC	2	28	1.06	23.81	0.38	28.29
TEC	4	27	1.00	24.45	0.35	27.24
TEBC	1	29	1.02	23.85	0.39	29.21
TEBC	2	28	1.14	25.15	0.41	30.61
TEBC	4	27	1.03	26.01	0.39	31.19

从表 4-1-7 可见，用 0%~2%的 TEC 或 TEBC 部分替代 NG，CMDB 推进剂
常温(20℃)和高温(50℃)的抗拉强度及断裂伸长率 ε_m 均增大。TEC 或 TEBC 替代
NG 的质量分数大于 2%时，推进剂常温和高温抗拉强度 σ_m 及其断裂伸长率 ε_m 反
而减小。以上表明，用适量的 TEC 或 TEBC 部分替代浇铸 CMDB 推进剂中的 NG，
可以提高其抗拉强度和断裂伸长率。

上述研究结果表明，绿色增塑剂柠檬酸三丁酯(TBC)、柠檬酸三乙酯(TEC)及
柠檬酸-1,2-二丁酯-3-乙酯(TEBC)与低 NC 含量 CMDB 推进剂的组分相容，且与
其黏合剂 NC/NG 可混溶，能应用于低 NC 含量 CMDB 推进剂中。以适量的 TEC
或 TEBC 部分替代低 NC 含量 CMDB 推进剂配方中的 NG，均可提高其常温(20℃)
和高温(50℃)抗拉强度和断裂伸长率，且 TEBC 改善推进剂高温力学性能的效果
强于 TEC。

3. 颗粒表面改性对 CMDB 推进剂力学性能的影响

在推进剂配方中加入大量的固体填料后，在满足能量要求的同时，也会带来

推进剂力学性能降低的问题。这是因为固体填料颗粒表面与改性双基推进剂配方中的黏合剂界面结合效果较差，容易产生类似"脱湿"现象，是推进剂力学性能的薄弱环节，因此增强固体填料颗粒与黏合剂之间的界面黏结强度是提高改性双基推进剂力学性能的技术途径之一。通过模拟研究可发现，体现改性双基推进剂力学强度的是其黏合剂组分硝化纤维素(NC)。因此，如何实现 NC 塑化完全、NC/NC 和 NC/HMX 之间的有效结合，是提高推进剂力学强度的关键。

采取溶解和非溶解法开展了 HMX 表面的改性技术研究，产生一种具有核-壳结构的复合物，通过工艺参数优化等研究，研制出粒度分布合理、应用效果良好的表面改性的 HMX 颗粒(含 NC 涂覆 HMX)，如图 4-1-15～图 4-1-17 所示。

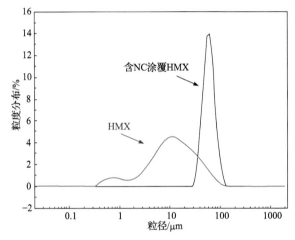

图 4-1-15　改性 HMX 粒度分布图

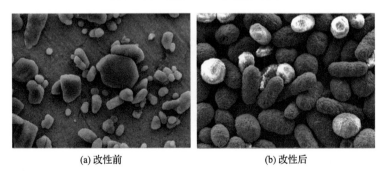

(a) 改性前　　　　　　　　　　　(b) 改性后

图 4-1-16　HMX 改性前后对比图

以含 25%的 3#NC 球形药，HMX 颗粒质量分数为 38%(体积分数 34%)的推进剂配方为基础，进行了含 HMX 及含 NC 涂覆 HMX 推进剂的制备。

通过扫描电镜对含 HMX 推进剂断面及含 NC 涂覆 HMX 推进剂断面进行形貌观察可以看出，推进剂固化后含 HMX 推进剂断面上固体氧化剂颗粒清晰可见，

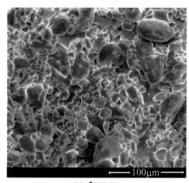
(a) 含HMX

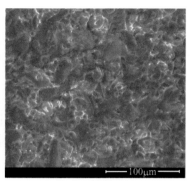
(b) 含NC涂覆HMX

图 4-1-17 推进剂断面形貌扫描电镜图

镶嵌于硝化纤维素黏合剂体系中，连续性较差，推进剂的抗拉强度较低；含 NC 涂覆 HMX 推进剂断面结构更加密实，黏合剂体系已将固体颗粒物包裹，连续性较好，体系的自由体积减小，从断裂面看，推进剂组分结构间变得密实，只能观察到部分颗粒物，其抗拉模量较高，宏观上表现为推进剂抗拉强度高[45]。通过试验可知，经过表面处理的硝胺炸药应用到 CMDB 推进剂中能够提高推进剂的高温 (50℃)抗拉强度 20%以上，同时推进剂的低温(−40℃)断裂伸长率也能提高 13%以上，如表 4-1-8 所示。

表 4-1-8 表面改性的 HMX 对推进剂力学性能的影响

推进剂配方	50℃		−40℃	
	σ_m /MPa	ε_m /%	σ_m /MPa	ε_m /%
HMX-改性双基推进剂	0.42	32.66	10.3	2.03
改性 HMX-改性双基推进剂	0.52	45.78	12.1	2.30

4. HMX 粒径对推进剂力学性能的影响

以含 25%的 3#NC 球形药，HMX 颗粒质量分数为 38%(体积分数 34%)的推进剂配方为基础，进行了含不同粒径 HMX 推进剂的制备，并研究了不同粒径 HMX 情况的力学性能，见表 4-1-9 所示。

表 4-1-9 不同粒径的 HMX 对推进剂力学性能的影响

HMX 粒径/μm	50℃		20℃		−40℃	
	σ_m /MPa	ε_m /%	σ_m /MPa	ε_m /%	σ_m /MPa	ε_m /%
63.27	0.35	27.88	1.03	23.62	12.45	2.11
21.35	0.42	31.54	1.08	26.28	16.14	2.76
7.74	0.44	34.60	1.28	28.65	18.92	2.92

由表 4-1-9 可以看出，随着颗粒粒径的降低，推进剂的断裂伸长率及抗拉强度呈明显的上升趋势，这一规律与细观有限元法得到的规律一致。由此说明，通过调节推进剂中颗粒的粒径可以对推进剂的抗拉强度及断裂伸长率进行调节。

5. 固化参数对推进剂力学性能的影响

改性双基推进剂的固化属于物理固化，是线性高分子化合物在溶剂和温度作用下溶胀塑化的一个过程。影响固化质量的因素主要为固化温度和固化时间。

以三天时间为标准，以含 25% 的 3#NC 球形药的推进剂配方为基础，对不同固化温度下推进剂的常温力学性能进行了测试，见表 4-1-10。由表可以看出，随着固化温度的升高，推进剂断裂伸长率和抗拉强度均呈先上升后下降的规律。根据现有的技术积累与 20℃ 下的力学性能试验数据，当固化温度为 72℃ 时，推进剂的综合力学性能最佳。

表 4-1-10   不同固化温度对推进剂力学性能的影响

68℃		72℃		75℃	
σ_m /MPa	ε_m /%	σ_m /MPa	ε_m /%	σ_m /MPa	ε_m /%
0.76	15.75	0.89	18.33	0.84	16.13

表 4-1-11 为不同固化时间对推进剂力学性能的影响。固化时间影响推进剂的力学性能，随着固化时间的增长，推进剂固化完全，强度提高。在高温下固化时间太长，硝化纤维素大分子开始断链分解，推进剂力学性能又开始下降。在同一温度条件下，推进剂抗拉强度和断裂伸长率随着贮存时间的延长而发生明显的变化。

表 4-1-11   不同固化时间对推进剂力学性能的影响

固化时间/h	50℃		20℃		−40℃	
	σ_m /MPa	ε_m /%	σ_m /MPa	ε_m /%	σ_m /MPa	ε_m /%
24	0.47	22.60	0.77	16.52	9.70	1.55
48	0.49	23.72	0.78	17.42	12.62	1.92
72	0.56	26.06	0.89	18.33	14.70	2.16
96	0.53	25.50	0.78	18.52	13.75	2.04

当开始固化时，推进剂塑溶固化过程开始进行，推进剂的抗拉强度提高，固化达到一定的时间后，硝化甘油混合溶剂对硝化纤维素大分子的溶胀达到平衡，推进剂强度的增加也就会平缓。当固化时间过长时，推进剂中硝化甘油及硝化纤维素大分子开始缓慢分解，高聚物分子链开始断裂，因此其强度反而会降低。根据现有的技术积累与不同固化时间推进剂的力学性能试验数据，当固化时间定为 72h 时，推进剂的综合力学性能最佳。

通过扫描电镜对不同固化时间的推进剂断面进行形貌观察，结果如图 4-1-18 所示，从图中可以看出，推进剂固化 24h 后断裂面上固体氧化剂颗粒清晰可见，镶嵌于硝化纤维素黏合剂体系中，连续性较差，推进剂的抗拉强度较低；经过 48h 固化试验后，推进剂中黏合剂与增塑剂进一步塑化溶胀，从断裂面看，推进剂组分结构间变得密实，只能观察到部分颗粒物，其抗拉模量较高，宏观上表现为推进剂抗拉强度高；经过 72h 固化试验后，推进剂断裂面结构更加密实，黏合剂体系已将固体颗粒物包裹，连续性较好，体系的自由体积减小，推进剂固化更加完全。

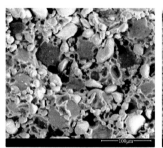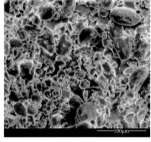

(a) 70℃, 固化 24h　　　　　(b) 70℃, 固化48h　　　　　(c) 70℃,固化72h

图 4-1-18　不同固化时间推进剂断裂面扫描电镜图

4.2　组合装药界面力学性能

4.2.1　改性双基推进剂配方

1. 基础配方

选择发射级的力学性能为基础，试验考察了不同推进剂组分变化与之组合对推进剂界面力学性能的影响，发射级推进剂的配方组成和力学性能分别如表 4-2-1 和表 4-2-2 所示。

表 4-2-1　改性双基推进剂基础配方组成

成分	NG	NC	炭黑	RDX	安定剂	其他	催化剂
质量分数/%	30~35	22~30	0.5	25~32	1.0~1.5	2.0~4.0	3.5

表 4-2-2　发射级推进剂力学性能

固化时间/h	50℃		20℃		−40℃	
	σ_m /MPa	ε_m /%	σ_m /MPa	ε_m /%	σ_m /MPa	ε_m /%
72	0.450	23.067	2.302	15.867	17.627	2.769

2. 试验讨论

通过改变推进剂中组分的变化，与发射级制成组合推进剂力学性能样品，测试了组分变化对推进剂界面性能的影响，其结果如表 4-2-3 和表 4-2-4 所示。

表 4-2-3　推进剂组分变化的推进剂配方(以质量分数计)　(单位：%)

组分	配方 1	配方 2	配方 3	配方 4	配方 5	配方 6
NG	33	33	16.5	33	33	33
NC	25.5	25.5	—	—	26.3	32.5
HMX	—	30.7	—	—	—	—
RDX	30.7	—	30.7	26.7	29.9	23.7
安定剂	1.8	1.8	1.8	1.8	1.8	1.8
催化剂及炭黑	4.0	4.0	—	—	4.0	4.0
其他	5	5	5	5	5	5
增塑剂	—	—	16.5	—	—	—
Al	—	—	—	4	—	—

表 4-2-4　组分变化对组合装药界面力学性能的影响

配方	50℃		20℃		−40℃	
	σ_m /MPa	ε_m /%	σ_m /MPa	ε_m /%	σ_m /MPa	ε_m /%
1	0.463	25.9	3.07	9.36	16.5	2.45
2	0.443	21.9	2.62	8.29	14.3	2.43
3	0.316	15.300	1.820	12.10	14.0	2.46
4	0.464	22.333	1.833	20.143	16.386	2.257
5	0.473	22.8	2.810	8.43	17.0	2.26
6	0.577	22.933	3.589	7.252	18.042	2.431

根据表 4-2-4 中的数据，配方 1 和配方 2 比较可以看出，填料种类的不同，对推进剂的界面力学性能基本没有影响；从配方 1 和配方 3 比较可以看出，推进剂的抗拉强度降低，高温断裂伸长率也有所降低，这说明增塑剂对力学性能影响很大，其主要原因是增塑剂对 NC 的塑化能力减弱了，NC 球未完全塑化，没有形成完整的网络骨架结构；对比配方 1、配方 5 和配方 6 可以看出，随着 NC 含量增加，推进剂的强度有所增加，这说明 NC 含量的增加使得推进剂的网络骨架增多，装药界面力学性能变好。

4.2.2　改性双基推进剂组合方式对界面性能的影响

1. 研究目的

改性双基推进剂成型工艺有浇铸工艺、螺旋压伸工艺(简称"螺压工艺")、粒铸工艺,在组合方式上可采用浇铸工艺与粒铸工艺组合、浇铸工艺与螺压工艺组合、浇铸工艺与浇铸工艺组合。本部分主要研究不同工艺组合方式对装药界面力学性能的影响。

2. 浇铸工艺与粒铸工艺组合

1) 推进剂制样

为考察改性双基推进剂浇铸工艺和粒铸工艺组合装药界面区(域)推进剂力学性能,制备单配方推进剂及浇铸 D-粒铸 1、浇铸 D-粒铸 2、浇铸 D-粒铸 3 这三组组合装药。组合装药的制备工艺如下:采用粒铸工艺先制备一种推进剂,70℃预固化一天后,将其端面用砂纸打磨,然后采用浇铸工艺浇铸上另一种推进剂,70℃固化三天后脱模得到组合药柱。

2) 性能测试

(1) 力学性能测试。

将单配方浇铸推进剂、粒铸推进剂及组合装药界面区推进剂分别切成 10mm×25mm×120mm 的拉伸试件,组合药柱界面处于试件中部。依据《火药试验方法》(GJB 770B—2005)中的方法 413.1,采用 Instron4505 材料拉伸机进行了初温为 20℃、50℃和–40℃条件下的拉伸试验,拉伸速度为 100mm/min。分别测定了两种推进剂及组合装药界面区推进剂不同初温下的最大抗拉强度(σ_m)和最大断裂伸长率(ε_m),测试结果如表 4-2-5 所示。

表 4-2-5　浇铸–粒铸组合装药单配方及界面区推进剂力学性能

配方	σ_m /MPa			ε_m /%		
	20℃	50℃	–40℃	20℃	50℃	–40℃
浇铸 D	2.30	0.45	17.63	15.88	23.07	2.77
粒铸 1	4.43	0.70	21.40	42.43	66.00	3.10
粒铸 2	3.60	0.82	27.90	42.10	47.70	2.80
粒铸 3	3.48	0.72	26.00	50.60	53.10	3.01
浇铸 D-粒铸 1	4.51	1.04	16.90	38.50	64.10	3.00
浇铸 D-粒铸 2	3.47	0.51	19.00	47.00	48.30	2.45
浇铸 D-粒铸 3	3.32	0.52	20.40	38.10	43.30	2.72

　　从表 4-2-5 的数据可以看出，界面区域推进剂的最大抗拉强度和最大断裂伸长率基本可以达到或超过组合中强度较低的一种推进剂的水平。在拉伸试验中，断裂发生在界面处或近界面处。

　　(2) 断面型面测试。

　　通过扫描电镜和元素分析，发现界面处的断面上粘有一薄层浇铸推进剂，见图 4-2-1、表 4-2-6。说明断裂应该是在抗拉强度较低的一方(即浇铸推进剂)。力学性能测试数据和断裂现象说明浇铸工艺和粒铸工艺组合的装药界面可以获得较好的黏结效果。

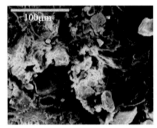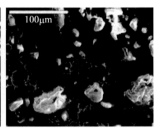

图 4-2-1　样品拉伸断面形貌扫描电镜图

表 4-2-6　粒铸、浇铸及其组合装药样品拉伸断裂面元素分析数据

样品	$w(C)/\%$	$w(N)/\%$	$w(O)/\%$	$w(Al)/\%$	$w(Cu)/\%$	$w(Pb)/\%$
粒铸	12.64	30.96	49.90	1.64	0.82	3.71
浇铸	12.07	34.53	48.23	3.93	0.49	0.64
粒铸-浇铸组合	10.19	33.02	50.69	5.23	0.48	0.59

注：$w(i)$ 表示元素 i 的质量分数。

3) 分析讨论

　　为研究组合装药中单配方推进剂的力学性能参数对界面区域推进剂力学性能的影响，以单配方推进剂的 $\sigma_{m,i}$(其中，$\sigma_{m,J}$ 表示浇铸工艺推进剂的最大抗拉强度，$\sigma_{m,L}$ 表示粒铸工艺推进剂的最大抗拉强度)为自变量，以界面区域推进剂的 σ_m 为因变量，采用线性回归法得到 σ_m 和 ε_m 的回归方程如表 4-2-7 中式(4-2-1)~式(4-2-6)所示。

表 4-2-7　浇铸-粒铸组合 σ_m - $\sigma_{m,i}$ 和 ε_m - $\varepsilon_{m,i}$ 回归方程

公式编号	回归方程	测试温度/℃	相关系数 R	剩余标准差 s
(4-2-1)	$\sigma_m = -1.060 + 1.258\sigma_{m,L}$	20	1	0
(4-2-2)	$\sigma_m = 2.829 - 2.872\sigma_{m,L}$	50	0.634	0.111

续表

公式编号	回归方程	测试温度/℃	相关系数 R	剩余标准差 s
(4-2-3)	$\sigma_m = 8.628 + 0.404\sigma_{m,L}$	−40	0.767	0.555
(4-2-4)	$\varepsilon_m = 0.677 - 0.587\varepsilon_{m,L}$	20	0.563	0.003
(4-2-5)	$\varepsilon_m = -0.037 + 1.000\varepsilon_{m,L}$	50	0.866	0.006
(4-2-6)	$\varepsilon_m = -0.024 + 1.729\varepsilon_{m,L}$	−40	0.973	0.002

式(4-2-1)~式(4-2-6)中不包含浇铸工艺推进剂的相关参数，因为在本组研究的浇铸-粒铸组合装药中，浇铸工艺推进剂的配方固定，浇铸工艺推进剂对应的 $\sigma_{m,J}$、$\varepsilon_{m,J}$ 等参数固定不变，在回归方程中无法以变量的形式体现，方程中只包含粒铸工艺推进剂对应的变量。回归方程只能反映粒铸工艺推进剂的相关力学参数对界面区域推进剂力学性能的影响，而事实上组合装药中的两种推进剂对界面区域的力学性能均有影响，因此部分方程的回归效果一般，表现在其相关系数小于 1。

进一步研究了组合装药中单配方推进剂的主要组分 NG、NC、RDX 等含量对界面区域推进剂力学性能的影响。以单配方推进剂中变化的组分(只有粒铸推进剂中的 NG 和 NC)含量为自变量(记作 $X_{NG,L}$ 和 $X_{NC,L}$)，以界面区域推进剂的 σ_m 和 ε_m 为因变量，采用线性回归法得到的回归方程如表 4-2-8 中式(4-2-7)~式(4-2-12)所示。

表 4-2-8　浇铸-粒铸组合 σ_m - X_i 和 ε_m - X_i 回归方程

公式编号	回归方程	测试温度/℃	相关系数 R	剩余标准差 s
(4-2-7)	$\sigma_m = 25.539 - 50.070X_{NG,L} - 38.512X_{NC,L}$	20	1	0
(4-2-8)	$\sigma_m = 10.833 - 24.081X_{NG,L} - 17.289X_{NC,L}$	50	1	0
(4-2-9)	$\sigma_m = -37.803 + 120.351X_{NG,L} + 108.561X_{NC,L}$	−40	1	0
(4-2-10)	$\varepsilon_m = -0.204 + 2.316X_{NG,L} + 0.305X_{NC,L}$	20	1	0
(4-2-11)	$\varepsilon_m = 4.139 - 8.084X_{NG,L} - 6.615X_{NC,L}$	50	1	0
(4-2-12)	$\varepsilon_m = 0.102 - 0.204X_{NG,L} - 0.106X_{NC,L}$	−40	1	0

式(4-2-7)~式(4-2-12)中的自变量只有 $X_{NG,L}$ 和 $X_{NC,L}$，是因为其他的组分含量在本研究中没有变化，无法以自变量的形式体现。从式(4-2-7)~式(4-2-12)可以看出，$X_{NG,L}$ 的系数绝对值较大，说明在本研究所涉及的推进剂配方范围内，粒铸工艺推进剂中 NG 含量对组合装药界面区域推进剂力学性能的影响最为显著。

3. 浇铸工艺与螺压工艺组合

1) 试验设计

浇铸工艺推进剂与螺压工艺推进剂的组合是采用黏结的组合方式。一般在组合前，螺压工艺推进剂需要进行表面处理。

为考察表面处理工艺改变时，改性双基推进剂浇铸工艺和螺压工艺组合装药界面区推进剂力学性能，寻求较佳的组合装药界面区表面处理工艺，固定组合中单一推进剂的配方，对螺压后制得推进剂药柱的端面进行不同的表面处理，再浇铸另一种推进剂，70℃固化三天后脱模得到组合药柱。

研究中所考察的表面处理工艺包括：表面不处理、表面上钻孔(包括 5 个和 6 个圆孔)、表面用砂纸打磨处理等。

2) 性能测试

(1) 力学性能测试。

采用与前文一致的测试条件，测得单配方推进剂和界面区域推进剂的常温(20℃)、高温(50℃)、低温(−40℃)单向拉伸力学性能数据如表 4-2-9 所示。从表 4-2-9 中的数据可以看出，螺压推进剂表面不处理时，组合装药界面区域推进剂的最大抗拉强度和最大断裂伸长率均低于表面进行了处理的组合装药，且低于组合中强度较低的一种推进剂，不能满足使用要求，说明对于浇铸-螺压组合装药，应该对螺压推进剂的表面进行一定的处理。几种表面处理方式制得组合装药的界面区域推进剂力学性能基本相当，从降低工艺难度，提高工作效率的角度出发，采用打磨处理即可满足要求。

表 4-2-9　浇铸-螺压组合装药单配方及界面区推进剂力学性能(不同表面处理工艺)

配方及表面处理类型	σ_m /MPa			ε_m /%		
	20℃	50℃	−40℃	20℃	50℃	−40℃
浇铸 D	3.59	0.58	18.04	7.25	22.93	2.43
螺压 1	8.19	1.28	39.00	22.20	36.40	3.66
表面不处理	3.31	0.53	16.69	3.71	11.51	1.61
5 圆孔	3.49	0.59	18.14	5.06	17.53	2.59
6 圆孔	3.84	0.57	13.26	4.69	12.70	1.73
打磨处理	3.90	0.69	11.43	7.25	15.25	2.33

为考察推进剂配方改变时，改性双基推进剂浇铸工艺和螺压工艺组合装药界面区推进剂力学性能，制备单配方推进剂及浇铸 B-螺压 1、浇铸 B-螺压 2、浇铸 D-螺压 1 三组合装药。组合装药的制备工艺如下：采用螺压工艺先制备一种推

进剂，将其端面用砂纸打磨处理，然后采用浇铸工艺浇铸上另一种推进剂，70℃固化三天后脱模得到组合药柱。采用与前文一致的测试条件，分别测试了两种推进剂及组合装药界面区推进剂不同初温下的最大抗拉强度(σ_m)和最大断裂伸长率(ε_m)，测试结果如表 4-2-10 所示。

表 4-2-10　浇铸-螺压组合装药单配方及界面区推进剂力学性能(不同配方)

配方	σ_m /MPa			ε_m /%		
	20℃	50℃	−40℃	20℃	50℃	−40℃
浇铸 B	2.78	0.49	13.80	8.34	19.50	1.58
浇铸 D	3.59	0.58	18.04	7.25	22.93	2.43
螺压 1	8.19	1.28	39.00	22.20	36.40	3.66
螺压 2	13.95	3.11	36.11	10.09	32.90	2.87
浇铸 D-螺压 1	3.90	0.69	11.43	7.25	15.25	2.33
浇铸 B-螺压 1	2.58	0.51	15.48	14.32	17.73	2.24
浇铸 B-螺压 2	3.72	0.52	21.61	6.60	15.70	3.31

从表 4-2-10 的数据可以看出，界面区域推进剂的最大抗拉强度和最大断裂伸长率基本可以达到或超过组合中强度较低的一种推进剂的水平。在拉伸试验中，断裂发生在界面处或近界面处。

(2) 断裂型面测试。

通过扫描电镜和元素分析，发现界面处的断面上粘有一薄层浇铸推进剂，说明断裂应该是在抗拉强度较低的一方(即浇铸推进剂)，如图 4-2-2 所示。力学性能测试数据和断裂现象说明螺压推进剂表面经打磨处理后，浇铸工艺和螺压工艺组合的装药界面可以获得较好的黏结效果。元素分析结果见表 4-2-11。

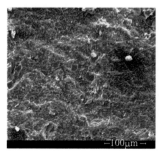

图 4-2-2　浇铸-螺压界面扫描电镜图

表 4-2-11　螺压、浇铸及其组合装药样品拉伸断裂面元素分析数据

样品	$w(C)/\%$	$w(N)/\%$	$w(O)/\%$	$w(Al)/\%$	$w(Cu)/\%$	$w(Pb)/\%$
螺压	18.22	26.02	52.52	3.24	—	—
浇铸	19.27	24.34	54.40	1.00	0.50	0.49
浇铸–螺压组合	19.31	24.10	53.70	1.90	0.43	0.40

3) 分析讨论

为研究组合装药中单配方推进剂的力学性能参数对界面区域推进剂力学性能的影响,以单配方推进剂的 $\sigma_{m,i}$(其中,$\sigma_{m,J}$ 表示浇铸工艺推进剂的最大抗拉强度,$\sigma_{m,Y}$ 表示螺压工艺推进剂的最大抗拉强度)为自变量,以界面区域推进剂的 σ_m 为因变量,采用线性回归法得到 σ_m 和 ε_m 的回归方程如表 4-2-12 中式(4-2-13)～式(4-2-18)所示。

表 4-2-12　浇铸–螺压组合 σ_m - $\sigma_{m,i}$ 和 ε_m - $\varepsilon_{m,i}$ 回归方程

公式编号	回归方程	测试温度/℃	相关系数 R	剩余标准差 s
(4-2-13)	$\sigma_m = -3.600 + 1.635\sigma_{m,J} + 0.199\sigma_{m,Y}$	20	1	0
(4-2-14)	$\sigma_m = -0.537 + 2.118\sigma_{m,J} + 0.005\sigma_{m,Y}$	50	1	0
(4-2-15)	$\sigma_m = 24.097 - 0.954\sigma_{m,J} + 0.117\sigma_{m,Y}$	−40	1	0
(4-2-16)	$\varepsilon_m = -0.717 + 8.618\varepsilon_{m,J} + 0.637\varepsilon_{m,Y}$	20	1	0
(4-2-17)	$\varepsilon_m = 0.107 - 0.722\varepsilon_{m,J} + 0.580\varepsilon_{m,Y}$	50	1	0
(4-2-18)	$\varepsilon_m = 0.070 + 0.109\varepsilon_{m,J} - 1.356\varepsilon_{m,Y}$	−40	1	0

式(4-2-13)～式(4-2-18)中包含两种推进剂的相关参数,说明在常温、高温和低温单向拉伸力学性能测试中,组合装药界面区域推进剂的最大抗拉强度和最大断裂伸长率与组合中两种推进剂均相关。式(4-2-13)～式(4-2-17)中,与浇铸工艺推进剂相关参数($\sigma_{m,J}$、$\varepsilon_{m,J}$)系数的绝对值,大于与螺压工艺相关参数($\sigma_{m,Y}$、$\varepsilon_{m,Y}$)系数的绝对值,说明除了低温断裂伸长率之外,浇铸工艺推进剂对组合装药界面区推进剂的力学性能影响更为显著。

进一步研究了组合装药中单配方推进剂的主要组分 NG、NC、RDX、Al 等含量对界面区域推进剂力学性能的影响。以单配方推进剂中发生变化的组分含量为自变量,包括浇铸推进剂中的 NG 和 NC(其含量分别记作 $X_{NG,J}$ 和 $X_{NC,J}$)、螺压推进剂中的 NG、NC、RDX 和 Al(其含量分别记作 $X_{NG,Y}$、$X_{NC,Y}$、$X_{RDX,Y}$ 和 $X_{Al,Y}$),以界面区域推进剂的 σ_m 和 ε_m 为因变量,采用逐步回归法得到 σ_m 或 ε_m 的回归方

程，在逐步回归法中，对因变量影响不显著的自变量在回归方程中会被舍去，在上述 6 个自变量中，回归方程中只保留对因变量影响较大的两个自变量。计算得到的回归方程如表 4-2-13 中式(4-2-19)～式(4-2-24)所示。

表 4-2-13　浇铸-螺压组合 σ_m - X_i 和 ε_m - X_i 回归方程

公式编号	回归方程	测试温度/℃	相关系数 R	剩余标准差 s
(4-2-19)	$\sigma_m = -62.426 + 264.600 X_{NC,J} - 22.940 X_{Al,Y}$	20	1	0
(4-2-20)	$\sigma_m = -8.478 + 36.000 X_{NC,J} - 0.200 X_{Al,Y}$	50	1	0
(4-2-21)	$\sigma_m = 223.957 - 809.400 X_{NC,J} - 122.560 X_{Al,Y}$	-40	1	0
(4-2-22)	$\varepsilon_m = 3.600 - 14.134 X_{NC,J} + 1.543 X_{Al,Y}$	20	1	0
(4-2-23)	$\varepsilon_m = 1.395 - 4.954 X_{NC,J} + 0.406 X_{Al,Y}$	50	1	0
(4-2-24)	$\varepsilon_m = -0.013 + 0.186 X_{NC,J} - 0.215 X_{Al,Y}$	-40	1	0

式(4-2-19)～式(4-2-24)中包含两种推进剂的相关参数，说明组合装药界面区域推进剂的最大抗拉强度和最大断裂伸长率与组合中两种推进剂均相关。这 6 个公式中因变量均为 $X_{NC,J}$ 和 $X_{Al,Y}$，说明浇铸推进剂中 NC 的含量和螺压推进剂中 Al 含量是界面区域推进剂力学性能的显著影响因素。式(4-2-19)～式(4-2-23)中，与浇铸工艺推进剂相关参数($X_{NC,J}$)系数的绝对值，大于与螺压工艺相关参数($X_{Al,Y}$)系数的绝对值，说明除了低温断裂伸长率之外，浇铸工艺推进剂对组合装药界面区推进剂的力学性能影响更为显著。

4.2.3　浇铸工艺及其组合

1. 试验设计

为考察改性双基推进剂浇铸工艺和浇铸工艺组合装药界面区推进剂力学性能，制备单配方推进剂及浇铸 A-浇铸 B、浇铸 C-浇铸 B、浇铸 D-浇铸 B 三组组合装药。组合装药的制备工艺如下：采用浇铸工艺先制备一种推进剂，70℃预固化两天后，然后采用浇铸工艺浇铸上另一种推进剂，70℃固化三天后脱模得到组合药柱。

2. 性能测试

测得单配方推进剂和界面区域推进剂的常温(20℃)、高温(50℃)、低温(-40℃)单向拉伸力学性能数据如表 4-2-14 所示。

表 4-2-14　浇铸-浇铸组合装药单配方及界面区推进剂力学性能

配方	σ_m /MPa			ε_m /%		
	20℃	50℃	−40℃	20℃	50℃	−40℃
浇铸 A	1.74	0.32	11.90	9.32	12.90	1.61
浇铸 B	2.78	0.49	13.80	8.34	19.50	1.58
浇铸 C	1.52	0.35	9.46	37.50	21.90	1.04
浇铸 D	2.30	0.45	17.63	15.88	23.07	2.77
浇铸 A-浇铸 B	1.67	0.34	7.66	6.38	12.90	1.08
浇铸 C-浇铸 B	1.81	0.41	15.80	7.87	19.90	1.61
浇铸 D-浇铸 B	2.48	0.45	14.20	11.20	24.20	3.60

从表 4-2-14 的数据可以看出，界面区域推进剂的最大抗拉强度和最大断裂伸长率基本可以接近甚至超过组合中强度较低的一种推进剂的水平。在拉伸试验中，断裂发生在抗拉强度较低的一方。力学性能测试数据和断裂现象说明浇铸工艺和浇铸工艺组合的装药界面可以获得较好的黏结效果。

3. 分析讨论

为研究组合装药中单配方推进剂的力学性能参数对界面区域推进剂力学性能的影响，以单配方推进剂的 $\sigma_{m,i}$ (其中，$\sigma_{m,J1}$ 表示第一种浇铸推进剂的最大抗拉强度，本研究中该推进剂固定为浇铸 B；$\sigma_{m,J2}$ 表示第二种浇铸推进剂的最大抗拉强度，分别为浇铸 A、浇铸 C 和浇铸 D)为自变量，以界面区域推进剂的 σ_m 为因变量，采用线性回归法得到 σ_m 和 ε_m 的回归方程如表 4-2-15 中式(4-2-25)～式(4-2-30)所示。

表 4-2-15　浇铸-浇铸组合 σ_m - $\sigma_{m,i}$ 和 ε_m - $\varepsilon_{m,i}$ 回归方程

公式编号	回归方程	测试温度/℃	相关系数 R	剩余标准差 s
(4-2-25)	$\sigma_m = 0.185 + 0.972\sigma_{m,J2}$	20	0.905	0.068
(4-2-26)	$\sigma_m = 0.122 + 0.750\sigma_{m,J2}$	50	0.930	0.001
(4-2-27)	$\sigma_m = 11.996 + 0.043\sigma_{m,J2}$	−40	0.742	0.371
(4-2-28)	$\varepsilon_m = 0.085 + 0.051\varepsilon_{m,J2}$	20	0.970	0.001
(4-2-29)	$\varepsilon_m = 4.350\times10^{-5} + 0.985\varepsilon_{m,J2}$	50	0.961	0.001
(4-2-30)	$\varepsilon_m = -0.024 + 0.056\varepsilon_{m,J2}$	−40	0.920	0.002

式(4-2-25)~式(4-2-30)中不包含第一种浇铸推进剂的相关参数,因为在本组研究的浇铸-浇铸组合装药中,第一种浇铸推进剂固定为浇铸 B,对应的 $\sigma_{m,J1}$、$\varepsilon_{m,J1}$ 等参数的数值也固定不变,在回归方程中无法以变量的形式体现,方程中只包含第二种浇铸推进剂对应的变量。回归方程只有第二种浇铸推进剂的相关力学参数对界面区域推进剂力学性能的影响,而事实上组合装药中的两种推进剂对界面区域的力学性能均有影响,因此部分方程的回归效果一般,表现在其相关系数小于1。

进一步研究了组合装药中单配方推进剂的主要组分 NG、NC、RDX 等含量对界面区域推进剂力学性能的影响。以单配方推进剂中含量发生变化的组分(只有第二种浇铸推进剂中的 NG 和 NC)的含量为自变量(分别记作 $X_{NG,J2}$ 和 $X_{NC,J2}$),以界面区域推进剂的 σ_m 和 ε_m 为因变量,采用线性回归法得到的回归方程如表 4-2-16 中式(4-2-31)~式(4-2-36)所示。

表 4-2-16 浇铸-浇铸组合 σ_m - X_i 和 ε_m - X_i 回归方程

公式编号	回归方程	测试温度/℃	相关系数 R	剩余标准差 s
(4-2-31)	$\sigma_m = -83.445 + 156.833 X_{NG,J2} + 134.000 X_{NC,J2}$	20	1	0
(4-2-32)	$\sigma_m = -6.846 + 15.167 X_{NG,J2} + 9.000 X_{NC,J2}$	50	1	0
(4-2-33)	$\sigma_m = -13.650 + 331.667 X_{NG,J2} - 320.000 X_{NC,J2}$	-40	1	0
(4-2-34)	$\varepsilon_m = -4.377 + 8.457 X_{NG,J2} + 6.660 X_{NC,J2}$	20	1	0
(4-2-35)	$\varepsilon_m = -6.951 + 15.150 X_{NG,J2} + 8.600 X_{NC,J2}$	50	1	0
(4-2-36)	$\varepsilon_m = -2.548 + 4.753 X_{NG,J2} + 3.980 X_{NC,J2}$	-40	1	0

式(4-2-31)~式(4-2-36)中的自变量只有 $X_{NG,J2}$ 和 $X_{NC,J2}$,这是因为其他的组分含量在本部分研究中没有变化,无法以自变量的形式体现。从式(4-2-31)~式(4-2-36)可以看出,$X_{NG,J2}$ 的系数绝对值较大,说明在本部分涉及的推进剂配方范围内,第二种浇铸推进剂中 NG 含量对组合装药界面区域推进剂力学性能的影响最为显著。

根据上述研究获得了改性双基体系组合装药的不同推进剂配方匹配设计原则。

4.3 典型组合装药及温度冲击下的结构完整性

4.3.1 典型结构组合装药结构完整性

从推进剂组合装药浇铸完成开始,经历贮存和运输过程,再到点火工作,直至燃烧完,装药结构先后承受一系列载荷作用。从最初在硫化降温工艺过程中的温度载荷,到贮存过程中高低温循环温度载荷,运输过程中的振动和冲击载荷,再到点火、发射和飞行过程中的温度载荷、燃气压强和惯性过载等。所有这些载荷的作用，都将在装药结构内部产生应力、应变和位移变形[46]。所谓装药结构完整性问题，就是指在整个组合装药的服役环境和工作过程之中，装药结构承受上述所有载荷的作用，是否始终能够正常可靠地保持其结构功能完整、满足设计要求而不被破坏。

由于组合装药有多种不同性能推进剂组合而成的结构特征，因此装药结构内部相邻推进剂间也存在变形协调问题，由此产生相邻推进剂之间界面的完整性问题，应当是整个装药结构完整性问题考虑的范畴。当装药结构承受载荷作用时，发生变形，必然导致燃面形状和燃烧面积相应发生改变。一旦装药结构的变形量大到改变燃烧面积变化规律以至于偏离内弹道设计要求的程度时，即便装药结构功能完整，也应判定为设计失败。装药结构完整性问题，还与装药结构材料的物理力学性能密切相关，也自有其特殊性。一般来说，固体推进剂、绝热层、衬层和人工脱黏层都是有机高分子材料，其机械力学性能和热物理性能与常规各向同性金属材料不同，在复杂多变的高温、高压发动机燃烧室工作环境下，组合装药结构完整性显得尤为重要。

根据现有几种典型结构装药和成熟配方，系统研究了在不同条件下的装药结构完整性问题，同时开发出一种装药结构完整性评定装置。

1) 研究原理

装药结构完整性分析采用数值模拟仿真技术，即有限元法(finite element method，FEM)。本部分内容采用了某空地导弹用固体推进剂组合装药。由于是定型产品，装药结构尺寸与推进剂原材料均采用定型文件。针对某组合装药黏弹性材料特性，指导开展了相关的试验测试工作，在 50℃、20℃、0℃、−20℃、−30℃、−40℃和−50℃七个特征温度进行了推进剂样本单向拉伸试验、应力松弛试验。其中，在单向拉伸试验中，为了考核不同拉伸速度对本构模型的影响，每个特征温度下进行了 200mm/min 和 20mm/min 拉伸速度的试验。单向拉伸试验的数据为后续的结构完整性评判及评判准则的建立积累了必要的、可靠的试验数据。该推进剂剖面示意图见图 4-3-1，增速级、续航级和包覆层材料力学性能参数见表 4-3-1。

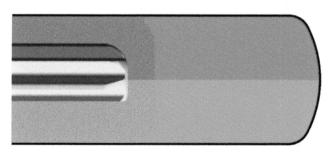

图 4-3-1　某典型装药剖面示意图

表 4-3-1　某组合装药的材料力学性能参数(-50～50℃)

部件	密度/(g/cm³)	热膨胀系数/K⁻¹
增速级	1.678～1.685	1.78～1.95
续航级	1.716	2.2
包覆层	1.26	3.76

2) 结算

(1) 模型建立。

在温度载荷作用时，固体装药的应变与边界条件(约束、温差)及材料的热膨胀系数有关，与材料的弹性模量无关。因此，开展典型结构组合装药的结构完整性计算。其固体装药由增速级、续航级和包覆层组成，固体装药有限元计算模型见图 4-3-2。

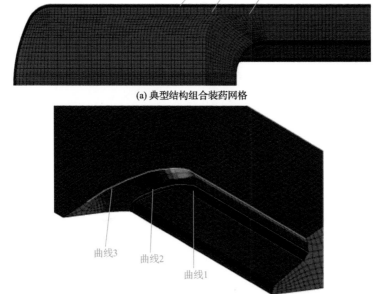

(a) 典型结构组合装药网格

(b) 典型结构组合装药的有限元计算模型轴向三条特征曲线

图 4-3-2　固体装药有限元计算模型

在装药的圆弧底面处使用封头进行约束，封头固定并和装药之间接触，自由端面加装垫片，垫片固定并和装药之间接触。初始温度设为 85℃(零应力点温度)，分别降温至 50℃、20℃、0℃、-10℃、-20℃、-30℃和-40℃共七个工况。沿轴向提取三条特征线以明确给出关心区域 von Mises 应变(简称"应变")的变化规律，见图 4-3-2(b)。

(2) 50℃温度载荷。

单星孔加端面燃烧型固体推进剂药柱在 70℃浇铸成型，取零应力温度为

85℃，50℃温度载荷是浇铸成型后降至50℃，并且假设药柱内部温度为均匀分布时药柱所受的载荷。

为了说明降温至50℃时发动机药柱应变场的分布规律，分别给出增速级和续航级的von Mises应变和三个方向分量的应变云图，应变沿轴向三条特征线的变化曲线，另外给出局部区域的应变云图放大图。

增速级药柱在药柱端面与包覆层黏结处和沟槽倒角处的应变最大，而在其他部位的应变水平均比较低(图4-3-3)。应变的最大值出现在药柱端面与包覆层黏结处，为0.62%，主要原因是包覆层和药柱之间为黏结形式，两者热膨胀系数的差异，使得在降温过程中为了保持变形协调，在端面外层出现高应变区域，现实情况下包覆层和药柱之间的黏结层能够承受很大的剪切变形，在一定程度降低了该处的应变。沟槽倒角处的应变最大值为0.32%。从应变的三条特征线来看，特征

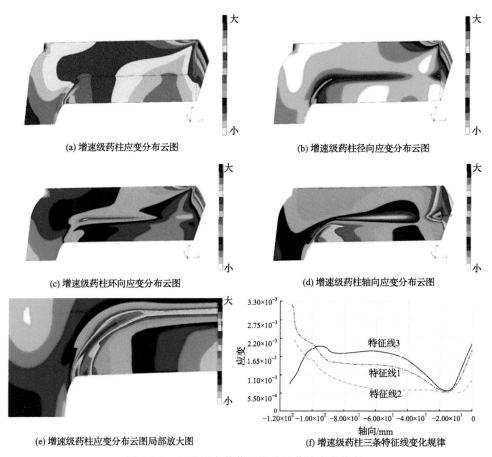

(a) 增速级药柱应变分布云图

(b) 增速级药柱径向应变分布云图

(c) 增速级药柱环向应变分布云图

(d) 增速级药柱轴向应变分布云图

(e) 增速级药柱应变分布云图局部放大图

(f) 增速级药柱三条特征线变化规律

图 4-3-3　50℃温度载荷下增速级药柱应变分布

线 1 应变的最大值最大，另外两条的应变比较低。特征线 1 和特征线 2 的曲线很相似，最大应变都出现在沟槽底部，然后应变减小，直到接近自由端面时又有所上升。特征线 3 沟槽底部应变很小，沿轴向应变有两个高峰，一个出现在距自由端面 95mm 处，一个在自由端面的沟槽处。

从增速级应变沿三个方向的分量来看，径向的最大应变最大，然后是轴向应变，应变水平最小的是环向应变，这和通常的情况一致。径向应变最大值为 1.20%，环向应变最大值为 0.78%，轴向应变最大值为 0.80%。另外，所有方向的应变均为负值，因为温度降低，药柱沿着各个方向进行收缩。50℃温度载荷时续航级药柱应变分布如图 4-3-4 所示。

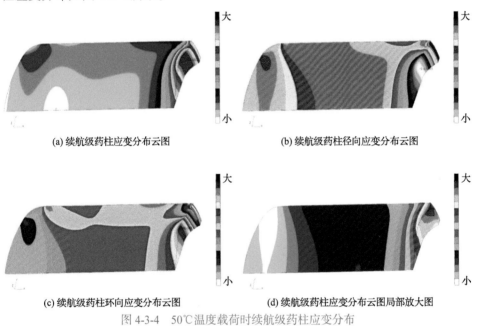

(a) 续航级药柱应变分布云图   (b) 续航级药柱径向应变分布云图

(c) 续航级药柱环向应变分布云图   (d) 续航级药柱应变分布云图局部放大图

图 4-3-4 50℃温度载荷时续航级药柱应变分布

相比增速级药柱，续航级药柱的 von Mises 应变很小，最大值为 0.22%，出现在与增速级接触的圆弧面及其附近处，其他部分的应变水平很低。药柱沿径向的最大应变最大，为 0.95%，其次是环向应变，为 0.85%，沿轴向的应变最小，为 0.79%，续航级药柱轴向应变的变化不大。所有方向的应变均为负值，意味着药柱沿各个方向进行收缩。

(3) 20℃温度载荷。

为了说明降温至 20℃时发动机药柱应变场的分布规律，分别给出增速级和续航级药柱的 von Mises 应变和三个方向分量的应变云图，应变沿轴向三条特征线的变化曲线，另外给出局部区域的应变云图放大图。20℃温度载荷下增速级药柱应变分布如图 4-3-5 所示。

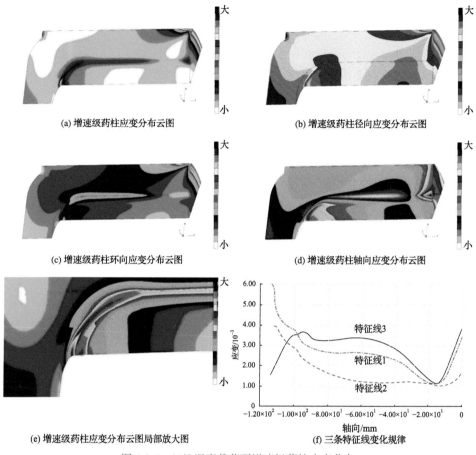

(a) 增速级药柱应变分布云图

(b) 增速级药柱径向应变分布云图

(c) 增速级药柱环向应变分布云图

(d) 增速级药柱轴向应变分布云图

(e) 增速级药柱应变分布云图局部放大图

(f) 三条特征线变化规律

图 4-3-5 20℃温度载荷下增速级药柱应变分布

增速级药柱在药柱端面与包覆层黏结处和沟槽的倒角处的应变最大，而在其他部位的应变水平均比较低。应变的最大值出现在药柱端面与包覆层黏结处，为 1.36%。沟槽倒角处的应变最大值为 0.59%。三条特征线的变化形式和 50℃时很接近，特征线 1 的应变最大值最大，另外两条的应变最大值比较低。

从增速级应变沿三个方向的分量来看，径向应变的最大值最大，然后是轴向应变，应变水平最小的是环向应变，这和通常的情况一致。径向应变最大值为 2.42%，环向应变最大值为 1.45%，轴向应变最大值为 1.49%。

续航级药柱的应变最大值为 0.40%，出现在与增速级接触的圆弧面及其附近处。药柱沿径向应变的最大值最大，为 1.76%，其次是环向应变，为 1.58%，沿轴向的应变最小，为 1.47%。20℃温度载荷下续航级药柱应变分布如图 4-3-6 所示。

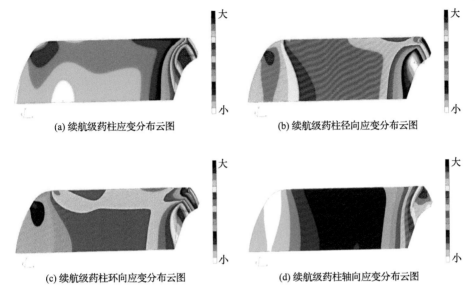

(a) 续航级药柱应变分布云图　　　　(b) 续航级药柱径向应变分布云图

(c) 续航级药柱环向应变分布云图　　　　(d) 续航级药柱轴向应变分布云图

图 4-3-6　20℃温度载荷下续航级药柱应变分布

(4) 0℃温度载荷。

为了说明降温至 0℃时发动机药柱应变场的分布规律，分别给出增速级和续航级药柱的 von Mises 应变和三个方向分量的应变云图，以及应变沿轴向三条特征线的变化曲线。

0℃增速级药柱应变分布如图 4-3-7 所示。增速级药柱在药柱端面与包覆层黏结处和沟槽的倒角处的应变最大，而在其他部位的应变水平均比较低。应变的最大值出现在药柱端面与包覆层黏结处，为 1.77%。沟槽倒角处的应变最大值为 0.78%。

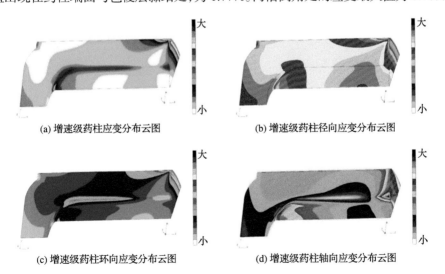

(a) 增速级药柱应变分布云图　　　　(b) 增速级药柱径向应变分布云图

(c) 增速级药柱环向应变分布云图　　　　(d) 增速级药柱轴向应变分布云图

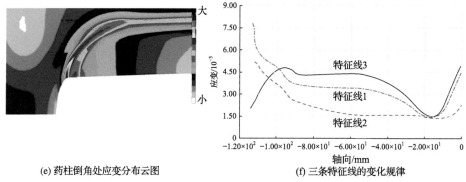

(e) 药柱倒角处应变分布云图　　　　　(f) 三条特征线的变化规律

图 4-3-7　0℃温度载荷下增速级药柱应变分布

三条特征线的变化形式和 50℃时很接近，特征线 1 的应变最大值最大，另外两条的应变最大值比较低。

从增速级药柱应变沿三个方向的分量来看，径向应变的最大值最大，然后是轴向应变，应变水平最小的是环向应变，这和通常的情况一致。径向应变最大值为 3.16%，环向应变最大值为 1.89%，轴向应变最大值为 1.94%。

续航级药柱的应变最大值为 0.53%，出现在与增速级接触的圆弧面及其附近处，其他部分的应变水平很低。药柱沿径向应变的最大值最大，为 2.30%，其次是环向应变，为 2.07%，沿轴向的应变最小，为 1.92%。0℃续航级药柱应变分布见图 4-3-8。

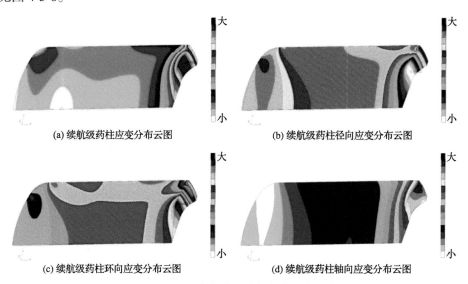

(a) 续航级药柱应变分布云图　　　　　(b) 续航级药柱径向应变分布云图

(c) 续航级药柱环向应变分布云图　　　　　(d) 续航级药柱轴向应变分布云图

图 4-3-8　0℃温度载荷下续航级药柱应变分布

(5) –10℃温度载荷。

为了说明降温至–10℃时发动机药柱应变场的分布规律，分别给出增速级和续航级药柱的 von Mises 应变和三个方向分量的应变云图，以及应变沿轴向三条特征线的变化曲线。–10℃温度载荷下增速级药柱应变分布如图 4-3-9 所示。

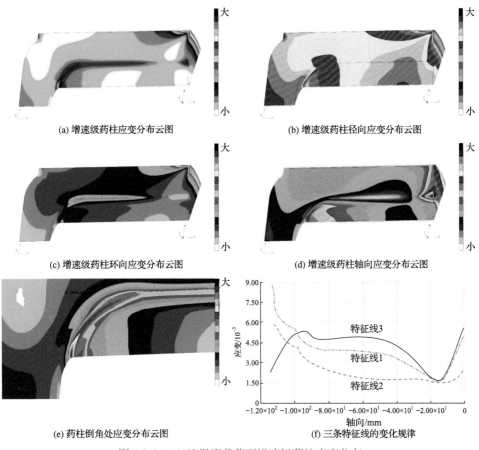

(a) 增速级药柱应变分布云图   (b) 增速级药柱径向应变分布云图

(c) 增速级药柱环向应变分布云图   (d) 增速级药柱轴向应变分布云图

(e) 药柱倒角处应变分布云图   (f) 三条特征线的变化规律

图 4-3-9　–10℃温度载荷下增速级药柱应变分布

　　增速级药柱在药柱端面与包覆层黏结处和沟槽的倒角处的应变最大，而在其他部位的应变水平均比较低。应变的最大值出现在药柱端面与包覆层黏结处，为 1.98%。沟槽倒角处的应变最大值为 0.87%。三条特征线的变化形式和 50℃时很接近，特征线 1 的应变最大值最大，另外两条特征线的应变最大值比较低。

　　从增速级药柱应变沿三个方向的分量来看，径向应变的最大值最大，然后是轴向应变，应变水平最小的是环向应变，这和通常的情况一致。径向应变最大值为 3.53%，环向应变最大值为 2.11%，轴向应变最大值为 2.17%。

　　–10℃温度载荷下续航级药柱应变分布如图 4-3-10 所示。续航级药柱的应变最大值为 0.59%，出现在与增速级接触的圆弧面及其附近处，其他部分的应变水平很低。药柱沿径向的应变最大值最大，为 2.58%，其次是环向应变最大值，为 2.31%，沿轴向的应变最大值最小，为 2.15%。

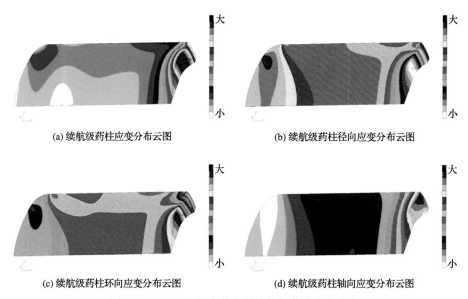

(a) 续航级药柱应变分布云图　　　　　　　　(b) 续航级药柱径向应变分布云图

(c) 续航级药柱环向应变分布云图　　　　　　(d) 续航级药柱轴向应变分布云图

图 4-3-10　−10℃温度载荷下续航级药柱应变分布

(6) −20℃温度载荷。

为了说明降温至−20℃时发动机药柱应变场的分布规律，分别给出增速级和续航级药柱的 von Mises 应变和三个方向分量的应变云图，以及应变沿轴向三条特征线的变化曲线。−20℃温度载荷下增速级药柱应变分布如图 4-3-11 所示。

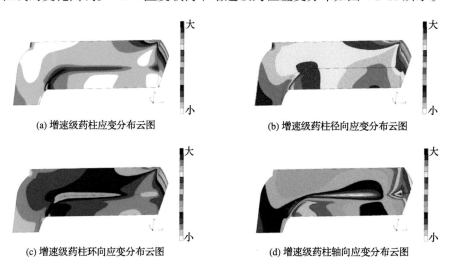

(a) 增速级药柱应变分布云图　　　　　　　　(b) 增速级药柱径向应变分布云图

(c) 增速级药柱环向应变分布云图　　　　　　(d) 增速级药柱轴向应变分布云图

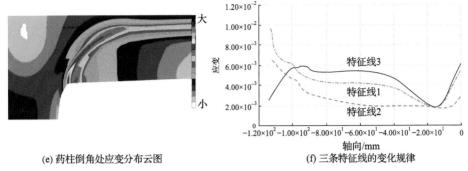

(e) 药柱倒角处应变分布云图   (f) 三条特征线的变化规律

图 4-3-11   –20℃温度载荷下增速级药柱应变分布

增速级药柱在药柱端面与包覆层黏结处和沟槽的倒角处的应变最大，而在其他部位的应变水平均比较低。应变的最大值出现在药柱端面与包覆层黏结处，为 2.19%。沟槽倒角处的应变最大值为 0.96%。三条特征线的变化形式和 50℃时很接近，特征线 1 的应变最大值最大，另外两条的应变最大值比较低。从应变沿三个方向的分量来看，径向应变的最大值最大，然后是轴向应变，应变水平最小的是环向应变，这和通常的情况一致。径向应变最大值为 3.90%，环向应变最大值为 2.33%，轴向应变最大值为 2.40%。–20℃温度载荷下续航级药柱应变分布如图 4-3-12 所示。

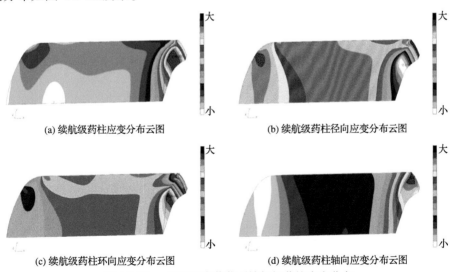

(a) 续航级药柱应变分布云图   (b) 续航级药柱径向应变分布云图

(c) 续航级药柱环向应变分布云图   (d) 续航级药柱轴向应变分布云图

图 4-3-12   –20℃温度载荷下续航级药柱应变分布

续航级药柱的应变最大值为 0.65%，出现在与增速级接触的圆弧面及其附近处，其他部分的应变水平很低。药柱沿径向应变的最大值最大，为 2.85%，其次是环向应变最大值，为 2.55%，沿轴向的应变最大值最小，为 2.38%。

(7) −30℃温度载荷。

为了说明降温至−30℃时发动机药柱应变场的分布规律，分别给出增速级和续航级药柱的 von Mises 应变和三个方向分量的应变云图，以及应变沿轴向三条特征线的变化曲线。−30℃温度载荷下增速级药柱应变分布如图 4-3-13 所示。

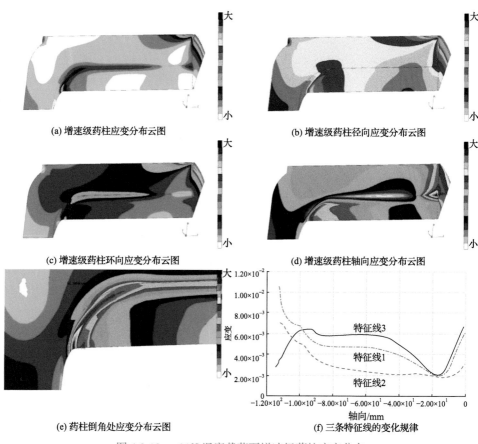

(a) 增速级药柱应变分布云图

(b) 增速级药柱径向应变分布云图

(c) 增速级药柱环向应变分布云图

(d) 增速级药柱轴向应变分布云图

(e) 药柱倒角处应变分布云图

(f) 三条特征线的变化规律

图 4-3-13　−30℃温度载荷下增速级药柱应变分布

增速级药柱在药柱端面与包覆层黏结处和沟槽的倒角处的应变最大，而在其他部位的应变水平均比较低。应变的最大值出现在药柱端面与包覆层黏结处，为 2.40%。沟槽倒角处的应变最大值为 1.05%。三条特征线的变化形式和 50℃时很接近，特征线 1 的应变最大值最大，另外两条特征线的应变最大值比较低。

从增速级药柱应变沿三个方向的分量来看，径向应变的最大值最大，然后是轴向，应变水平最小的是环向应变，这和通常的情况一致。径向应变最大值为

4.27%，环向应变最大值为 2.56%，轴向应变最大值为 2.63%。–30℃温度载荷下续航级药柱应变分布见图 4-3-14。

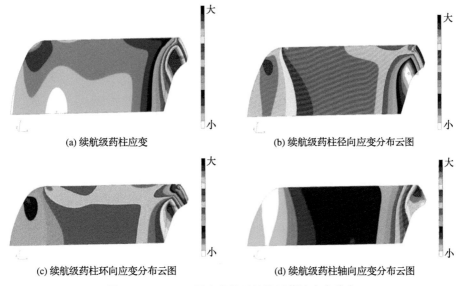

(a) 续航级药柱应变　　　　　　　　　(b) 续航级药柱径向应变分布云图

(c) 续航级药柱环向应变分布云图　　　　(d) 续航级药柱轴向应变分布云图

图 4-3-14　–30℃温度载荷下续航级药柱应变分布

续航级药柱的应变最大值为 0.71%，出现在与增速级接触的圆弧面及其附近处，其他部分的应变水平很低。药柱沿径向应变的最大值最大，为 3.12%，其次是环向应变最大值，为 2.80%，沿轴向的应变最大值最小，为 2.60%。

(8) –40℃温度载荷。

为了说明降温至–40℃时发动机药柱应变场的分布规律，分别给出增速级和续航级药柱的 von Mises 应变和三个方向分量的应变云图，以及应变沿轴向三条特征线的变化曲线。–40℃温度载荷下增速级药柱应变分布如图 4-3-15 所示。

增速级药柱在药柱端面与包覆层黏结处和沟槽的倒角处的应变最大，而在其他部位的应变水平均比较低。应变的最大值出现在药柱端面与包覆层黏结处，为

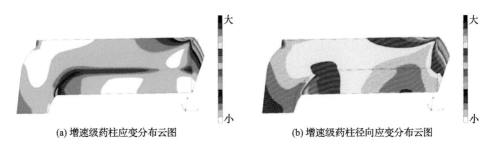

(a) 增速级药柱应变分布云图　　　　　　(b) 增速级药柱径向应变分布云图

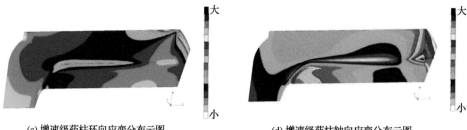

(c) 增速级药柱环向应变分布云图　　　　(d) 增速级药柱轴向应变分布云图

(e) 增速级药柱应变分布云图局部放大图

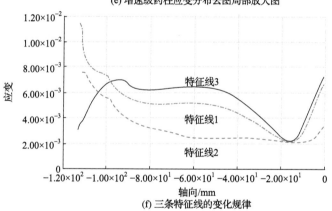

(f) 三条特征线的变化规律

图 4-3-15　-40℃温度载荷下增速级药柱应变分布

2.61%。沟槽倒角处的应变最大值为 1.14%。三条特征线的变化形式和 50℃时很接近，特征线 1 的应变最大值最大，另外两条特征线的应变最大值比较低。

　　从增速级应变沿三个方向的分量来看，径向应变的最大值最大，然后是轴向，应变水平最小的是环向应变，这和通常的情况一致。径向应变最大值为 4.64%，环向应变最大值为 2.78%，轴向应变最大值为 2.86%。

　　-40℃温度载荷下续航级药柱应变分布如图 4-3-16 所示。续航级药柱的应变最大值为 0.77%，出现在与增速级接触的圆弧面及其附近处，其他部分的应变水平很低。药柱沿径向应变的最大值最大，为 3.39%，其次是环向应变最大值，为3.04%，沿轴向的应变最大值最小，为 2.83%。

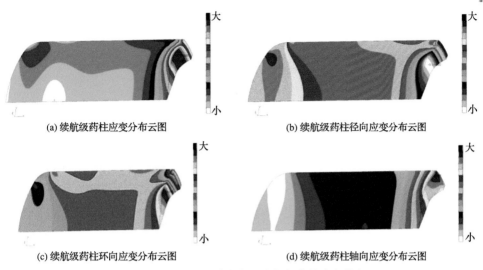

(a) 续航级药柱应变分布云图　　(b) 续航级药柱径向应变分布云图

(c) 续航级药柱环向应变分布云图　　(d) 续航级药柱轴向应变分布云图

图 4-3-16　−40℃温度载荷下续航级药柱应变分布

3) 计算结果汇总

上述七种工况下，增速级的应变都要比续航级的应变大，同时增速级的最大 von Mises 应变集中在两个区域：

(1) 增速级的自由端与包覆层接触区域；

(2) 增速级的倒角区域。

将区域(1)的最大 von Mises 应变列于表 4-3-2，产生较大应变，主要是因为包覆层和药柱(增速级和续航级)之间人为黏结，包覆层的热膨胀系数为 $3.76K^{-1}$，增速级的热膨胀系数为 $1.865K^{-1}$，包覆层的热膨胀系数约是增速级的两倍，在同样的温差下，两者的变形不协调，产生高应变。

表 4-3-2　温度载荷下药柱最大 von Mises 应变

温度/℃	最大 von Mises 应变/%	最大轴向应变/%	最大径向应变/%	最大环向应变/%
50	0.62	0.80	1.20	0.85
20	1.36	1.49	2.42	1.58
0	1.77	1.94	3.16	2.07
−10	1.98	2.17	3.53	2.31
−20	2.19	2.40	3.90	2.55
−30	2.40	2.63	4.27	3.12
−40	2.61	2.86	4.64	3.04

区域(2)的最大 von Mises 应变列于表 4-3-2，主要是因为应力、应变的集中现

象，同时此处的应变与结构的设计密切相关。

由于弹性模量未定，仅靠 von Mises 应变作为结构完整性判断准则，最大的 von Mises 应变小于 3%，满足药柱断裂伸长率的要求。温度载荷下药柱倒角处最大 von Mises 应变见表 4-3-3。

表 4-3-3　温度载荷下药柱倒角处最大 von Mises 应变

温度/℃	50	20	0	−10	−20	−30	−40
最大 von Mises 应变/%	0.32	0.59	0.78	0.87	0.96	1.05	1.14

在本小节中，采用超声波检测技术对壳体黏结式组合装药界面进行检测，优化测试系统，研究测试技术，形成检测方法，研建缺陷尺寸样尺。

采用基于水平集(level set)的含缺陷组合装药燃面计算方法对含缺陷组合装药的燃面变化及对内弹道性能的影响进行模拟计算。结果显示，对于某单室多推力发动机，当缺陷存在于增速级装药中且不贯穿离级间界面时，仅增速过程内弹道性能受影响，且发动机工作时间基本不受影响；当缺陷存在于增速级装药中且靠近级间界面时，增速级、续航级燃面规律及内弹道性能均遭到破坏，但续航级内弹道性能、发动机工作时间改变不明显；当缺陷贯穿级间界面时，增速级、续航级燃面规律及内弹道性能被破坏，续航级内弹道性能破坏较增速级严重，且发动机工作时间缩短。对于特定的装药，可利用本节方法制定合适的定量判废标准：首先利用 level set 方法对含装药缺陷发动机内弹道进行计算分析；然后对内弹道偏离的可接受度设置阈值，超过该阈值，发动机就应报废。

采用有限元法，对某定型典型结构装药采用七种工况进行分析计算，结果认为该典型装药增速级的应变要比续航级的应变大，同时增速级的最大应变集中在增速级的自由端与包覆层接触区域及增速级的倒角区域，这与实际测试结果基本吻合。

4.3.2　温度冲击下组合装药结构完整性

经力学性能调节及综合性能调节，并综合考虑推进剂在高温环境下的热安定性，形成了推进剂设计配方。

在此基础上开展推进剂及其装药的环境试验研究，首先开展 $\Phi50mm$ 标准发动机装药的储存试验研究，在此基础上开展了某火箭发动机装药高低温条件下的结构完整性研究，进而开展了宽温推进剂在发动机中的应用验证。

1. 宽温度条件下装药结构完整性研究

为了考核新配方体系双基推进剂对宽温环境的适应性，装药药型采用某发动机装药药型，进行了 4 发推进剂装药的试制。装药完成后进行工业计算机断层扫描术(CT)、X 射线、激光散斑、内窥镜无损检测，随后进行高贮、低贮发动机试验。装药质量：1#5.776kg、2#5.787kg、3#5.757kg、4#5.784kg。

　　1#装药进行了 71℃/48h 的高温贮存试验，试验结束进行 X 射线、工业 CT、激光散斑二次检测，装药内部质量完好；继而又对 1#装药进行了 60℃/24h 保温、60℃高温发动机试车，发动机工作正常。1#装药(71℃保温前)如图 4-3-17 所示，1#装药高温 60℃工作曲线如图 4-3-18 所示。

图 4-3-17　1#装药(71℃保温前)

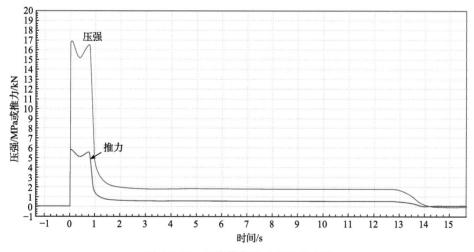

图 4-3-18　1#装药高温 60℃工作曲线

　　4#装药进行了 71℃/48h 的高温贮存试验，试验结束进行 X 射线、工业 CT、激光散斑二次检测后，将装药进行解剖，观测内部质量及包覆层可靠黏结情况。4#装药 71℃/48h 高贮后的内部质量及黏结情况如图 4-3-19 所示。

　　2#装药进行 71℃/48h 的高温贮存试验后进行 X 射线、工业 CT、激光散斑二次检测，装药内部质量完好；继而又进行了自然温度(约 20℃)发动机试车，发动

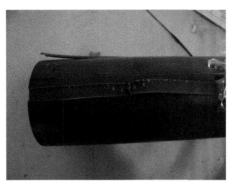

图 4-3-19　4#装药 71℃/48h 高贮后的内部质量及黏结情况

机工作正常。2#装药自然温度工作曲线如图 4-3-20 所示。

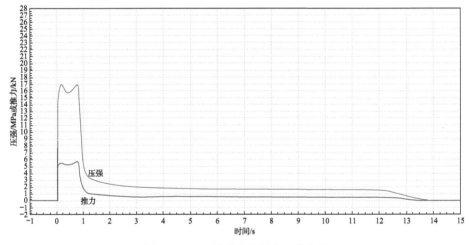

图 4-3-20　2#装药自然温度工作曲线

　　3#装药进行了–55℃/24h 的低温贮存试验，试验结束进行 X 射线、工业 CT、激光散斑二次检测，装药内部质量完好；继而又进行了–45℃/24h 保温、–45℃低温发动机试车，发动机工作正常。3#装药低温–45℃工作曲线如图 4-3-21 所示。

　　从推进剂装药环境适应性摸底试验可以看出，推进剂装药贮存温度最高可达 71℃，最低为–55℃。工作温度最高可达 60℃，最低可达–45℃。环境试验结束后，发动机工作曲线无异常。装药的使用温度范围由原先的–40～50℃拓展至–45～60℃；贮存温度范围拓展至–55～70℃。

　　2. 改性双基推进剂装药破坏现象及分析

　　由改性双基推进剂力学性能温度相关性研究结果可以发现：在高温环境下，其断裂伸长率较高，但强度较低；低温环境下，其强度较高，但断裂伸长率较低。

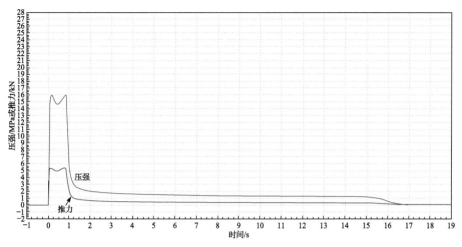

图 4-3-21　3#装药低温−45℃工作曲线

因此,改性双基推进剂装药在高温点火环境下容易出现由于强度低而破坏的现象;在低温点火环境下,容易出现断裂伸长率低导致装药破碎的现象,装药燃面突然增大,工作压强超过设计压强,最终试验失败。

1) 高温环境破坏现象及分析

某发动机采用单室双推力组合装药方案,发动机由燃烧室、装药、后盖、长尾喷管及点火具等组成,装药采用自由装填式改性双基推进剂,由发射级药柱、续航级药柱和绝热包覆层三部分组成。发射级药柱为端面加星孔燃烧结构,采用改性双基推进剂浇铸工艺成型;续航级药柱为端面燃烧结构,采用改性双基推进剂粒铸工艺成型;绝热包覆层为改性三元乙丙橡胶,模压成型。

在一次对该发动机开展高温 50℃的地面试车试验时,发现发动机压强及推力数据异常,同时未按设计的马鞍形曲线燃烧,发动机解体。发动机点火后压强及推力急剧上升,压强最大值爬升至 24.61MPa,而正常工作的发动机压强最大值为 13.06MPa,增加约 88%;推力最大值爬升至 8.12kN,正常工作的发动机推力最大值为 5.13kN,增加约 58%。总工作时间与设计值相比缩短了 16s 左右。异常曲线和正常曲线分别见图 4-3-22 和图 4-3-23。

将发动机残骸拆解后,发现发动机装药只燃烧了一部分,剩余部分未燃烧,装药表面为黑色,有燃烧的痕迹,且两级装药过渡处有裂纹。将装药沿轴向 180°剖开,装药结构内部基本完好,表现为 45°环向裂纹。

为对高温地面试车试验发动机解体的现象进行具体分析,对该发动机所用装药开展了压强冲击数值仿真计算。装药模型考虑药柱和包覆层,并且基于装药的对称性,取一个星角的一半进行仿真计算。网格尺寸 2mm,网格数量 21.5 万,计算机模型网格划分如图 4-3-24 所示。计算参数见表 4-3-4。

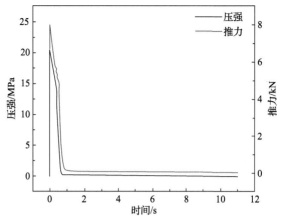

图 4-3-22　发动机高温地面试车异常曲线

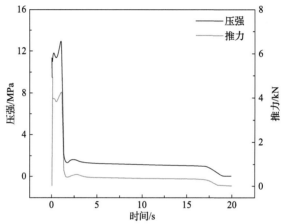

图 4-3-23　发动机高温地面试车正常曲线

图 4-3-24　模型及计算网格

表 4-3-4　药柱与包覆材料力学性能

样品	密度/(kg/m³)	弹性模量/MPa	泊松比	热膨胀系数/℃⁻¹
药柱	1700	10	0.495	0.0002
包覆层	1280	10	0.495	0.000393

对装药模型对称面施加无摩擦支撑边界，外圆柱面施加柱面支撑，整个模型添加 50℃温度边界，星孔表面及端面施加 10MPa 点火压强，球头面加弹性支撑，其刚度为 $5.68×10^7$N/mm³(通过海绵橡胶板应力-应变曲线获得)。边界条件如图 4-3-25 所示，主应力计算结果如图 4-3-26～图 4-3-28 所示。在关注的星根部位，三个主应力值均为负值，即此部位处于三向受压状态。

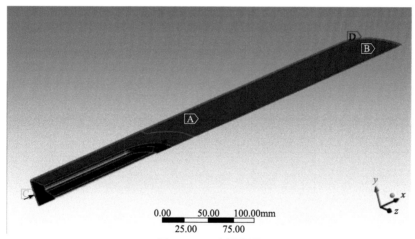

图 4-3-25　边界条件

主应变如图 4-3-29～图 4-3-31 所示。在星根部位，三个主应变为两正一负，即此部位在三个方向的应变较为复杂，存在一个方向的压缩应变和两个方向的拉伸应变。

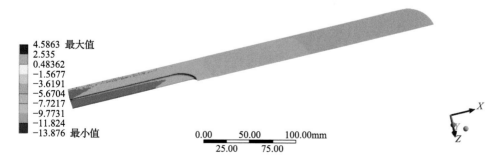

图 4-3-26　最大主应力(单位：MPa)

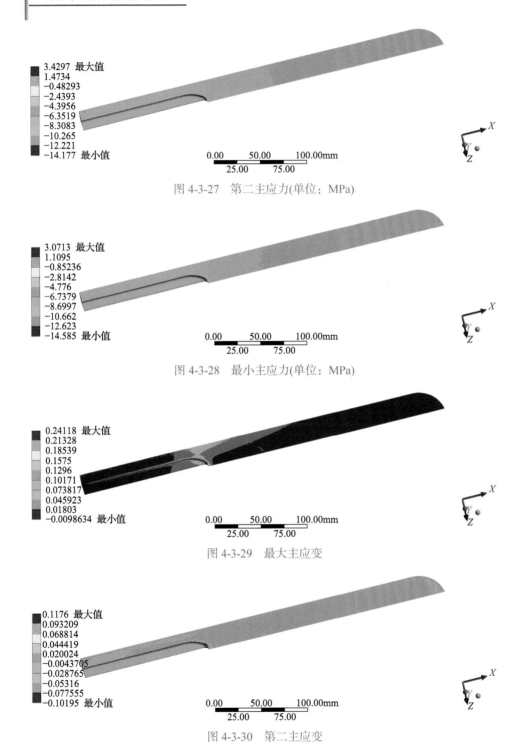

3.4297	最大值
1.4734	
−0.48293	
−2.4393	
−4.3956	
−6.3519	
−8.3083	
−10.265	
−12.221	
−14.177	最小值

图 4-3-27　第二主应力(单位：MPa)

3.0713	最大值
1.1095	
−0.85236	
−2.8142	
−4.776	
−6.7379	
−8.6997	
−10.662	
−12.623	
−14.585	最小值

图 4-3-28　最小主应力(单位：MPa)

0.24118	最大值
0.21328	
0.18539	
0.1575	
0.1296	
0.10171	
0.073817	
0.045923	
0.01803	
−0.0098634	最小值

图 4-3-29　最大主应变

0.1176	最大值
0.093209	
0.068814	
0.044419	
0.020024	
−0.0043705	
−0.028765	
−0.05316	
−0.077555	
−0.10195	最小值

图 4-3-30　第二主应变

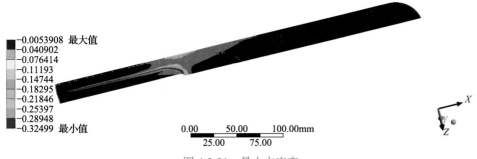

图 4-3-31　最小主应变

药柱和包覆层的等效应力和等效应变云图如图 4-3-32、图 4-3-33 所示。最大等效应力出现在发射级药柱的星根部分，大小为 2.39MPa；最大等效应变也出现在星根处，大小为 29.8%。

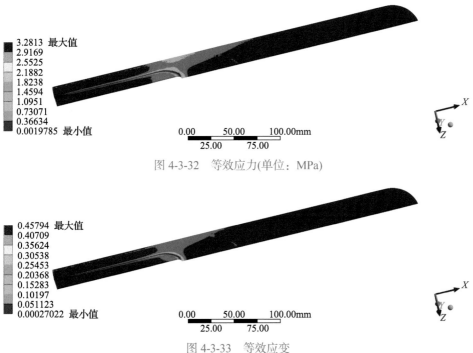

图 4-3-32　等效应力(单位：MPa)

图 4-3-33　等效应变

根据该推进剂的力学试验结果，高温 50℃时推进剂的强度为 0.5～0.6MPa，将此结果与仿真计算所得到的等效应力(2.39MPa)进行对比，可以发现推进剂装药在星根部分发生破坏。当点火压强较高时，燃气压强作用于推进剂表面，在星尖部位产生较大的局部应力，而在高温下推进剂强度较低，推进剂装药容易再产生裂纹，使得燃烧面积迅速增大，燃烧室压强瞬间大幅度升高，导致发动机解体。

2) 低温环境破坏现象及分析

某自由装填式改性双基推进剂变截面圆孔装药在开展温度冲击试验的过程中出现了开裂的破坏现象。温度冲击试验在烘箱中进行，具体工况如下：装药初始温度为 333.15K，采用对流换热方式，对流换热系数为 100W/(m^2·K)，气流温度恒定为 218.15K，温度冲击试验时长为 36000s。推进剂装药的裂纹主要沿轴向和径向分布，未出现环向裂纹，说明产生的初始裂纹沿轴向和径向传播，直至装药最终完全裂开。

将温度冲击试验后尚未彻底裂开的推进剂装药沿裂纹剖开。可以发现，剖面大致可以分为两个区域：平滑区和褶皱区。低温时改性双基推进剂的断裂表现为脆断，其断裂面比较平整，因此平滑区表示温度冲击试验中发生开裂的区域，褶皱区则表示温度冲击试验结束后解剖时开裂的区域。此外，从剖面可以发现，越靠近装药前端的区域，平滑程度越高，说明初始裂纹主要产生于装药的前端面。考虑到突变角度越大，应力集中越明显的现象，推断试验过程中初始裂纹产生的位置为推进剂装药前端面两个拐点处[47]。

为对温度冲击结果进行具体分析，对该装药的温度冲击过程开展了数值仿真计算。装药三维模型如图 4-3-34 所示。在装药承受温度载荷的过程中，热传导只沿径向和轴向进行，环向不存在热传导。为简化计算，作如下假设：①固体推进剂及包覆层为均匀的各向同性黏弹性材料，内部不存在缺陷；②推进剂及包覆层的泊松比不随温度变化；③包覆层的模量不随温度和时间变化；④外部环境的变化为瞬态过程，即不考虑外部环境的升降温过程。

图 4-3-34　装药三维模型示意图

改性双基推进剂作为一种黏弹性材料，其力学性能与温度和应变率有较大关系。为获取该推进剂在不同温度的力学性能参数，开展了不同温度的力学松弛试验。以常温 293.15K 为参考温度，使用六阶 Prony 级数将其松弛模量表示为

$$E(t) = E_\infty + \sum_{i=1}^{n} E_i e^{-t/\tau_i} \tag{4-3-1}$$

松弛模量 E 经六阶 Prony 级数拟合后，得到各阶参数取值如表 4-3-5 所示，

拟合结果与试验数据对比如图 4-3-35 所示。由图 4-3-35 可以发现，试验数据与拟合曲线基本重合，说明拟合结果精度较高。

表 4-3-5　各阶参数取值

i	E_i /MPa	τ_i /s
1	0.27	0.01
2	0.43	0.1
3	12.15	1
4	4.99	10
5	2.41	100
6	0.13	1000
∞	2.01	∞

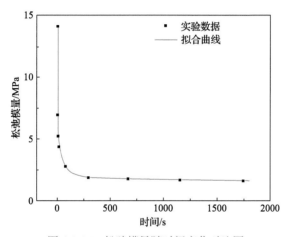

图 4-3-35　松弛模量随时间变化对比图

根据试验测试结果及相关文献，推进剂装药的主要性能参数如表 4-3-6 所示。为得到不同温度下该改性双基推进剂的时温等效 WLF(Williams-Landel-Ferry)方程，以不同温度下的力学松弛试验为基础，使用 Origin 软件对试验结果进行后处理，选取 293.15K 为参考温度，拟合得到该推进剂的时温等效方程，推进剂的时温等效因子由 WLF 方程表示为

$$\lg \alpha_T = \frac{-6 \times (T - 20)}{119.35 + (T - 20)} \tag{4-3-2}$$

表 4-3-6　材料主要性能参数

材料参数	推进剂	包覆层
密度/(kg/m³)	1780	1260

续表

材料参数	推进剂	包覆层
热膨胀系数/K⁻¹	0.000143	0.000154
导热系数/[W/(m·K)]	0.3	0.3
比热容/[J/(kg·K)]	1256.1	1500
弹性模量/MPa	$E(t)$	5
泊松比	0.499	0.49

在温度冲击仿真过程中，改性双基推进剂装药初始温度为 333.15K，气流温度恒定为 218.15K。该推进剂装药的包覆层底面及装药的底面与工装相连，设定其轴向位移为零，其余表面均为自由面，在药柱及包覆层的对称面上施加无摩擦约束。忽略放入烘箱过程中的热量散失，计算的边界条件采用第三类边界条件：对固体推进剂装药的所有换热面施加对流换热边界条件，由于烘箱内部空气对流速度较低，参考相关文献，对流换热系数取 100W/(m²·K)。

在推进剂装药的温度冲击过程中，由温度载荷引起的应变随温度冲击时间不断变化，因此需选取不同时间点下的温度分布图和应变分布图，分析推进剂装药在温度冲击过程中的结构完整性。由于装药的温度、应变在温度冲击前期变化比较剧烈，故选取 100s、500s、1200s、3600s、7200s、12000s 六个时间点作为参考，其温度冲击过程的温度分布图如图 4-3-36 所示，应变分布图如图 4-3-37 所示。在对结果进行分析的过程中，需考虑装药环向的应变，因此结果中选取以轴向为法向的正应变进行分析。

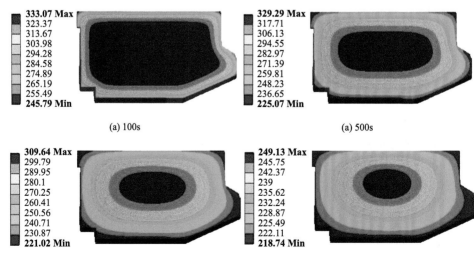

(a) 100s

(a) 500s

(c) 1200s

(d) 3600s

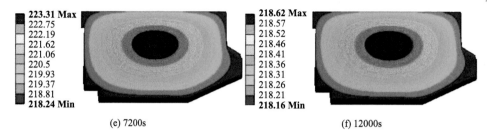

(e) 7200s　　　　　　　　　　　　(f) 12000s

图 4-3-36　不同时间温度分布图(单位：K)

Max-最大值；Min-最小值

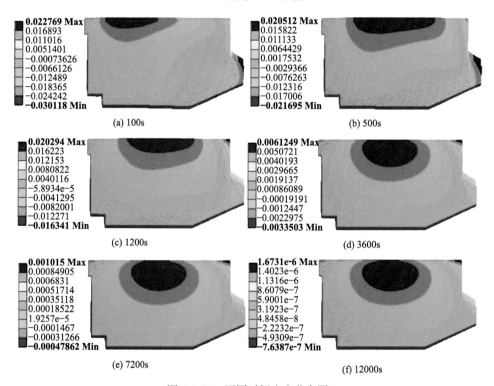

(a) 100s　　　　　　　　　　　　(b) 500s

(c) 1200s　　　　　　　　　　　　(d) 3600s

(e) 7200s　　　　　　　　　　　　(f) 12000s

图 4-3-37　不同时间应变分布图

　　由于在装药结构完整性分析过程中需要将仿真计算结果中的应变与单轴拉伸力学试验结果中的断裂伸长率进行对比分析，而单轴拉伸力学试验中的应变为正应变。因此，为使对比结果更为清晰，在对计算结果进行分析的过程中，选取环向正应变来分析装药的变形。

　　由温度分布图可以发现，推进剂装药边缘的部分降温速率较快，温度传播方向基本垂直于对流换热面，历经 12000s 后，温度分布基本达到平衡状态。由正应变分布图可以发现，温度冲击前期推进剂装药外表面主要表现为拉伸应变，最大值为 2.4%左右，内孔及推进剂内部则主要表现出压缩应变，最大值为 3.0%左右。

时间达到 12000s 时，压缩应变主要存在于推进剂内孔中心处，其余部位主要表现为拉伸应变，且二者数值均趋于 0[47]。

由应变分布图可知，推进剂装药内表面及顶端的应变变化情况较复杂，是影响装药结构完整性的主要因素。选取 200s 和 1000s 两个不同时刻，对如图 4-3-38 所示特征路径上不同位置的应变进行对比分析，图中 1、2 分别表示路径起点和终点。对比结果如图 4-3-39 所示。从图中可以看出，拉伸应变的主要转折点包括图 4-3-39 中的 A、B、C、D、E、F 六个装药外形突变点，故需对六个转折点重点进行考虑。在温度冲击进行至 200s 时，D 点的应变最大，为 2.44%；在温度冲击进行至 1000s 时，B 点的应变最大，为 2.03%。

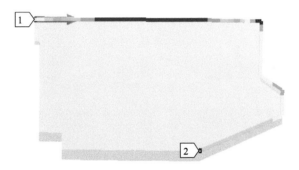

图 4-3-38　模型特征路径

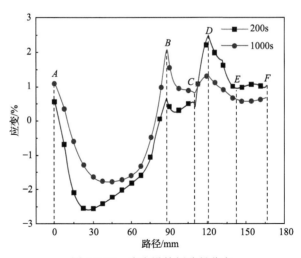

图 4-3-39　应变沿特征路径分布

为分析该推进剂装药在温度冲击条件下的装药结构完整性，选取图 4-3-39 中 A、B、C、D、E、F 六个典型位置，对六个位置处的温度和应变随时间的变化规律进行对比分析。六个位置的温度、应变随时间的变化曲线如图 4-3-40 和图 4-3-41

所示。

由图 4-3-40 和图 4-3-41 可以发现，该推进剂装药六个典型位置的温度随时间的变化规律基本一致：起始时刻迅速降低，到 9000s 时基本趋于平衡状态，其中 C 点和 F 点的温度变化速度相比于其他点相对较慢。六个位置应变随时间的变化规律则相对比较复杂，B 点出现了上升—下降—上升—下降的变化趋势，其余点则主要表现为上升—下降的变化趋势，这是由于 B 点在温度冲击过程中伴有一定程度的应力释放。此外，在整个温度冲击过程中，B 点和 D 点在 1000s 和 200s 两个不同时刻附近分别出现了极大应变值。

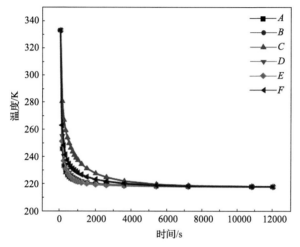

图 4-3-40　温度随时间变化曲线

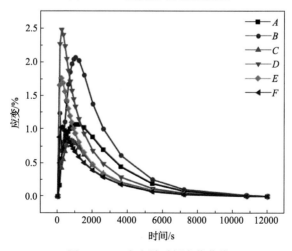

图 4-3-41　应变随时间变化曲线

由此可见，为研究该推进剂装药的结构完整性，需将不同时刻、温度下计算所得不同位置处的应变与对应温度下该推进剂的断裂伸长率进行对比。在温度冲击过程中，由图 4-3-39 可知，推进剂装药六个典型位置所受载荷主要表现为拉应力，且在相同温度下该推进剂的压缩断裂伸长率远大于拉伸断裂伸长率，故只需要将六个典型位置的应变与相应温度下该推进剂的拉伸断裂伸长率进行对比即可。

改性双基推进剂作为一种典型的黏弹性材料，其力学性能具有显著的相关效应，在不同应变率下力学响应特性通常差异较大，因此需要在一致的应变率条件下进行结构分析。

根据仿真计算结果，不同位置在不同时刻的应变率不同，六个典型位置的最大应变率基本在 0.9～1.5%/s。因此，选取该推进剂在 1.2%/s 应变率下的断裂伸长率作为参考断裂伸长率，用于与不同位置不同时刻的应变进行对比。该改性双基推进剂在不同温度下的断裂伸长率如表 4-3-7 所示。可以发现，温度较低时，断裂伸长率较低；温度较高时，断裂伸长率较高。由图 4-3-37 可以发现，在温度冲击过程中，应变均未超过 5%。参考表 4-3-7，当温度大于 273.15K 时，推进剂断裂伸长率大于 5%，说明温度冲击过程中，当温度大于 273.15K 时，推进剂装药的结构完整性不会受到破坏。

表 4-3-7　不同温度下推进剂的断裂伸长率

温度/K	218.15	233.15	253.15	273.15	293.15	323.15	333.15
断裂伸长率/%	1.52	2.01	3.49	6.64	45.92	47.08	49.97

因此，在分析时，只需要将六个典型的位置在低温时的应变与对应温度下的推进剂断裂伸长率作对比，即可判断该推进剂装药在整个温度冲击过程中的结构完整性。

A、B、C、D、E、F 六个典型位置的温度、应变随时间的变化关系及不同温度下该推进剂的拉伸断裂伸长率参考曲线如图 4-3-42 所示。

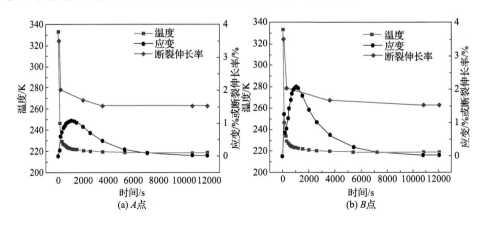

(a) A点　　　　　　　　　　　　(b) B点

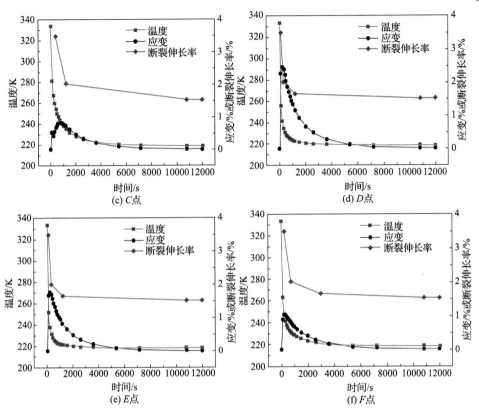

图 4-3-42　不同位置应变与断裂伸长率对比

从图 4-3-42 中可以发现，B、D 两点在某些时刻下的应变超过了对应温度下的断裂伸长率，导致结构完整性发生了破坏。以时间为参考，当温度冲击进行至 200s 左右时，D 点应变已超过对应温度下的断裂伸长率，说明此时 D 点已经出现裂纹；当温度冲击进行至 1000s 左右时，B 点应变已超过对应温度下的断裂伸长率，说明此时 B 点出现裂纹。裂纹产生后，会沿一定的方向传递，因此该推进剂装药的结构完整性已经破坏，而破坏的起点则是 B、D 两点，即该推进剂装药前端面的两个拐点。

通过理论分析，得出如下结论：

(1) 温度冲击起始时刻推进剂装药外表面温度变化较剧烈，应变较大，温度冲击时长达到 12000s 时，推进剂装药内部的温度和应变分布达到平衡；

(2) 将温度冲击仿真计算过程中不同时刻下 A、B、C、D、E、F 六个典型位置的应变与相应温度下改性双基推进剂的断裂伸长率进行对比，结果显示，在 200s 左右时，D 点发生破坏，在 1000s 左右时，B 点发生破坏。

对于固体推进剂组合装药结构完整性，可得出结论：

(1) 随应变率的增大，推进剂初始模量、屈服强度、应变强化点强度、断裂强度逐渐增大，屈服应变基本不变，应变强化点对应应变逐渐变小，断裂伸长率先增大后减小，破坏模式依次表现为颗粒"脱湿"、基体破坏、颗粒断裂；

(2) 随温度升高，推进剂的初始模量、屈服强度、断裂强度逐渐降低，推进剂的断裂伸长率随温度的升高逐渐增大，在 50℃之后基本没有大的变化，破坏模式依次表现为脆性断裂、韧性断裂和颗粒"脱湿"；

(3) 改性双基推进剂装药在高温环境下容易出现由于强度低而破坏的现象，在低温环境下容易出现断裂伸长率低导致装药破碎的现象。

第5章 推进剂组合装药成型工艺

为提高导弹的机动性、突防能力和命中精度，作为动力装置的火箭发动机需要具有推力可控和多次启动的能力，即需要对火箭发动机的能量输出方式进行管理。多级推力发动机设计方案主要包括多级发动机和单室多推力发动机两种，尤其是单室多推力发动机技术以其结构简单、推力调节方便、发动机综合性能优良等优势已经开始在火箭弹及战术导弹中得到了应用[48]。将同种制备工艺、不同配方性能推进剂(燃速、药型和力学性能等均不同)的药柱通过界面黏结技术制成整体级推进剂组合装药，将其应用于单室多推力发动机中可使一种导弹发动机实现导弹发射、增速、续航和末加速等多级复杂推力的输出和转换，并具有发动机结构、推力调节方便和能量输出灵活等优点，可显著提高发动机综合性能，目前该组合装药技术已在多个战术导弹及火箭弹中得到应用。

单室多推力发动机利用一台发动机，装填药型、能量或燃速不同的推进剂组合装药就可实现导弹的发射、增速、续航、加速等功能。按照总体技术指标，单室多推力发动机可由不同燃速、不同药型，甚至不同工艺的推进剂药柱组合而成。组成组合装药的两种推进剂组分在界面之间的运动和相互作用，导致此界面处的力学性能发生变化，这会直接影响组合装药结构的完整性、推力和内弹道等性能的过渡，进而影响单室多推力发动机整体综合技术指标的实现。

为保证单室多推力导弹发动机稳定工作，推力的输出及可靠转级至关重要，其转级的可靠性与发动机中多级推进剂组合药柱之间的界面黏结性能息息相关，在此方面研究人员已经开展了许多研究，取得了一些定性的结论，但目前尚未系统完善地研究固体推进剂组合装药的界面黏结性能，相应的研究方法也不成熟[49,50]。现对同种成型工艺(续航级推进剂和发射级推进剂)制备的改性双基推进剂两级组合药柱界面黏结性能进行探索研究，为以后不同工艺组合提高多级推进剂的组合装药研制提供参考[51]。

5.1 浇铸推进剂成型工艺

5.1.1 球形药的制备

1. 球形药组成

硝化棉球形药是浇铸改性双基推进剂的主要组分之一，其性能直接关系到推进剂的燃烧性能和力学性能等。球形药的制备工艺参数是影响球形药质量的主要因素。1970年，美国公布了外溶法连续化成球工艺，用于轻武器球形药的制备，1973年美国海军军械站报道了塑溶胶硝化棉连续化工艺，用于制备改性双基推进剂。以上两种连续化工艺生产效率高，溶剂可回收利用，从而降低了成本，减少对人员的危害和环境污染。李丁等以水和乙酸乙酯(RAc)为介质，硝化棉(NC)为原料，经成球、洗涤、烘干等过程制得硝化棉球形药。利用激光粒度分析仪、扫描电镜、DSC、傅里叶变换红外光谱研究了溶剂比、搅拌速度和驱溶速率等参数对浇铸改性双基推进剂球形药工艺的影响。结果表明，随着溶剂比的提高，球形药的堆积密度由0.794g/cm³提高至0.986g/cm³；随着搅拌速率的提高，球形药的堆积密度由0.821g/cm³提高至0.947g/cm³。驱溶速率过快，成球率和圆球度明显降低。双芳型发射药是国内外长期应用的火炮发射药之一，是废弃发射药中库存量多，报废量较大的品种之一。如何更好地使双芳型发射药得到再利用是废弃火炸药处理工作中需要考虑的问题。已有将双芳型发射药改型再用于军用发射药和制造民用炸药的报道。双芳型发射药的增能改性是在双芳型发射药的基础上，为提高能量而加入增能物质。徐建华等探讨了用双芳型发射药增能改性球形药制备过程中，增能物质含量及粒度对球形药成型的影响，同时也对溶剂用量、脱水剂浓度及驱溶过程对球形药假密度和平均粒径的影响进行了探讨[52]。高质量、低成本、颗粒精细，至少有部分塑化的球形药是应用淤浆浇铸工艺的关键。

淤浆浇铸工艺所用球形药与轻武器球形药有较大区别。首先不需要表面处理；其次是所用硝化棉的含氮量较低，不用强棉，而用3#或皮罗棉，爆胶棉；最后一明显区别是淤浆浇铸工艺用球形药的颗粒细得多($d_{50} \leqslant 50\mu m$)，以保证黏合剂的主体硝化纤维素在推进剂中的均匀分布，从而保证黏合剂相的连续性，这对保证推进剂必要的力学性能是必要的。对于有较高黏合剂含量的改性双基推进剂和浇铸双基推进剂，允许用较大颗粒的球形药，因为它的成本较低，细小的硝化纤维素球形药也叫速溶胶硝化棉。典型的速溶胶硝化棉配方如表5-1-1所示。

表 5-1-1　典型的速溶胶硝化棉配方组成($d_{50} \leqslant 50\mu m$)

项目	配方 1	配方 2	配方 3
硝化纤维素含量/%	98.5	90.1	75.1
2-硝基二苯胺含量/%	1.5	1.5	1.5
硝化甘油含量/%	—	8.0	23.0
炭黑含量/%	—	0.4	0.4
包覆剂含量/%	0.15	0.15	0.15
颗粒最小密度/(g/cm³)	1.56	1.58	1.58

为了改善推进剂的性能，可将各种固体组分，如 HMX、Al、燃烧催化剂等加到球形药中，使这些组分在推进剂中的分布更加均匀，有利于提高推进剂的力学性能和燃烧性能，并可不必使用超细颗粒的球形药就能获得较好的物理机械性能，这种复合球形药也称包覆球，典型的组分如表 5-1-2 所示。

表 5-1-2　包覆球的组分

组分	质量分数/%
奥克托今	43.7
铝粉	27.0
硝化纤维素	22.3
硝化甘油	5.8
2-硝基二苯胺	1.0

这种球形药的假相对密度为 1.074，真相对密度为 1.895，为理论值的 97%。这种球形药因硝化纤维素含量太少，很难制成光滑的球形，但仍有较好的流散性。

包覆球的制备技术对改善淤浆浇铸工艺制成的推进剂性能有较大贡献，但也使球形药的组成变得复杂化，增加了球形药的生产难度，提高了生产成本。尤其这种球形药只能用于特定的配方，并不是通用的，这也使淤浆浇铸工艺在灵活调节配方方面的优点受到影响。

2. 球形药制备工艺流程

球形药制备过程基本上是将硝化纤维素用溶剂溶解成黏胶液，再在水介质中分散成细小的漆滴，漆滴靠表面张力作用变成球形，脱除溶剂形成坚硬的球状硝化纤维素颗粒。

球形药的制备通常采用内溶法和外溶法。内溶法工艺是将硝化纤维素悬浮于大量水介质中，在搅拌下加入溶剂，如乙酸乙酯，使硝化纤维素溶解并随之粉碎成滴状，然后加热除去溶剂，制成球形药。外溶法工艺是将干燥的硝化纤维素用乙酸乙酯溶成胶团，用挤压机通过花板挤出，挤出药条用旋转刀切成直径与长度比为 1∶1 的小药柱，药柱落入不断搅拌的，含有动物胶、脱水盐并用乙酸乙酯饱和的介质水中，通过加入附加溶剂和加热的方法使药粒变软，并形成球状，后除去溶剂，制成球形药。表 5-1-3 比较了内溶法和外溶法的特点。

表 5-1-3　内溶法和外溶法的特点

制备方法	特点
内溶法	生产小颗粒的淤浆浇铸用球形药；比较简单，成分混合均匀，且可使用未经彻底安定处理和不经干燥的硝化纤维素
外溶法	所用溶剂较少，球形药的粒度比较均匀，适宜生产大颗粒的轻武器用球形药

3. 球形药成球原理

　　硝化纤维素与溶剂的浓溶液在水介质中被强力搅拌而粉碎成细小的漆滴，这些漆滴极大地增大了系统的界面，也增大了系统的表面能，因此处于热力学不稳定状态，有自动聚集的趋势。为了防止漆滴的聚集要加入保护剂(护胶剂)，如动物胶等。保护剂的作用一方面是降低了系统的表面能，使系统趋于稳定；另一方面是在漆滴表面形成一层保护膜，在漆滴互相碰撞中不会粘在一起。在不断地搅拌下，系统形成一个"油-水"型的乳浊液。

　　加入的保护剂有骨胶、明胶、阿拉伯树胶、糊精、聚乙烯醇等，骨胶和明胶是最常用的。通常将明胶用热水溶解，配成浓度很高的胶水，在硝化纤维素溶解后，加入介质水，悬浮于水中的漆滴在表面张力的作用下，由不规则形状变为球形。因为根据表面张力原理，漆滴表面各点所受附加压强为

$$\Delta P = 2\delta / R$$

式中，δ 为表面张力；R 为漆滴表面该点的曲率半径；ΔP 为附加压强。由此可知，R 越小，ΔP 越大，故漆滴表面各点都有使该点曲率半径 R 增大的趋势，直至各点 R 相同时，漆滴才处于平衡状态，变为球形，此时漆滴表面能最小。

　　在溶解成球阶段可以将需要的组分加入球形药中。一般球形药含有少量安定剂，如中定剂、2-硝基二苯胺，以保证球形药在贮存中有足够的安定性。为了制备出预塑化的双基球形药，可以加入一定量的硝化甘油、三乙酸甘油酯、二硝基甲苯等组分，这些组分的加入都可以预先溶于乙酸乙酯，在溶解成球阶段直接加入成球锅。如果欲加入不溶于水的固体组分，如燃烧催化剂、黑索金(RDX)、奥克托今(HMX)、铝粉(Al)时，通常可在加入溶剂之前，将这些组分与硝化纤维素一起加到水中，搅拌分散悬浮，形成细粒度颗粒。为了提高催化剂的分散均匀性，常使用胶体磨使其与水一起研磨成高分散性的悬浮液，再加到成球锅中。对于铝粉，为了防止其与水发生反应，事先可进行表面钝化处理。欲加到球形药中的各种组分也可制成吸收棉，在成球时一起加入。

4. 球形药制备工艺

1) 球形药制备工艺条件

(1) 溶剂比。

　　溶剂比即溶剂与硝化纤维素(干量)之比。溶剂比是由所用的工艺方法、硝化纤维素的品号、球形药的组成及球形药的粒度决定的。

　　外溶法工艺的溶剂比较小，一般为 3~4，过大的溶剂比会使溶胶太黏而无法压伸和切断。内溶法工艺的溶剂比较大，常需 5~10，由于溶剂比决定了溶胶的黏度，黏度不同的溶胶在搅拌下粉碎的难易程度不同，因此溶剂比影响球形药的

粒度。加大溶剂比，溶胶的黏度下降，相同的搅拌条件下粒度较小，但同时增加了溶剂的消耗。反之亦然，高黏度的爆胶棉要比低黏度的 3#棉用更大的溶剂比。制作含 HMX 或 Al 的包覆球时，需用很大的溶剂比，如 20 倍以上。一方面是因为球形药中硝化纤维素含量少，另一方面是因为需要较低的溶胶黏度，才能将固体组分包覆起来。另外，溶剂比对球形药的圆球率也有一定的影响，因此溶剂比是成球的重要工艺条件。合适的溶剂比是在已有经验的基础上通过试验确定的。

(2) 成球温度。

一般希望采用较高的成球温度，因为成球温度高溶解快，漆滴黏度小，有利于成球。但是温度高也使溶剂挥发量变大。因为水与乙酸乙酯的共沸点是 70.4℃，在用乙酸乙酯成球时常用温度范围为 60～65℃。

(3) 成球时间。

从将溶剂加入硝化纤维素与水的悬浮液中起，就开始了硝化纤维素的溶解成球过程。它包括硝化纤维素的溶解、漆滴的分散及漆滴变圆过程。通常硝化纤维素的溶解是较快的，尤其当溶剂比较大时，几分钟便充分溶解了。这时漆滴颗粒的大小是不均匀的，必须经过一定时间的搅拌才能使漆滴大小稳定在一定的范围内，并由不规则的形状变成圆球状。由于成大球和成小球所用溶剂比相差很大，漆滴的黏度不同，因此所用成球时间也不相同。一般成小球时间不到 1h，成大球时常需 2h 的溶解成球时间才能使球形变圆，粒度比较均匀。

(4) 水倍数。

介质水量与硝化纤维素干量之比称为水倍数。水倍数越小，设备的生产能力越高，溶剂在水中的溶解损失越小。因此，应该使水倍数尽量小，但是水倍数太小则影响球药的粒度和圆球率。通常成大球时用较小的水倍数，一般不超过 10 倍，成小球时要用很大的水倍数，如 20 倍以上或者更大。由于水倍数很大，设备的生产能力很低。

(5) 护胶剂量。

成球中通常用动物胶作为保护剂，即护胶剂。用护胶剂在介质水中的浓度来表示护胶剂量。护胶剂在成球中不仅要在漆滴表面形成胶膜并且要提高介质水的黏度。因为水的黏度提高，有利于增加打碎漆滴的剪切力，故可以减小球形药的粒度。护胶剂量也不能太高，否则增加了护胶剂的消耗，效果又不显著，护胶剂量大给洗涤球形药也造成困难，通常护胶剂量为 1%～2%。

护胶剂种类也对球形药的粒度有很大影响。首先，采用 0.2%～0.5%的聚(氧乙撑)糖酯类和丁二酸二烷基酯的钠盐做乳化剂，用 0.2%～0.4%烯丙基葡萄糖交联的聚丙烯酸作护胶剂可以获得平均颗粒直径为 5~20μm 的球形药。其次，动物胶作为护胶剂时，难以获得这样小粒度的球形药。表 5-1-4 列出了护胶剂量对球形药粒度的影响。

表 5-1-4　护胶剂量对球形药粒度的影响

序号	溶剂倍数	水倍数	护胶剂量/%	100μm 以下球形药含量/%
1	4.5	10	1	38
2			2	56
3	5.0	10	1	44
4			2	62
5	6.0	12	1	49
6			2	70

(6) 搅拌速度。

在其他条件相同时，球形药的粒度取决于成球锅的搅拌速度，或者说取决于搅拌齿的线速度。因为搅拌齿直径越大，其线速度越大，大设备的转速可以小得多。转速依据要求的球形药的粒度而定，可能有几倍的差别。成大球时转速不能高，要有一个缓和的搅拌条件，否则粒度会太小。由于表面性质影响，漆滴直径越大越不稳定，因此难于做出直径大于 0.7mm 的球形药。相反，粒度越小要求转速越高，但是在一定的工艺条件和设备条件下，光靠增加转速来获得小颗粒的球形药也是有限度的。

由于在一个搅拌齿上离中心距离不同的各点圆周速度不同，内溶法支撑的球形药粒度都不是单一的，要有一个较大的粒度分布范围。

2) 脱水

待成球锅内漆滴的大小已比较均匀，形状也成为圆球形后，就可以加入脱水剂，开始脱水过程。

(1) 脱水过程。

因为水在乙酸乙酯中有一定的溶解度，所以溶解成球的硝化纤维素漆滴中随着乙酸乙酯将带入一定量的水分。这些水分不会在驱除溶剂的过程中随着溶剂的蒸发而除去，但这些水分如果不能在药粒变硬之前除去，而是在烘干时除去的话，就会使烘干后的球形药成为多孔的，密度明显降低，因此要求在驱除溶剂之前，即药粒变硬之前将水分除去。

漆滴的水分是在水介质中加入水溶性盐类，使水介质成为一定浓度的盐溶液，由于球形药内的水珠中不含盐，在球内外形成渗透压，水分从球内向球外渗透，达到驱水的目的，这一过程称为脱水过程。在添加脱水剂之前，从成球锅内取样观察药粒是不透明的乳白色，在加入脱水剂之后可观察到药粒逐渐变透明，说明水分已被脱出。

(2) 脱水剂及其用量。

脱水剂应该是能溶于介质水中而不溶于溶剂中的，溶解后呈中性，对球药无损坏作用。脱水剂应该廉价易得。常用的脱水剂有硫酸钠、硫酸镁、硝酸钾、硝酸钡等，其中硫酸钠应用最广。

脱水剂用量一般是以脱水剂在介质水中的质量分数表示的，通常脱水剂用量在 2%～4%。增加脱水剂用量有利于水的脱出，透明球形药可达 100%，而且可以提高球形药的密度。脱水剂用量过大，除造成消耗增加外，还可因渗透压太大，水分渗出过快，或者漆滴胶膜的破坏造成漆滴结构破坏，使球形药质量明显下降。

为了使脱水过程均匀进行，渗透压逐渐增加，硫酸钠可以分批加入。硫酸钠可溶于水中或浓溶液后加入成球锅，也可以不溶于水直接加入。

当制备过程中采用对水溶解度较大的溶剂，如甲乙酮作为硝化纤维素的溶剂时，由于随溶剂带入球形药中的水分较多，此时单靠加入硫酸钠驱水的方法已不能使密度满足要求，需要在溶剂中加入一种稀释剂来降低水在溶剂中的溶解度，因此减少了随溶剂带入漆滴中的水分，这少量的水分再靠渗透压的办法驱除。

非溶剂的稀释剂应满足以下要求：①不溶于水；②与溶剂互溶，并不影响溶剂对硝化纤维素的溶解能力；③可降低水在溶剂中的溶解度。甲苯、二甲苯、庚烷、环己烷等均不溶解硝化纤维素，都可作为稀释剂。例如，在甲乙酮作溶剂时，加入 5%甲苯作稀释剂。

(3) 脱水工艺条件。

① 脱水时间。脱水时间一般要用 30～60min，成小球时间短，成大球时间长。增加脱水时间有利于脱水，球形药的密度增加，脱水过程中，随着水分的减少，溶剂对硝化纤维素的塑化能力增大，漆滴表面黏度增加，容易聚结。尤其是溶剂比大时，这种情况更明显。因此，有时要采取分段驱除溶剂的方法，即加入 50%脱水剂脱水，然后驱除一部分溶剂，再加入脱水剂，再驱除溶剂，可以获得较好的效果。

② 脱水温度。温度高对脱水有利，但由于成球温度已接近溶剂和水的共沸点，一般脱水温度只能稍高于成球温度而低于共沸点温度。一般脱水温度在 66～68℃，脱水期间的搅拌速度与成球时相同。

③ 溶剂脱除。脱水后继续提高锅内温度，将溶剂蒸出。随着溶剂的减少，漆滴收缩变硬，最后成为坚硬的球形药粒。

溶剂脱除是一个关键的过程，操作不慎就可能使球形药黏结成大块，或者不能形成致密的表面层。球形药中的溶剂以两种方式被脱除。一种是当温度升高时，溶解于水中的溶剂蒸发或沸腾脱出，水中溶剂浓度下降，溶剂从球形药中扩散到水中；另一种是当温度更高时，球形药中的溶剂直接蒸发脱出。

在系统中溶剂含量很多时，即脱除溶剂开始阶段，应以第一种方式为主。当溶剂已脱出一大部分后，应以第二种方式为主。因为当球形药中的溶剂迅速气化时，可能使球形药上浮，并且由于溶剂不能及时扩散到水中，而聚集在球形药表面，使球形药表面变黏，造成球形药结团或变形，如果溶剂气化过快，还可能形成空洞的"放泡"球。因此，在脱溶剂初期应该特别注意升温速度，不可过快。通常成球锅内抽真空，造成一定的负压，例如保持余压在700mmHg(93.31kPa)，并在低于乙酸乙酯沸点的温度下脱除溶剂。当溶剂已经脱出一大部分时，球形药表面已经变硬，不再容易变形时，再逐渐升高温度，直至最后可将温度升高到90℃以上，尽量除净球形药内部的溶剂。

除溶剂过程中每个阶段的升温速度及时间要根据具体设备情况试验确定。通常脱溶剂要用1~2h甚至更长的时间。在整个脱除溶剂时间内要保持高的搅拌速度不变。

④ 洗涤。成球后要进行洗涤，以除去球形药表面黏附的保护胶和脱水剂。一般用热水(50℃)洗几遍就能洗净。据报道，留在球形药表面的动物胶将影响球形药在溶剂中的塑化，从而影响推进剂的力学性能及其包覆层的黏结强度。为此可用酶处理球形药，以彻底除去动物胶，可用的酶有胰酶等。在100份球形药中加入9份酶，在40℃下处理4h即达到较好的效果。例如，经酶处理的球形药的推进剂抗拉强度为4.3MPa，不经酶处理的球形药的推进剂抗拉强度为2.8MPa。

⑤ 筛选。球形药要经过筛选以去掉成球过程中形成的渣子，黏结的大块或粒度过大、过小的球形药。筛选可在转滚筛中用水筛法进行。从喷头喷出的水流夹带球形药通过筛网，并不断冲洗筛网以避免网眼被堵塞。筛出的合格球形药去混同，不合格的废球形药收集起来可以重新溶解成球利用。

⑥ 混同。对于大批使用的球形药，或者为了使大批推进剂具有良好的再现性，球形药要进行混同。一般来说，混同是在水中进行的。许多小批的球形药可以在混同机内一次混同成一大批，混同之后用离心机除水。

⑦ 烘干。球形药在使用前要烘干。一般要求含水量低于0.5%。对于某些含有异氰酸酯的交联改性双基推进剂使用的球形药，要求更低的含水量。通常双基球和复合球的水分比单基球的水分容易驱除。

烘干可以用台式或箱式干燥器。将球形药以薄层铺在铝盘内，在65℃左右的温度下放置一两天即可。环境湿度过大时，烘干效果不好。

由于硝化纤维素的吸湿性，烘干后的球形药应该密封贮存以防吸湿。干燥的球形药在处理中有较大静电，且容易受静电放电引起爆燃，因此必须小心。干燥的速溶胶硝化纤维素应当在导电的容器中进行处理和输运,且这些容器总要接地。

5. 球形药的主要质量指标

1) 粒度

粒度是球形药最主要的指标。通常所说的粒度指一定的粒度分布范围或该范围内的平均粒度。对于不同的应用，对球形药粒度的要求不同。对于低黏合剂含量、高能量的改性双基推进剂，要求应用粒度为 5～50μm 的速溶胶球形药。对于一般硝化纤维素含量较高的推进剂，可以使用粒度在 100μm 左右，甚至更大的球形药。对于一定的配方，需要控制稳定的球形药粒度即粒度分布，否则将影响配方的工艺性能和力学性能。

2) 圆球率

在球形药中常含有一些非圆球形状的药粒，如椭圆状、长棒状及其他不规则的形状。这些非球形药粒降低了配浆浇铸工艺中浆液的流动性，因此要求圆球率越高越好，一般要控制在 90% 以上。圆球率是用显微镜直接观测的。小粒度球形药的圆球率通常很高，甚至接近 100%，但大粒度的球形药的圆球率有时很低。

影响圆球率的因素有很多，如水倍数、乙酸乙酯加入速度、成球时间、折流挡板的形式等，最关键的是溶剂脱出的速度。在脱溶剂的开始阶段一定要使球形药内溶剂向球形药表面扩散的速度与溶剂蒸发速度相适应，不使球形药表面因溶剂聚集变黏变软，导致球形药变坏。因此要控制成球锅内温度低于溶剂与水的共沸点，并保持一定的真空度，使扩散到球形药表面的溶剂都能迅速被除去。

3) 假比重

假比重表示自然装填情况下，单位溶剂的球形药质量，也就是堆积密度。这是衡量球形药质量的重要参数，它与球形药的粒度、粒度分布、真相对密度、圆球率、表面光滑度等有关。假比重对配浆浇铸工艺药浆的流动性有明显影响。因此，假比重应作为球形药的重要质量指标加以控制。

静电对假比重的测量有明显影响，刚烘干好的球形药由于静电作用较大而使假比重测量结果偏低，放置一段时间后静电作用变小，假比重增大。因此，为了消除静电的影响，测量假比重时要保持相同的条件。另外，球形药还有一些质量指标，如护胶剂含量、硫酸钠含量、内挥发分含量、水分剂化学组成等，这都要在球形药的制备过程中加以控制。

5.1.2　混合工艺

复合固体推进剂是各组分的机械混合物，在未固化之前它显示出非牛顿流体性能。影响未固化推进剂药浆流变性能的公益因素如下：混合期间混合机消耗的功率(即总混合强度)，抽空除气的效率，各组分的加料顺序及混合机的大小和设计水平等。就质量来讲，生产的推进剂加入固化剂之前，必须经充分的有效混合，因此混合机在结构上应该能预防质量分层和离子下沉的趋势。在混合过程中，温度的变化会引起药浆黏度很大的变化，因此必须控制温度。混合时药浆温度必须均匀，不应出现局部过热，负责热敏感的物料会发生降解或促使产生副反应。对适用期短的推进剂配方应尽量迅速混合。

在固体复合推进剂的制造中，常用的混合机是卧式双桨叶混合机(简称"卧式混合机"，桨叶是 S 形)和立式混合机(桨叶是行星式)。卧式混合机能有效混合高黏度推进剂，但存在的问题是密封压盖处可能会污染推进剂，而且此处又是容易发生危险的地方，迅速出料也困难。立式混合机比卧式双桨叶混合机有优势，其混合锅可以交替使用，既可以在其中进行混合，又可以用来运送药浆，因此有较高的生产能力，而且安全。此外，还制出一种吸收了立式混合机和卧式双桨叶混合机优点并改进了它们的缺点的锥形立式混合机,这种混合机可满足任何一种推进剂的混合要求。

1. 混合工艺过程

将物料按既定加料方式和顺序加料进行机械混合，以保证制得的各组分均匀一致，具有良好浇铸性能的药浆。混合是靠搅拌锅壁与搅拌桨之间的剪切作用完成的。氧化剂加入的方式是将盛有高氯酸铵的加料器置于混合机上方，在混合机运转的情况下采用振动的方式将其加入混合机。氧化剂与预混流体经过充分混合之后，加入剩下的组分，继续搅拌，直至成为均匀的具有流动性的药浆。

混合工序的工艺条件主要是控制混合温度，加料顺序和混合时间，具体参数由配方的性质来决定。根据推进剂配方和设备情况，混合机混合工艺采用以下原则：

① 少量固体附加物先加入黏合剂中，使之充分混合和分散均匀，此操作一般在燃料预混工序进行。

② 氧化剂和黏合剂要充分混合，使黏合剂全部润湿氧化剂表面。

③ 搅拌桨与搅拌锅存在的死角,混合过程中必须安排适当的反转搅拌与人工清理，使混合机内物料混合均匀。

④ 混合中控制好药浆的温度，使其获得良好的工艺性能。在满足工艺性能和"适用期"的前提下，尽可能提高药浆的温度，使其达到或接近固化温度，以减少药柱固化时的热应力及药柱膨胀高度。混合周期一般为 1.5～2h。

2. 混合工艺操作规程

推进剂的混合工序是推进剂制造中最危险的工序，存在许多不安全因素，有可能发生燃烧和爆炸。因此，混合工序的工艺操作必须是隔离操作或远程遥控，操作人员要严格遵守操作规程。

现行卧式混合机混合工艺操作规程简述如下：

(1) 投料前准备工作。

要熟悉工艺要求，按工艺要求做好投料的一切准备工作；

先将混合机内壁、搅拌桨、轴孔内等清理干净，应绝对无残药；然后将干净的轴瓦装进轴孔，填满盘根（一般三至四圈即可），压紧压盖，使压盖与轴瓦保持水平，不得有斜度，搅拌桨与混合机壁之间的间隙必须大于 0.8mm；

检查所有的运转部位并加满油，进行混合机试车，正、反车各 3~5min，发现问题及时检修；

擦净并准备放氧化剂的加料装置，记录供方的温度、湿度。

(2) 操作步骤。

合上电闸，将所有运转设备试车 1~2min，检查电路是否正常；

检查称量工序送来的各种原材料质量并测试黏合剂系统的温度；

将黏合剂系统定量倒入混合机，将氧化剂加入料斗，调好下料速度；

严格按工艺提出的要求进行操作，详细记录混合过程中的各种现象，中间清理时将器壁清理干净，避免产生死角；

每次中间清理完毕，必须检查，清点好工具后方能继续开车运转；

混合周期结束，停车测量药温，准备出料；

出料时负责翻车的操作人员必须精力集中，不得离开原位，以避免按错电钮造成事故；

出完料按工艺要求将药浆转送至浇铸工房；

(3) 混合工艺操作顺序。

推进剂配方不同，混合工艺操作顺序也不一样。以丁羟推进剂为例，采用 300L 卧式混合机，其操作顺序如表 5-1-5 所示。

表 5-1-5　丁羟推进剂混合工艺操作顺序

序号	操作内容	时间/min
1	加黏合剂	—
2	正车(加高氯酸铵)	25
3	反车	5
4	停车，清理，测温(加燃速催化剂)	—
5	正车	35
6	反车	3
7	停车，清理，测温(加偶联剂)	—
8	正车	10
9	停车，加固化剂	—
10	正车	10
11	停车，清理，测温	—
12	正车	10
13	反车	3
14	正车	10

续表

序号	操作内容	时间/min
15	停车，出料，测温(药温 37～40℃)	—
合计	正车 反车 混合时间	100 11 144

(4) 混合后的清理。

如果继续投料，每混合三锅后大清理一次，各锅之间小清理。在进行小清理时，将混合机内壁上的残药刮干净，以备下锅投料。复位后试车 1～2min，检查混合机运转是否正常；

大清理或投料结束时必须做到以下几点：

① 将混合机内壁和搅拌桨上的残药刮干净，放平混合机，倒入溶剂，将混合机清理干净；

② 拆卸压盖、盘根、轴瓦等，清理干净后放到指定地点；

③ 在清理混合机的同时，将所有的容器、设备、工具清理干净，清除地面上散落的所有残药；

④ 关闭水、电、气、阀等，将混合机盖好。

5.1.3　配浆浇铸工艺

1. 固体物料混同

固体物料混同是将推进剂配方中数种或全部固体组分混合在一起的操作，它是配浆之前的准备工作之一。

改性双基推进剂中的固相组分通常有球形药、铝粉、高氯酸铵、黑索金、奥克托今及各种催化剂等。上述组分对于不同的配方可能有其中几种，将这些组分预先混在一起，可以简化配浆的操作过程，还有利于各组分的均匀分散，尤其是对于加入量很少，又要求分散均匀的催化剂来说更是必要的。

在混同之前，要求各种固体物料是充分干燥的。对于保存良好的铝粉、黑索金、奥克托今等，由于它们的吸湿性很小，含水量常低于 0.1%，一般不必干燥即可使用。保存良好的经表面活性剂处理的高氯酸铵含水量也很低，可不经干燥处理，但气流粉碎的细高氯酸铵却必须保存在烘箱(或干燥室中)备用。对于球形药，由于吸湿性较大，必须烘干，含水量在 0.5%以下才能使用。应该指出，不同的推进剂配方对于物料含水量的要求是不一样的。浇铸双基推进剂对水分不那么敏感，可以再放宽一些含水量要求。对于含有异氰酸酯或异氰酸酯端基的高分子预聚体的交联改性双基推进剂及复合双基推进剂，对水分的要求是严格的。因为水分与异氰酸酯反应放出二氧化碳，影响推进剂的质量，所以要求将含水量控制在 0.2% 以下，甚至要达到 0.05% 以下。

由于空气中水蒸气的存在，严格的含水量要求是不容易做到的。尤其是在空气湿度大的季节常给生产带来困难，需要细心地防止湿空气的影响。对于特别敏感的配方，要考虑在有空调的房间内进行必要的操作。

固体物料混同即可用筛混法。使干燥的细颗粒物料通过振动筛达到均匀混合的目的。通常混两三次即可。筛孔大小应使最大颗粒顺利通过。混同筛要密闭，防止粉尘飞扬。由于固体物料由多种粒度、不同比重的颗粒组成，因此不可能混合得非常均匀。对于配浆工艺来说，也没有必要提出高的要求，因为在配浆机中组分可以得到进一步的均匀混合。

固体物料混同是危险的操作，因为干燥物料的筛混会积聚很高的静电电压，而被混同的物料对静电放电又是很敏感的。为了防止静电危险，首要的是防止静电积聚，即混同设备要良好接地(接地电阻小于 4Ω)，要有导电地面。工房中要有雨淋系统，混同过程要隔离操作。静电积聚与材料的性质关系很大，单基球形药、黑索金、奥克托今静电很大，但混含炭黑的球形药或混含铝粉的固体物料时静电较小。

为了减少固体物料混同的危险性，可以取消或部分取消固体物料混同操作。例如，将固体组分逐次加入配浆机，或者将较安全的组分，如将铝粉、催化剂和球形药混在一起；炸药组分，如黑索金、奥克托今等在配浆时单独加入，但这样做的结果使配浆操作复杂化了。

2. 含聚酯预聚体的混合溶剂的配置

如充隙法浇铸工艺一样，配浆法浇铸工艺也需要混合溶剂配置。为了改善改性双基推进剂的力学性能，采取了加入二官能团或多官能团异氰酸酯交联硝化纤维素的方法。还采取了同时加入与硝化纤维素有很好互溶性的端羧基聚酯预聚体及二官能团或多官能团的异氰酸酯交联硝化纤维素的方法。对于第一种方法，异氰酸酯在配浆时加入，不影响混合溶剂配置工艺。对于第二种方法，需要将聚酯预聚体溶于混合溶剂中，使混合溶剂的配置工艺有了较大的变化。这里仅介绍含聚酯预聚体的混合溶剂配置工艺。

聚酯预聚体因种类或分子量的不同在常温下可能是液态或固态的，在其加入混合溶剂之前都要加热，并在真空下干燥，然后加入充分干燥过的硝化甘油混合溶剂。例如，将聚酯预聚体加热到 70℃，并在余压小于 10mmHg(1.33kPa) 的真空下干燥 10h，使其含水量小于 0.05%，然后加入含水量为 0.02% 的硝化甘油溶剂中。

直接接入端羟基聚酯预聚体的办法存在一个缺点，就是在固化过程中，二异氰酸酯的固化交联方式可能是多种的。例如，交联可能发生在硝化纤维素之间或聚酯预聚体之间，这些交联方式是副反应，而主反应硝化纤维素和聚酯预聚体通过二异氰酸酯交联起来的方式却较少。因此，提出了将端羟基聚酯预聚体与二异氰酸酯预先反应，制成有异氰酸酯端基的聚酯聚氨酯预聚体，然后与硝化纤维素交联，从而有效地控制交联方式，获得了良好的物理机械性能。

5.1.4 固化成型工艺

1. 固化机理

1) 塑溶固化过程

(1) 硝化纤维素被混合溶剂溶解。

改性双基推进剂的黏合剂主要由硝化纤维素和硝化甘油构成，另外还或多或少含有一种或数种增塑剂。改性双基推进剂的固化过程就是硝化纤维素被硝化甘油及增塑剂塑溶，形成高分子浓溶液的过程。

众所周知，硝化纤维素是刚性线型高分子固体材料，其外观是疏松的纤维状，这种材料是不能直接与硝化甘油混合制成推进剂的。因此，需要将硝化纤维素制成具有致密表面，并在一定程度上是预塑化的球形药或浇铸药粒，使其可以与硝化甘油混合，并有可控制的溶解速度，从而获得使推进剂组分均匀混合及浇铸成一定形状所需的时间，在这一段时间里完成了充隙浇铸或配浆浇铸的加工过程。

在固化过程中，硝化纤维素与硝化甘油的塑溶过程是靠分子的热运动——扩散完成的。因为硝化纤维素是分子量很大的高分子，其扩散速度是很小的，因此塑溶过程只能是低分子溶剂向聚集态的硝化纤维素大分子之间扩散，使硝化纤维素的分子间距离变大、体积增大，发生溶胀现象。如果有足够量的溶剂，上述过程可一直继续下去，直到硝化纤维素分子间有大量溶剂分子，大分子间力不断减弱，溶剂化的硝化纤维素分子转移到液相中，即发生硝化纤维素的完全溶解，形成高分子溶液。在推进剂加工的情况下，溶剂的物质的量非常不足，溶解过程只能进行到一定程度，即硝化纤维素大分子只能达到一定的溶胀程度，形成高分子浓溶液。这种浓溶液黏度很大，体系不再具有流动特性，即由固液混合物变成固体推进剂。因此，改性双基推进剂的固化过程是塑溶固化过程。固化后的硝化纤维素溶胀体具有很好的形状稳定性，其模量随着硝化纤维素与溶剂比例的增加而增加，外观上看可以是柔软的弹性体直至坚硬的塑料。

塑溶过程是改性双基推进剂典型的固化过程。在塑溶固化过程中不存在副反应对固化质量的损害，因此可以保证固化质量的重现性。

(2) 固化温度和固化时间。

由前文可知，分子扩散是塑溶固化的唯一推动力，由于硝化纤维素分子间作用力很大，且硝化纤维素表面的溶胀物对溶剂的进一步渗透阻力很大，这种塑溶过程必然是很慢的。为了加快固化过程，常采用加热固化的办法。固化温度的提高是很有限度的，要求不至于引起硝酸酯的明显分解。另外，对于壳体黏结式发动机来讲，高的固化温度会造成热应力的提高。一般固化温度在 50～75℃。对于大尺寸壳体黏结式发动机的固化，为了尽量减少热应力，可以选择更低的固化温度。

从理论上讲，固化终点应该意味着溶剂在硝化纤维素大分子间已呈均匀分布。但是主要用很长的时间，实际上是不可能的。一般规定推进剂药柱的物理机械性能已达到较好的水平，不再发生明显的变化时即为固化终点。过长的固化时间不仅是时间上的浪费，还会因硝酸酯的热分解而损害推进剂的性能。

固化时间因固化温度和硝化甘油混合溶剂中的增塑剂品种的不同而有很大差别。低温固化的推进剂固化时间可达 1～2 周；高温固化的推进剂可在 2～3 天内固化。在推进剂配方中加入少量低温固化剂——硝化纤维素的良溶剂，可以明显缩短低温固化时间。

实际上，固化的推进剂内部，药粒(球形药)的边缘与中心的溶剂浓度并没有达到完全的均匀。试验数据表明，使用浇铸药粒的系统中，药粒界面处液体浓度比药粒中心处大。

2) 影响固化的因素

(1) 硝化纤维素和混合溶剂的浓度参数。

硝化纤维素与硝化甘油混合溶剂的溶解性能是影响固化过程的根本内因。因为不同含氮量和分子量的硝化纤维素溶解性能不同，加入不同增塑剂的硝化甘油混合溶剂对硝化纤维素的溶解能力也不同，因此欲得到固化质量良好的推进剂，必须要求硝化纤维素和混合溶剂有良好的互溶性。

(2) 药粒(球形药)中硝化甘油含量对固化的影响。

实践表明，无论是充隙法的浇铸药粒还是配浆法的球形药，最好是预先部分塑化的，如果其中含有一定数量的硝化甘油(或其他增塑剂)，就可以获得固化质量良好的推进剂。在充隙浇铸工艺中浇铸药粒含有不同含量的硝化甘油时，对所得到的固化产品的质量对比表明：经中止燃烧检验，浇铸药粒中含20%硝化甘油时可得到好的固化质量；使用仅含有 1%中定剂的单基浇铸药粒时，固化质量几乎都不好；使用 10%硝化甘油的浇铸药粒时可获得中间状态。

浇铸药粒(或球形药)中含有一定量的增塑剂，使硝化纤维素的大分子间均匀分布有增塑剂分子，降低了硝化纤维素的分子间力。在固化过程中，增塑剂分子容易扩散进入药粒(球形药)之中，获得较快、较均匀的塑溶过程，因此固化质量较好。不同硝化甘油含量的球形药在混合溶剂中的溶胀速度的试验结果证实了这一点。硝化甘油含量越高，球形药的溶胀速度越快。

用单基球形药与含硝化甘油的双基球形药制成的改性双基推进剂的显微切片观察也可以看出，经过同样条件固化之后，双基球形药的球形基本消失，而单基球形药的边缘虽然已经模糊，但球的中心却留有一个没有充分溶解的"核"。这个"核"不起黏合剂的作用，只相当于填料。这对于硝化纤维素含量低的高能改性双基推进剂的力学性能是不利的。

综上所述，为了获得好的固化质量，可以在浇铸药粒或球形药中加入一定量的硝化甘油(或其他增塑剂)。硝化甘油含量受配方中液体总量的限制。例如，在配浆浇铸工艺中，如果将一部分硝化甘油加入球形药，必然增加了固相组分的量，减少了液相组分的量，即固液质量比增加了，药浆的流动性下降了，甚至达到不能浇铸的程度。对于充隙浇铸工艺来说，装填密度是一定的，因此浇铸溶剂的含量也不能任意减少。要在固化质量、工艺性能及配方综合性能允许的条件下，确定药粒(球形药)中的硝化甘油含量。

3) 交联固化过程

作为改性双基推进剂黏合剂的硝化纤维素与硝化甘油的浓溶液存在高低温力学性能不良的缺点。硝化纤维素是刚性的线型高分子，其玻璃化温度较高，为173~178℃，因此在低温下模量很高，只有很小的断裂伸长率，即产品在低温时硬而脆。又因为塑溶状态的硝化纤维素分子之间没有交联，在高温状态下分子之间可产生滑移，即产品在高温下强度低，在贮存过程中易出现塌陷问题。尤其是黏合剂含量低的高能改性双基推进剂中，这个问题比较突出。因此，要改善其力学性能，以适应发动机的使用要求。

改善力学性能普遍采用的方法是在推进剂配方中加入交联剂，使硝化纤维素交联起来，形成网状结构。由于加入交联剂在固化过程中除塑溶固化外，又加入了交联反应固化的因素，即从单纯的溶解过程变成了包括化学反应的复杂过程。

2. 固化工艺条件

固化过程的设备和工艺条件都是比较简单的。固化罐是一个用热水循环或热空气循环的保温罐。对于大尺寸发动机，由于搬运中危险性较大，固化罐常与浇铸罐合而为一。为了使大肉厚的药粒升温均匀，模芯也要通热水循环。

固化工艺条件要视所加工的发动机和推进剂的具体情况而定。对于较小的自由装填式药柱，通常采用较高的固化温度(60~75℃)，在较短的时间内(2~4 天)完成固化。由于固化温度较高，为了使升温均匀，常采用逐步升温的办法，即分几阶段升温到所需的温度，每次升温间隔 2~3h。这种办法可使推进剂内外温差较小，固化质量较好。对于大尺寸的壳体黏结式发动机装药，为了减小热应力，要降低固化温度，通常固化温度低于 50℃，并且通过较长的时间，如 1～2 周的时间进行固化，固化后的降温也要缓慢进行。

显然，固化温度高，时间短，可以提高效率，但应以不引起药粒的热分解为限。固化温度低，时间长，但是降低了热应力，并且生产安全。固化过程有着火爆炸的危险，需要远距离控制固化。

3. 固化过程中推进剂体积的收缩和加压固化技术

1) 推进剂的固化收缩

经验表明，在固化过程中，推进剂的体积有收缩现象。尤其双基推进剂或黏合剂含量高的改性双基推进剂，这种现象比较明显。收缩除了塑溶过程引起的体积变化外，主要是药粒中微小空隙的注填引起的。在充隙浇铸工艺中，药粒的硝化甘油含量不同，等温收缩的量也不同。单基药粒的等温收缩量最大，双基药粒的固化收缩量较小。

配浆浇铸工艺也存在固化收缩现象。据称配浆浇铸工艺生产的浇铸双基推进剂的固化收缩率为 0.5%，而塑溶胶推进剂的固化收缩率为 0.7%。这些数据反映出一般的收缩水平。显然，不同推进剂配方的固化收缩率是不同的，对于加入大量固体填料的改性双基推进剂，由于黏合剂量较少其固化收缩率也较小。

固化过程中体积收缩是不利的。它可能形成固化药柱中的微小锁孔，并能在药柱内部引起内应力，严重时引起成品药粒的裂纹。尤其是壳体黏结装药发动机，固化药柱的收缩会造成包覆层与推进剂的脱黏，使发动机报废。

2) 加压固化技术

为了克服固化收缩造成的不利影响，无论充隙浇铸工艺还是配浆浇铸工艺都可以采用加压固化技术，即在固化过程中给系统施加一定的压力。该压力可使系统产生一个预先变形，压力撤销后该变形可抵消推进剂固化中体积收缩和固化降温中体积收缩造成的应力。

4. 固化质量

1) 气孔问题

改性双基浇铸工艺最容易出现的质量缺陷是气孔问题，即在固化推进剂成品中有数量不等的孔洞。气孔不仅降低了推进剂的物理机械性能，而且严重地威胁着内弹道性能的稳定，甚至可能导致药柱在燃烧过程中由于燃面的突然增加而爆炸。因此，对推进剂产品的质量要求中都对气孔疵病有严格的限制。

由于改性双基推进剂组分是复杂多变的，产生气孔的形式和原因也是复杂的，有些问题还不清楚或存在不同的解释。

有一类孔洞是宏观的，它不属气孔的范围。实际上是浇铸工艺中的一种物理缺陷。例如，在充隙浇铸工艺中，由于浇铸溶剂流速控制不当，或者药粒床中留有空气而使溶剂短路，造成局部药粒没有溶剂，不能塑化而呈现松散的结构。在配浆浇铸工艺中，由于药浆流动性不良，出现药浆"搭桥"，固化后出现较大孔洞(直径几毫米)，或者由于药型复杂，浇铸没有充满，固化后发现"缺肉"。

无论是充隙浇铸还是配浆浇铸工艺中，若在浇铸管路上有漏气的地方，在浇铸过程中,空气泡不断地进入溶剂或药浆中都会造成推进剂中的出现较多的气孔。这种气孔比较大，如 $1\sim2mm$，并单独存在于推进剂中。

上述几种孔洞形成的原因是明显的，也不难消除。

本书讨论的气孔是指尺寸很小，一般在 1mm 以下或针尖状，成片或多个出现，这种气孔的成因如下。

(1) 物理原因产生气孔。

在固化的推进剂药柱表面存在成片的针尖状小孔，切开药柱内部也存在这样的小孔。在使用高含氮量的硝化纤维素制造的浇铸药粒和球形药时，或者使用单基硝化纤维素球形药制造的推进剂中，常容易出现这种小孔。

这种小孔的成因有两种较为常见的解释:一种解释认为固化收缩造成"缩孔"，即在固化过程中推进剂的体积要收缩。这种收缩基本上是在完全凝固之前发生的。由于硝化纤维素结构的非均匀性，凝固不是同步的，在凝固较缓的部位，药浆还具有移动的可能，这里的药浆填充了邻近位置收缩的体积而造成空隙。另一种解释认为药浆中固体组分的除气不彻底，吸附在药粒、球形药及其他固体物料中的微量气体在固化中释放出来，形成气孔。这两种观点都可以找到一些试验现象为依据。

使用双基浇铸药粒或双基球形药可以消除这种气孔疵病。在固化中使用逐步升温的办法也有利于消除这种气体疵病。因此，可以认为第一种解释可能性较大。因为双基药粒和双基球形药较易固化，固化质量均匀，固化收缩小，所以产生缩孔的可能性较小。但是试验确实观察到了在固化过程中有气体迁移现象，这支持了后一种解释。这种气体疵病主要出现在浇铸双基推进剂中。

(2) 化学因素产生气孔。

改性双基推进剂中的黏合剂基本上是由热安定性较差的硝酸酯组成的。它们在加热固化过程中会由于热分解而放出气体。这种放气现象可用加入安定剂的办法加以抑制。虽然不能完全杜绝气体的放出，但是由于放气速率很小而不能积聚成气孔。浇铸双基推进剂基本上不存在由于化学反应产生气孔的情况，但是在改性双基推进剂中，加入了大量高氯酸铵、黑索金、铝粉等组分。

在固化过程中的化学反应是非常复杂的，现在还远没有理清反应过程和反应机理。实践表明，在改性双基推进剂中，由于加入了高氯酸铵而明显地出现了气孔问题。这种气孔是均匀地分布于整个药柱中的。气孔很小几乎不可见，但是却可以发现推进剂的密度下降了，或者明显地看到推进剂在固化中体积不仅不收缩而且膨胀了，严重的时候会出现像"发面"那种情况。推进剂组分的含水量越大，这种气孔越严重。

加入间苯二酚或类似的物质可以抑制高氯酸铵的不稳定作用。这是因为间苯二酚是弱酸性物质，可以抑制高氯酸铵的分解，而且间苯二酚能够吸收 NH_3，生成间氨基苯酚，吸收氮的氧化物生成硝基、亚硝基苯酚等。虽然以上说法是否准确还缺乏证据，但间苯二酚确实可以抑制改性双基推进剂中的气孔，使高氯酸铵与间苯二酚共晶的办法可提高其稳定性。据称其他化合物也有消除气孔的作用。

在交联改性双基推进剂中，由于加入异氰酸酯或其预聚体，而出现了另一类比较常出现的气孔问题。这就是异氰酸酯与水分反应放出二氧化碳的结果。

对于改性双基推进剂，化学原因产生的气孔是主要的。物料水分高，环境湿度大及固化温度高都可以加重这种气体疵病。

2) 表面收缩

在制备自由装填的药柱时，有时脱模后的药柱表面有片状的收缩斑，其深度不足 1mm，表面粗糙，这就叫表面收缩。

表面收缩常出现在浇铸双基或含硝化纤维素较多的改性双基推进剂中。它影响产品的外观，但还没发现它对于推进剂性能的不利影响。表面收缩是推进剂固化中的体积收缩产生的。凡能减轻固化收缩的措施都能减轻或消除表面收缩，如使用双基球形药，采用逐步升温固化法等都是消除表面收缩疵病的有效措施。

5.2　粒铸推进剂成型工艺

5.2.1　浇铸药粒的制备

1. 浇铸药粒制备工艺

充隙法浇铸工艺也称"粒铸法"或"球铸法"工艺。双基浇铸工艺就是从充隙法开始的。早期的浇铸双基和改性双基推进剂都是用这种工艺生产的，直到目前这种工艺仍被广泛应用。

充隙法浇铸工艺与双基药压伸工艺相比是比较简单的，但是所用浇铸药粒的制备工艺却是相当复杂的。所谓"浇铸药粒"是指直径和长度各为 1mm 左右的硝化纤维素小颗粒。这种浇铸药粒可以用单基枪药的生产设备和相似的生产工艺。单基枪药的生产已有丰富的经验和充足的生产能力，这给充隙法浇铸工艺创造了良好的基础。制备浇铸药粒的生产工艺通常称为机械造粒工艺。

充隙法浇铸工艺也可利用球形药制备浇铸药粒。球形药的生产是简单且安全的，但是球形药的预塑化程度，即组分分布的均匀性不如用机械造粒工艺制备的浇铸药粒好，并最终影响推进剂的质量。因此，充隙法浇铸工艺多使用机械造粒工艺制出的浇铸药粒。一般说到浇铸药粒时就单指机械造粒的产物。

1) 浇铸药粒的类型

(1) 单基浇铸药粒：这种浇铸药粒中主要含硝化纤维素及少量的安定剂和附加组分，通常也含有少量的增塑剂。因为在一般装填条件下，浇铸药粒与浇铸溶剂的体积比为 2∶1 左右，所得产物中硝化纤维素含量为 60%左右，这种浇铸药粒用于生产高模量的自由装填式浇铸双基推进剂。

(2) 双基浇铸药粒：不同于单基浇铸药粒的是在其中加入较多的硝化甘油或其他增塑剂。用这种药粒制得的推进剂塑化质量较好且能量较高，可以制得模量较低、断裂伸长率较高的壳体黏结式装药的浇铸双基推进剂。

(3) 复合改性双基浇铸药粒：将大量晶体氧化剂和金属燃料加入双基浇铸药粒，用于制造改性双基推进剂。这种推进剂的特点是能量很高，同时硝化甘油和增塑剂的含量大于硝化纤维素的含量。硝化纤维素的塑化程度更高，可以适于壳体黏结式发动机装药。

三种浇铸药粒的典型组成及由它们组成的推进剂配方如表 5-2-1 所示。

表 5-2-1　三种浇铸药粒的典型组成及由它们组成的推进剂配方

配方	单基浇铸药粒		双基浇铸药粒		复合改性双基浇铸药粒	
	药粒	推进剂	药粒	推进剂	药粒	推进剂
硝化纤维素含量/%	88.0	59.0	75.0	50.2	30.0	22.3
增塑剂含量/%	5.0	36.0	17.0	44.0	10.0	32.3
弹道添加剂含量/%	5.0	3.4	6.0	4.0	—	—
固体氧化剂含量/%	—	—	—	—	28.0	21.3
固体燃料含量/%	—	—	—	—	29.0	21.6
安定剂含量/%	2.0	1.6	2.0	1.8	3.0	2.5

2) 械造粒的工艺

(1) 混合：将硝化纤维素用挥发性溶剂塑化并与浇铸药粒中其他固体组分均匀混合成塑性的可压伸的药团。

(2) 造粒：将药团压伸成药条，再切成圆柱形小药粒。

(3) 干燥：将小药粒用热空气干燥，除去挥发性溶剂及水分。

(4) 混同：将多批制品混成一大批，可保证产品高度的再现性。

2. 浇铸药粒工艺

1) 混合

混合也称塑化，其目的是用挥发性溶剂塑化硝化纤维素，使其形成面团状并具有可加工的塑性，同时均匀混入其他所需组分。

驱水后的硝化纤维素是块状的，打碎后在一种具有很大间隙的低剪切力的混合器中将硝化甘油与硝化纤维素混合。为了安全，硝化甘油溶于大量的挥发性溶剂中，如丙酮，这一过程叫预混。

预混后的物料送入混合机中进行混合，混合机通常为卧式混合机，它的两个强有力的S形桨叶以不同的转速和不同的方向旋转，具有很强的混合能力。混合机的锅体有保温夹套，可以调节混合温度。在混合过程中，依次加入推进剂中各种固体组分，如催化剂、铝粉、高氯酸铵等。加入高氯酸铵时是危险的，因为这时物料对摩擦是敏感的，为了降低敏感度，通常要同时补加一定量的挥发性溶剂，并要求远距离操作。待高氯酸铵分散于药团之中后，危险性就大大降低了。

对于卧式混合机来说，工作时不允许物料进入搅拌器的轴径内，因此每次混合前要认真检查，清洗并经常更换轴封材料。准确控制浇铸药粒的组分是保证制成推进剂质量的关键之一。混合操作是决定浇铸药粒组分是否准确的关键。

混合过程起到以下两个方面的作用。第一是将所有组分混合成均匀的整体；第二是使硝化纤维素被挥发性溶剂和增塑剂塑化，使物料具有可加工的塑性。因为硝化纤维素是线型刚性聚合物，分子间作用力大，分子链柔顺性小，在外力作用下，即使分子链被拉断也不能产生分子间的相对滑移和流动变形，不能改变其结构松散的特性，只有在溶剂作用下发生塑化，形成硝化纤维素与溶剂的浓溶液，增大了分子间的距离，提高分子链的柔顺性，降低分子间的作用力，物料才具有一定的塑性，便于加工成致密的药柱。混合过程为硝化纤维素的塑化提供了时间、热量，尤其是提供了迫使溶剂向硝化纤维素内部渗透和使硝化纤维素聚集结构分散的挤压力。混合后，塑化的硝化纤维素作为母体将其他成分黏在一起，并赋予推进剂以强度和弹性。

影响混合过程的因素如下：

(1) 挥发性溶剂的组成和溶剂的用量。通常用一定比例的乙醇和乙醚或者乙醇和丙酮的混合液作为溶剂。溶剂的组成不同对硝化纤维素的溶解能力就不同，要根据所用硝化纤维素的含氮量选用适宜的醇醚或醇酮溶剂的质量比，称为醇醚比(或醇酮比)，一般为0.5～2.0。

溶剂用量常以溶剂量与干物料质量比表示，称作溶剂比。溶剂比影响到药料中硝化纤维素的塑化程度，溶剂用量大，塑化程度高，反之亦然。通常需控制适宜的塑化程度，使药团"软""硬"适中。由于不同配方浇铸药粒中硝化纤维素含量相差很大，如单基浇铸药粒中硝化纤维素含量在90%以上，复合改性双基浇铸药粒硝化纤维素含量仅30%左右，因此溶剂用量也有较大的差别。显然，为达到一定的塑化程度，硝化纤维素含量高时就需要加入较多的溶剂，即溶剂比较高，通常适宜的溶剂用量需经试验确定。对于复合改性双基浇铸药粒，选择丙酮质量/乙醇质量=60/40，溶剂用量为26.1%时是合适的。

(2) 加料次序。首先将硝化纤维素与溶剂混合，使其部分塑化，形成一个黏稠的母体，然后再加入其余固相组分，这样有利于组分的均匀分散。

(3) 温度。在使用醇醚溶剂时，一般控制温度在25℃以下，以避免溶剂的过分挥发。在使用醇酮溶剂时，温度可较高，如40℃左右。提高温度有利于溶剂的扩散，加快塑化过程，但要避免溶剂的过分损失。

(4) 时间。根据混合后硝化纤维素的塑化程度，固体氧化剂聚块的破碎程度及组分分散均匀程度来确定混合时间。若药团因故加入过多溶剂时，可打开混合机盖，并适当延长混合时间以除去多余的溶剂。

一般在混合结束时，凭经验，根据混合物的表观状态就可以确定药团是否已充分混合并适于进行挤压。当然也可以采用试压办法来鉴定药团的质量。将一部分药料加入压力机，以规定的速度压伸，并记录所得压力，看此压力是否符合要求。对于一定的配方，该压力指标是通过试验确定的。

在混合操作中，通常要使用一定比例的返工料，如压伸机边角料，废药条等。除了经济效果之外，还因为这些返工料提供了一定量预溶剂化的硝化纤维素，使混合物中各成分有较好的分布，从而改善了最后推进剂产品的力学性能和弹道性能。

2) 造粒

(1) 压伸。混合后的塑化药团的塑化程度还不充分，均匀性差，结构松散，需要经过压伸工序进行进一步加工，以增加物料的混合和塑化程度，使药料更密实，并压伸成具有一定尺寸的药条。

压伸的第一步是压滤，即"一次压伸"。使药团通过模具和花板，以除去药团中的空气。除去硝化纤维素聚块和杂质，增进塑化和密实程度。压滤后的药条在压伸之前要进行预压，即将药条用适当的压力压成密实的药团，除去其中的空气。预压后的药团进行二次压伸，压伸机以相当高的压力(通常在20MPa左右)将药料从药模具中挤出，成为压伸药条，用合适的容器将药条收集起来并送去切药。

药团性质、压伸压力、出药速度和模具设计是影响压伸质量的主要因素。压伸压力高，出药速度慢可以得到比较光滑致密的药条。通常要根据具体配方，依靠经验和实际调整压伸压力、出药速度和模具设计，使其与药团的性质相适应，以得到所需尺寸光滑致密的药条，并具有高的生产效率，其中药条表面光滑度对压伸条件最为敏感。

(2) 切药。压伸药条用切药机切断称为切药。常用的双槽式旋转切药机一次可切几根药条，切药长度和垂直性通过进料机构和切刀同步控制。切药质量很重要，切药不齐或歪斜会在药粒上产生不平的切边和毛刺，导致筛装密度降低，要十分注意刀片的锋利程度并及时调节。药条的塑性也十分重要，太软容易将药条切扁，太硬不仅使得药粒边缘不整齐，而且增加了切药的危险性，因此在压伸和切药之间要控制药条的溶剂含量。

为了精确控制药粒的尺寸，必须了解药粒干燥后的收缩特点。因为药条中含有大量的挥发性溶剂，在压伸中硝化纤维素分子有定向作用，所以药粒在干燥中有明显的收缩，而且是各向异性的。对于一定的配方通常要预先试验测定收缩特性，以指导模具设计和切药条件。表 5-2-2 给出了一些造粒期间典型的尺寸变化数据。

表 5-2-2　造粒期间典型的尺寸变化

项目	单基浇铸药粒	双基浇铸药粒	复合改性双基浇铸药粒
模具直径/mm	1.248	1.350	3.10
湿药条直径/mm	1.042	1.120	3.00
干药粒直径/mm	0.865	0.915	2.74
切药时长度/mm	1.015	0.915	3.48
干燥药粒长度/mm	0.890	0.890	3.28

3) 干燥

相当大量的挥发性溶剂是随着混合、压伸和切药的过程不断除去的，但是残余的溶剂必须采取干燥的办法除去。

单基浇铸药粒的干燥比双基或复合改性药粒困难得多。因为单基浇铸药粒中硝化纤维素含量大，对溶剂的亲和力较大，降低了挥发性溶剂的扩散速度。用热空气直接干燥单基浇铸药粒，会使药粒表面形成硬壳，使内部溶剂更难驱除。因此单基浇铸药粒通常要经过浸水处理。浸水的实质是在水的作用下，药粒表面层的硝化纤维素发生反塑化作用。溶剂和硝化纤维素的结合力被削弱，溶剂比较容易扩散到药粒表面。因为溶剂易溶于水，产生一个液固萃取过程，从而达到驱除溶剂的目的。浸水后的药粒再用热空气干燥，除去水分和剩余溶剂。由于单基浇铸药粒中不含或很少含难挥发性增塑剂，硝化纤维素塑化程度很低，对残余溶剂分子的亲和力很大，因此即使在强有力的干燥后，也难将溶剂总量降到 1%以下。

对于双基浇铸药粒和复合改性双基浇铸药粒，干燥比较容易。将药粒放在浅盘内，置于干燥工房内，用热空气(约 60℃)干燥数天即可。由于总挥发分影响药粒的绝对密度，因而影响药粒的筛装密度。

4) 光泽

药粒干燥后，要经过光泽处理。这可以除掉药粒表面的毛刺和光角，能够降低药粒移动中的静电积聚，促进药粒的流散性。药粒光泽是在光泽机中进行的。在光泽机的转鼓中加入少量石墨，通常为药量的 0.05%，并分散在乙醇溶剂中，通过缓慢的转动使石墨均匀地分布在药粒表面上。光泽时间一般在 2h 左右，每分钟转动 5 次。光泽过程可使压力的导电率几乎增加百万倍，有利于生产的安全。

5) 混同

混同是将多批浇铸药粒混成均匀的一大批的操作。混同的第一个作用是可使浇铸药粒制造期间材料和加工条件的少量变化得到均衡，可以大批量生产再现性高的浇铸药粒。因为光泽机的转鼓容量可以很大，所以光泽就可以作为混同的第一步。据称，使用混同后的药粒生产的推进剂，各发的燃速变化低于 1%，其他弹道性能的变化低于 0.25%。就是说，大批量药粒的混同技术保证了制成推进剂的高度再现性，这是充隙浇铸工艺的优点之一。

混同的第二个作用是精确调整推进剂的性能。预先测定每小批药粒的性能，然后根据产品的要求将各小批以不同的比例混同，从而得到所需的混批药粒。同样，机械性能和筛装密度也可用相同的方法调整。

在混同中，由于摩擦而使压力表面变得更光滑，从而提高了筛装密度，这是混的第三个作用。因此，浇铸药粒的混同是控制药粒质量的关键操作。混同之后，药粒经过筛选，除去结块和药粉即可装桶备用。

3. 关键参数控制等

1) 密度、水分和挥发分

浇铸药粒的密度应当尽可能地高，通常为理论值的 97%以上。密度降低的原因在于空隙和挥发分。空隙就是未除尽的空气，它可能造成推进剂中产生气孔，降低力学性能并影响推进剂的弹道性能。药粒中总会存在一些挥发分，它表明药粒的烘干程度。正常的挥发分总含量为 0.5%～1.0%。挥发分总含量太高影响推进剂的能量，而且挥发分的不断挥发，使推进剂的性能发生变化。

由于硝化纤维素的吸湿性，浇铸药粒会从大气中吸收少量水分，因此烘干后的药粒要密封保存，或者使用前再烘干。

2) 筛装密度

对充隙浇铸工艺来说，装入模具内的药粒装填密度决定了浇铸药粒与浇铸溶剂的比例，因此也就决定了推进剂成品的组成，故装填密度直接关系到推进剂成品的性能，是充隙浇铸工艺的重要控制参数。

筛装密度是装填密度的一个相对计量单位。它用一个标准筛将浇铸药粒装入一个标准容器测得。筛装密度对浇铸药粒的真密度，药粒的长径比和表面的光滑程度都很敏感。为了获得性能均一的推进剂，需要有最大的筛装密度。因为筛装密度小的情况下，难以获得稳定的装填密度，所以推进剂的性能也不稳定。

3) 均匀性

为了获得最佳性能和高度的再现性，所有组分应均匀分布于整个浇铸药粒内，其中弹道改良剂的分散最为重要。弹道改良剂分散不均匀会降低其催化效果，并使燃速产生很大的变动。另外，力学性能取决于硝化纤维素的塑化程度，力争整个药粒内硝化纤维素的纤维结构大部分被破坏，并形成一个均匀的预塑化基体。对于硝化纤维素含量高的药粒，部分纤维结构未受到破坏，这部分纤维粒子成了体系的填料，起不到黏合剂的作用，从显微切片检验能了解一些均匀性的定性情况。

4) 溶胀性能

溶胀性能是指浇铸药粒被浇铸溶剂增塑的速度和均匀性的性质，这对于确定合适的固化条件是重要的。希望药粒能被增塑剂以适宜的速度均匀溶胀，又要求药粒表面有一个阻止溶剂迅速溶胀的致密外壳，这对于获得良好的固化质量及保证必要的浇铸时间是必需的。

总之，浇铸药粒是充隙浇铸工艺的关键组分，只有生产出预塑化的组分准确并分布均匀，筛装密度大的浇铸药粒，才能获得高质量的推进剂。浇铸药粒的大批量混同为生产性能稳定的产品提供了极为有利的条件。浇铸药粒的生产是复杂的，复合改性双基浇铸药粒中含有大量的氧化剂颗粒，它的混合、切药、烘干都是比较危险的操作，要特别注意安全防护。

5.2.2　充隙浇铸工艺

1. 药粒装填

药粒装填是将浇铸药粒装入模具(发动机)的过程，它是充隙浇铸工艺的关键工艺过程。良好的装填技术应该获得最大和再现性好的装填密度。实际上，小的装填密度也不可能有好的再现性和均匀性。所谓再现性是指各发模具内的装填密度是相同的。所谓均匀性是指一发模具内各部分都有相同的装填密度。装填密度对制成推进剂组分的影响是明显的。因为装填密度决定了药粒与溶剂之比，因此决定了推进剂的组分。根据粗略的计算，对于普通双基浇铸推进剂来说，装填密度波动±1%时，就会引起硝化纤维素、硝化甘油组分含量波动约±0.5%，有可能造成组分的超差，因此要求严格控制装填密度。在装填很好的药模内，浇铸药粒可占药模容积的68%，当相应的将药粒简单倾倒于药模中时，只能达到药模容积的57%。

常用的装填方法是筛装法。这种方法就是药粒由圆筒形的加料漏斗经过一个具有等间隔的较大孔径的分配板，均匀分配到一个装有孔径约为药粒直径两倍的筛网分散板上,然后依次将药粒均匀地分散到药模内(药模内堆积的药粒称为药粒床)。对于自由装填式药柱,这是一种适宜的通用方法。对于具有球形端头,药型复杂的壳体黏结式发动机,由于发动机开口小,上述筛装法技术已不适用,需要采取更先进的空气分散药粒装填技术,这种方法是将药粒用空气加速,药粒随着空气流以相当高的速度流过管道,然后以适当的角度分散吹入发动机,试验表明,这种方法可获得相当于或超过筛装法的装填密度。

药粒装填时常用振动器,以增加装填密度。各种装填技术的选择要根据药粒的类型和发动机装药的几何形状而定。表 5-2-3 给出了各种装填技术得到的相对装填密度,其中以普通筛装密度为 100%计。

表 5-2-3　各种装填技术对装填密度的影响

装填方法	相对装填密度/%
自然倾倒	88.5
筛装法	101.0
筛装并振动	101.6
空气分散药粒装填	101.9
空气分散药粒装填并振动	102.2

实际上,对于一定的配方和一定的模具或发动机,要经过多次试验才能确定装填技术条件和稳定的装填密度,并需反复试验才能调整好浇铸药粒和混合溶剂的组分与装填密度的关系,这一过程需要很长时间,因此充隙浇铸工艺对配方调整来说很不方便。为了除去空气和挥发分,装填好的药粒要抽真空,真空度要小于 10mmHg(1.33kPa),抽空时间为 16～40h。

2. 溶剂配置

溶剂配制的目的是将推进剂组分中的各种液相组分(包括在常温下是固态,但是却可以溶于液相的组分)都混合在一起,配制成混合溶剂。混合溶剂配置有利于各组分的均匀混合,降低了液相的机械感度,同时将一些固态组分溶于液相中增加了液相的比例。

混合溶剂包括爆炸性增塑剂和非爆炸性增塑剂。爆炸性增塑剂有硝化甘油、硝化二乙二醇、三羟甲基乙烷三硝酸酯、三乙二醇二硝酸酯、丁三醇三硝酸酯等;非爆炸性增塑剂有三乙酸甘油酯、苯二甲酸酯等。常温下是固体的组分,如中定剂、间苯二酚、2-硝基二苯胺等,可先与三乙酸甘油酯、苯二甲酸酯或者二硝基甲苯及吉纳(N-硝基二乙基胺二硝酸酯)等一起加热溶解,适当降温后再加入硝化甘油中。

混合溶剂的配制在带有夹套的溶剂配制槽中进行。溶剂配制槽底部常做成斜底，以利于排净全部溶剂，下部有多孔的通空气的蛇管，溶剂配制时夹套保持一定的温度，空气鼓泡进行搅拌，使组分混合均匀并带走一部分水分和挥发分，配制槽为铝制或不锈钢制。

溶剂配制后要真空干燥。通常要求干燥后溶剂含水量低于 0.2%。真空干燥温度可控制在 30~40℃或常温，真空度要求余压小于 10mmHg(1.33kPa)。

3. 充隙浇铸

充隙浇铸的目的是用混合溶剂充满药粒的间隙。混合溶剂可以从顶部或底部流入药粒中。溶剂干燥器中的溶剂在大气压力下被压入药粒间，故又称真空抽注。

在真空下浇铸可使产品完全无气孔，但有时采用常压浇铸，使溶剂在压力下流入浇铸药粒间也可以成功地制备出无气孔的药粒。浇铸过程就是迫使溶剂流过和充满药粒床间隙的过程。在给定的时间内，溶剂充满药粒床的高度即表示浇铸速度的大小，它是浇铸过程控制的主要参数。适宜的浇铸速度一般是通过试验确定的。首先选择一个适当的压力差，观察浇铸溶剂是否以适当的速度充满模具。速度太快时药粒床扰动，而且溶剂易形成短路，使一部分药粒中的溶剂不足。速度太慢不仅影响效率，而且溶剂黏度的增加使后期浇铸困难。一旦确定了压力差，对于一定系统来讲，浇铸的工艺条件也就确定了。

从上述的充隙浇铸过程来看，与压伸工艺相比，充隙浇铸工艺是简单的，不需要复杂的设备和大量的工房，物料的处理条件比较缓和，安全性较好。可以看出，对于尺寸较小的装药，单发药柱的装填和浇铸很不方便，成本也较高，非必要不应采用这种工艺。

5.3　螺压推进剂成型工艺

5.3.1　螺压工艺特点

螺压工艺具有连续化程度高、批量大、生产周期短、生产保障能力强的优点，几乎不受气候和天气的限制，是战时前方武器弹药充足供给的重要保障，在大批量武器装备(炮射导弹、火箭弹、精确制导兵器等)的研制生产保障方面具有不可替代性。第二次世界大战期间，苏联的螺压推进剂在卫国战争中发挥了重要作用。螺压推进剂因此成为世界各军事强国竞相发展的推进剂品种。目前，螺压推进剂在我国被广泛应用于各军种及航天工程领域。

螺压工艺由吸收药制造、塑化药粒制备、压伸成型三大单元(工序)构成。典型螺压工艺流程如图 5-3-1 所示。

吸收工序主要目的是制造出各种成分准确与消化面牢固结合且各成分分布均匀的药团。本工序是提高产品质量、提高良品率的重要一环。在该工序中，将药

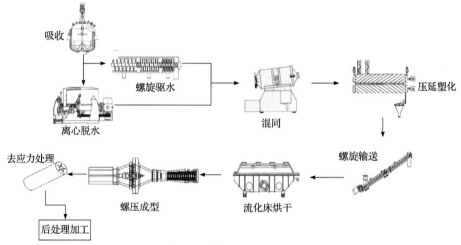

图 5-3-1　典型螺压工艺流程

料各组分放入吸收器，在一定的温度下，搅拌一定的时间，使溶剂和硝化棉深入作用，各组分与硝化棉均匀牢固结合。

压延塑化的目的就是进一步除去药料中的水分，使药料中的含水量降至2.3%以下，药料进一步塑化和混合，使药料密实，具有一定的密度。

压伸的目的是将前工序已经塑化的药料进一步塑化，通过药模压制成一定密度、一定几何形状和机械强度的药柱。压伸工序是螺压成型工艺的关键工序，螺压机是成型过程的主要设备，如图5-3-2所示，螺压机内部结构见图5-3-3，螺压模具结构如图5-3-4，螺压机与模具配合起来才能达到成型的目的。

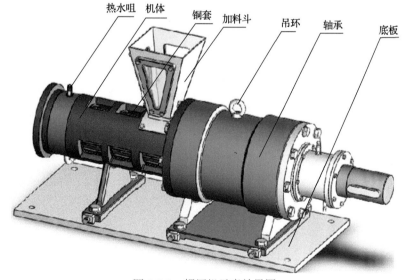

图 5-3-2　螺压机示意效果图

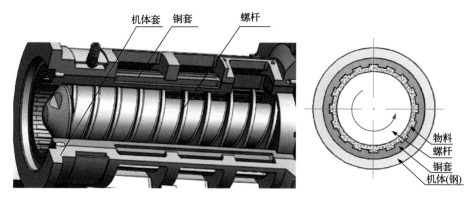

图 5-3-3　螺压机内部结构示意图

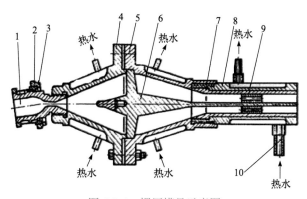

图 5-3-4　螺压模具示意图

1-进药嘴；2-剪力环；3-卡环；4-前锥体；5-后锥体；6-针及针架；7-成型铜套；8-成型体钢套；9-定位环；10-水嘴

5.3.2　螺压推进剂特点

螺压推进剂特点如下：

(1) 能量可调范围大，理论比冲在 1666～2648N·s/kg 变化。

(2) 燃速范围广，加入不同燃烧催化剂，燃速范围可在 1～35mm/s(7MPa)调节，在较宽压强范围内，压强指数可控制在 0.2 以下，有的可以达到负压强指数水平。

(3) 在高温下挤压剪切塑化，推进剂具有很好的力学性能，低温抗压强度可达 100MPa 以上，抗过载能力达到 10000g 以上。较好的力学性能可以压成肉厚很薄(3mm)的大燃面环形装药。螺压工艺制备的薄壁环状装药如图 5-3-5 所示。

(4) 螺压推进剂批次间性能一致性好、具有互换性。

图 5-3-5 螺压工艺制备的薄壁环状装药

5.4 浇铸-粒铸推进剂装药组合界面及控制

组合装药制备时拟考察以下几种工艺流程：①推进剂 A 浇铸完毕后直接浇铸推进剂 B，两者同时固化(连续浇铸式)；②推进剂 A 半固化时浇铸推进剂 B，再进行固化(分段浇铸-预固化式)；③推进剂 B 浇铸到固化后的推进剂 A，再进行固化；④两种推进剂分别浇铸并各自固化完全后，再进行黏结。其中，①和②可以合并，即推进剂 B 在推进剂 A 预固化不同时间后浇铸，再进行固化。

5.4.1 改性双基推进剂组合装药的工艺流程

对于三级组合装药，其成型工艺特别是对工程化应用来说尤为重要。本节在两级组合装药经验的基础上，对于浇铸体系的三级组合装药采用三种成型工艺进行介绍。

(1) 成型工艺一：采用成熟的两级成型工艺方法来研制三级组合装药，其方法是采用逐级浇铸，也就是等续航级浇铸完，在烘箱内先固化但还没有完全固化前，取出推进剂车削成所需的药型，再进行下一级增速级的浇铸，同样等增速级浇铸完，在烘箱内先固化一定时间，但还没有完全固化前，取出继续车削成所需的药型，再进行下一级发射级的浇铸，浇铸完后，在烘箱内再进行完全固化；其缺点是固化时间过长，影响推进剂的安定性。

(2) 成型工艺二：采用三级一体化进行浇铸，也就是先浇铸续航级(控制推进剂的药重)，浇铸完毕后继续浇铸第二级增速级的药浆；第二级推进剂药浆按照药重浇铸完毕后，再继续浇铸发射级的推进剂药浆；第三级浇铸完后，一起去烘箱在规定的温度下固化完全。该工艺缺点是发射级是星孔形装药，其星孔的位置不能精确测量。

(3) 成型工艺三：综合成型工艺一和成型工艺二的优缺点，先采用续航级和增速级一体化浇铸，固化后探伤整形，再浇铸发射级推进剂，然后进行固化、探伤、整形和包覆。按照三种成型工艺制备的三级装药，其实际药柱的表面或剖面见图 5-4-1～图 5-4-4。

图 5-4-1　成型工艺一

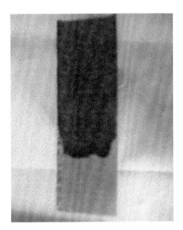

图 5-4-2　成型工艺二

图 5-4-3　成型工艺三

图 5-4-4　成型工艺二剖面图

由图 5-4-1～图 5-4-4 可知，成型工艺一采用的是一体化浇铸得到三级装药，从照片上看，外表面有明显的分界面，并且还很均匀，但是从剖面来看，三级界面就不均匀，没有达到预期的效果。成型工艺二采用逐级浇铸的方法，其三级药柱无论是从表面(图 5-4-2)还是剖面(图 5-4-4)上看，三级界面都很均匀，达到预期的理想效果。成型工艺一缺点是需要三次固化，由于固化时间长，推进剂的安全性能不能完全保证；成型工艺二采用一体化浇铸，时间短，但缺点是发射级是星孔装药，很难保证增速级推进剂和发射级推进剂界面过渡的完整性。成型工艺三包含了前面的两个工艺的特点，从剖面上能保证三级推进剂的界面，同时固化时间有所减少，也能满足安全性能要求，其成型工艺是可行的。

综合三种成型工艺的设计思路，在两级推进剂组合装药的基础上，根据研制三级推进剂组合装药的实际情况，采用成型工艺三进行组合装药的研究。

根据成型工艺三，项目组进行了工艺放大试验验证该工艺方案的可行性。具体试验方案是先浇铸续航级然后连续浇铸增速级，续航级和增速级界面完好过渡，采用一定尺寸的花板进行控制，待浇铸完毕后，一起固化，然后整形再浇铸发射级。

5.4.2　改性双基推进剂配方的组分对组合界面性能的影响规律

1. 基础配方

选择发射级的力学性能为基础，试验考察了不同推进剂组分变化与之组合对推进剂界面力学性能的影响，改性双基推进剂基础配方组成和发射级推进剂力学性能分别如表 5-4-1 和表 5-4-2 所示。

表 5-4-1　改性双基推进剂基础配方组成

成分	NG	NC	炭黑	RDX	安定剂	其他	催化剂
质量分数/%	30～35	22～30	0.5	25～32	1.0～1.5	2.0～4.0	3.5

表 5-4-2　发射级推进剂力学性能

固化时间/h	50℃		20℃		−40℃	
	σ_m /MPa	ε_m /%	σ_m /MPa	ε_m /%	σ_m /MPa	ε_m /%
72	0.450	23.067	2.302	15.867	17.627	2.769

2. 试验讨论

通过改变推进剂中组分的变化，与发射级做成组合推进剂力学性能样品，测试了组分变化对推进剂界面性能的影响，其结果如表 5-4-3 和表 5-4-4 所示。

表 5-4-3　推进剂组分变化的推进剂配方

组分	配方 1	配方 2	配方 3	配方 4	配方 5	配方 6
NG 含量/%	33	33	16.5	33	33	33
NC 含量/%	25.5	25.5	25.5	25.5	26.3	32.5
HMX 含量/%	—	30.7	—	—	—	—
RDX 含量/%	30.7	—	30.7	26.7	29.9	23.7
安定剂含量/%	1.8	1.8	1.8	1.8	1.8	1.8

续表

组分	配方 1	配方 2	配方 3	配方 4	配方 5	配方 6
催化剂及炭黑含量/%	4.0	4.0	4.0	4.0	4.0	4.0
其他含量/%	5	5	5	5	5	5
增塑剂含量/%	—	—	16.5	—	—	—
Al 含量/%	—	—	—	4	—	—

表 5-4-4　组分变化对组合装药界面力学性能的影响

配方	50℃		20℃		−40℃	
	σ_m/MPa	ε_m/%	σ_m/MPa	ε_m/%	σ_m/MPa	ε_m/%
1	0.463	25.9	3.07	9.36	16.5	2.45
2	0.443	21.9	2.62	8.29	14.3	2.43
3	0.316	15.300	1.820	12.10	14.0	2.46
4	0.464	22.333	1.833	20.143	16.386	2.257
5	0.473	22.8	2.810	8.43	17.0	2.26
6	0.577	22.933	3.589	7.252	18.042	2.431

根据表 5-4-3 和表 5-4-4 中的数据可以看出，配方 1 和配方 2 填料种类不同，对推进剂的界面力学性能基本没有影响。比较配方 1 和配方 3 可以看出，推进剂的强度降低，断裂伸长率也有所降低，这说明增塑剂对力学性能影响很大，其主要原因是增塑剂对 NC 的塑化能力减弱了，NC 球未完全塑化，没有形成完整的网络骨架结构。对比配方 1、配方 4 和配方 6 可以看出，随着 NC 含量增加，推进剂的强度有所增加，断裂伸长率也有所增加，这说明 NC 含量的增加使得推进剂的网络骨架增多，装药界面力学性能变好。

5.4.3　改性双基推进剂组合方式对界面性能的影响

1. 研究目的

改性双基推进剂成型工艺有浇铸工艺、螺压工艺、粒铸工艺，在组合方式上可采用浇铸工艺与粒铸工艺组合、浇铸工艺与螺压工艺组合、浇铸工艺与浇铸工艺组合。本部分主要研究不同工艺组合方式对装药界面力学性能的影响。

2. 浇铸工艺与粒铸工艺组合

1) 推进剂制样

为考察改性双基推进剂浇铸工艺和粒铸工艺组合装药界面区推进剂力学性

能，制备单配方推进剂及浇铸 D-粒铸 1、浇铸 D-粒铸 2、浇铸 D-粒铸 3 这三组组合装药。组合装药的制备工艺如下：采用粒铸工艺先制备一种推进剂，固化后将其端面用砂纸打磨，然后采用浇铸工艺浇铸上另一种推进剂，最终固化后脱模得到组合药柱。

2) 性能测试

(1) 力学性能测试。

将单配方浇铸推进剂、粒铸推进剂及组合装药界面区推进剂分别切成 10mm×25mm×120mm 的拉伸试件，组合药柱界面处于试件中部。依据《火药试验方法》(GJB 770B—2005)方法 413.1，采用 Instron4505 材料拉伸机进行了初温为 20℃、50℃和-40℃条件下拉伸试验，拉伸速度为 100mm/min。分别测定了两种推进剂及组合装药界面区推进剂不同初温下的最大抗拉强度(σ_m)和最大断裂伸长率(ε_m)，测试结果如表 5-4-5 所示。

表 5-4-5　浇铸-粒铸组合装药单配方及界面区推进剂力学性能

配方	σ_m /MPa			ε_m /%		
	20℃	50℃	-40℃	20℃	50℃	-40℃
浇铸 D	2.30	0.45	17.63	15.88	23.07	2.77
粒铸 1	4.43	0.70	21.40	42.43	66.00	3.10
粒铸 2	3.60	0.82	27.90	42.10	47.70	2.80
粒铸 3	3.48	0.72	26.00	50.60	53.10	3.01
浇铸 D-粒铸 1	4.51	1.04	16.90	38.50	64.10	3.00
浇铸 D-粒铸 2	3.47	0.51	19.00	47.00	48.30	2.45
浇铸 D-粒铸 3	3.32	0.52	20.40	38.10	43.30	2.72

从表 5-4-5 的数据可以看出，界面区域推进剂的最大抗拉强度和最大断裂伸长率基本可以达到或超过组合中强度较低的一种推进剂的水平。在拉伸试验中，断裂发生在界面处或近界面处。

(2) 断面型面测试。

通过扫描电镜和元素分析，发现界面处的断面上粘有一薄层浇铸推进剂，见图 5-4-5 和表 5-4-6。说明断裂应该是在抗拉强度较低的一方(即浇铸推进剂)。力学性能测试数据和断裂现象说明浇铸工艺和粒铸工艺组合的装药界面可以获得较好的黏结效果。

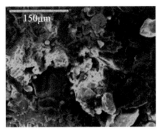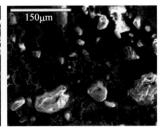

图 5-4-5　样品拉伸断面形貌扫描电镜图

表 5-4-6　粒铸、浇铸及其组合装药样品拉伸断裂面元素分析数据

样品	$w(C)/\%$	$w(N)/\%$	$w(O)/\%$	$w(Al)/\%$	$w(Cu)/\%$	$w(Pb)/\%$
粒铸	12.64	30.96	49.90	1.64	0.82	3.71
浇铸	12.07	34.53	48.23	3.93	0.49	0.64
粒铸-浇铸组合	10.19	33.02	50.49	5.23	0.48	0.59

3) 分析讨论

为研究组合装药中单配方推进剂的力学性能参数对界面区域推进剂力学性能的影响,以单配方推进剂的 $\sigma_{m,i}$(其中,$\sigma_{m,J}$ 表示浇铸工艺推进剂的最大抗拉强度,$\sigma_{m,L}$ 表示粒铸工艺推进剂的最大抗拉强度)为自变量,以界面区域推进剂的 σ_m 为因变量,采用线性回归法得到 σ_m 的回归方程如表 5-4-7 中式(5-4-1)~式(5-4-3)所示,采用相同的处理方法得到 ε_m 的回归方程如式(5-4-4)~式(5-4-6)所示。

表 5-4-7　浇铸-粒铸组合 σ_m-$\sigma_{m,i}$ 和 ε_m-$\varepsilon_{m,i}$ 回归方程

公式编号	回归方程	测试温度/℃	相关系数 R	剩余标准差 s
(5-4-1)	$\sigma_m = -1.060 + 1.258\sigma_{m,L}$	20	1	0
(5-4-2)	$\sigma_m = 2.829 - 2.872\sigma_{m,L}$	50	0.634	0.111
(5-4-3)	$\sigma_m = 8.628 + 0.404\sigma_{m,L}$	−40	0.767	0.555
(5-4-4)	$\varepsilon_m = 0.677 - 0.587\varepsilon_{m,L}$	20	0.563	0.003
(5-4-5)	$\varepsilon_m = -0.037 + 1.000\varepsilon_{m,L}$	50	0.866	0.006
(5-4-6)	$\varepsilon_m = -0.024 + 1.729\varepsilon_{m,L}$	−40	0.973	0.002

式(5-4-1)~式(5-4-6)中不包含浇铸工艺推进剂的相关参数,因为在本部分研究的浇铸-粒铸组合装药中,浇铸工艺推进剂的配方固定,浇铸工艺推进剂对应的 $\sigma_{m,J}$、$\varepsilon_{m,J}$ 等参数也固定不变,在回归方程中无法以变量的形式体现,方程中只包含粒铸工艺推进剂对应的变量。因此,回归方程只能反映粒铸工艺推进剂的相

关力学参数对界面区域推进剂力学性能的影响,而事实上组合装药中的两种推进剂对界面区域的力学性能均有影响,部分方程的回归效果一般,表现在其相关系数小于1。

进一步研究了组合装药中单配方推进剂的主要组分NG、NC、RDX等含量对界面区域推进剂力学性能的影响。以单配方推进剂中含量发生变化的组分(只有粒铸推进剂中的NG和NC)的含量为自变量(记作$X_{NG,L}$和$X_{NC,L}$),以界面区域推进剂的σ_m和ε_m为因变量,采用线性回归法得到的回归方程如表5-4-8中式(5-4-7)~式(5-4-12)所示。

表 5-4-8　浇铸–粒铸组合 σ_m - X_i 和 ε_m - X_i 回归方程

公式编号	回归方程	测试温度/℃	相关系数 R	剩余标准差 s
(5-4-7)	$\sigma_m = 25.539 - 50.070X_{NG,L} - 38.512X_{NC,L}$	20	1	0
(5-4-8)	$\sigma_m = 10.833 - 24.081X_{NG,L} - 17.289X_{NC,L}$	50	1	0
(5-4-9)	$\sigma_m = -37.803 + 120.351X_{NG,L} + 108.561X_{NC,L}$	−40	1	0
(5-4-10)	$\varepsilon_m = -0.204 + 2.316X_{NG,L} + 0.305X_{NC,L}$	20	1	0
(5-4-11)	$\varepsilon_m = 4.139 - 8.084X_{NG,L} - 6.615X_{NC,L}$	50	1	0
(5-4-12)	$\varepsilon_m = 0.102 - 0.204X_{NG,L} - 0.106X_{NC,L}$	−40	1	0

式(5-4-7)~式(5-4-12)中的自变量只有$X_{NG,L}$和$X_{NC,L}$,是因为其他组分的含量没有变化,无法以自变量的形式体现。从式(5-4-7)~式(5-4-12)可以看出,$X_{NG,L}$的系数绝对值较大,说明在本研究涉及的推进剂配方范围内,粒铸工艺推进剂中NG含量对组合装药界面区域推进剂力学性能的影响最为显著。

3. 浇铸工艺与螺压工艺组合

1) 试验设计

浇铸工艺推进剂与螺压工艺推进剂的组合是采用黏结的组合方式。一般在组合前,螺压工艺推进剂需要进行表面处理。

为考察表面处理工艺改变时,改性双基推进剂浇铸工艺和螺压工艺组合装药界面区推进剂力学性能,寻求较佳的组合装药界面区表面处理工艺,固定组合中单一推进剂的配方(浇铸推进剂配方号为浇铸D、螺压推进剂的配方号为螺压1),对螺压后制得推进剂药柱的端面进行不同的表面处理,再浇铸另一种推进剂,70℃固化三天后脱模得到组合药柱。

本小节涉及的表面处理工艺包括:表面不处理、表面上钻孔(包括5个和6个圆孔)、表面用砂纸打磨处理等。

2) 性能测试

(1) 力学性能测试。

采用与前文一致的测试条件，测得单配方推进剂和界面区域推进剂的常温 (20℃)、高温(50℃)、低温(−40℃)单向拉伸力学性能数据如表 5-4-9 所示。从表 5-4-9 中的数据可以看出，螺压推进剂表面不处理时，组合装药界面区域推进剂的最大抗拉强度和最大断裂伸长率几乎均低于表面进行了处理的组合装药，且低于组合中强度较低的一种推进剂，不能满足使用要求，说明对于浇铸-螺压组合装药，应该对螺压推进剂的表面进行一定的处理。表 5-4-9 中几种表面处理方式制得组合装药的界面区域推进剂力学性能基本相当，从降低工艺难度，提高工作效率的角度出发，采用打磨处理即可满足要求。

表 5-4-9　浇铸-螺压组合装药单配方及界面区推进剂力学性能(不同表面处理工艺)

配方或表面处理工艺	σ_m /MPa			ε_m /%		
	20℃	50℃	−40℃	20℃	50℃	−40℃
浇铸 D	3.59	0.58	18.04	7.25	22.93	2.43
螺压 1	8.19	1.28	39.00	22.20	36.40	3.66
表面不处理	3.31	0.53	16.69	3.71	11.51	1.61
5 圆孔	3.49	0.59	18.14	5.06	17.53	2.59
6 圆孔	3.84	0.57	13.26	4.69	12.70	1.73
打磨处理	3.90	0.69	11.43	7.25	15.25	2.33

为考察推进剂配方改变时，改性双基推进剂浇铸工艺和螺压工艺组合装药界面区推进剂力学性能，制备如表 5-4-10 所示的单配方推进剂及浇铸 B-螺压 1、浇铸 B-螺压 2、浇铸 D-螺压 1 三组组合装药。组合装药的制备工艺如下：采用螺压工艺先制备一种推进剂，将其端面用砂纸打磨，然后采用浇铸工艺浇铸上另一种推进剂，70℃固化三天后脱模得到组合药柱。采用与前文一致的测试条件，分别测试了两种推进剂及组合装药界面区推进剂不同初温下的最大抗拉强度(σ_m)和最大断裂伸长率(ε_m)，测试结果如表 5-4-10 所示。

表 5-4-10　浇铸-螺压组合装药单配方及界面区推进剂力学性能(不同配方)

配方	σ_m /MPa			ε_m /%		
	20℃	50℃	−40℃	20℃	50℃	−40℃
浇铸 B	2.78	0.49	13.80	8.34	19.50	1.58
浇铸 D	3.59	0.58	18.04	7.25	22.93	2.43

续表

配方	σ_{m} /MPa			ε_{m} /%		
	20℃	50℃	−40℃	20℃	50℃	−40℃
螺压 1	8.19	1.28	39.00	22.20	36.40	3.66
螺压 2	13.95	3.11	36.11	10.09	32.90	2.87
浇铸 D-螺压 1	3.90	0.69	11.43	7.25	15.25	2.33
浇铸 B-螺压 1	2.58	0.51	15.48	14.32	17.73	2.24
浇铸 B-螺压 2	3.72	0.52	21.61	6.60	15.70	3.31

从表 5-4-10 的数据可以看出，界面区域推进剂的最大抗拉强度和最大断裂伸长率基本可以达到或超过组合中强度较低的一种推进剂的水平。在拉伸试验中，断裂发生在界面处或近界面处。

(2) 断裂型面测试。

通过扫描电镜和元素分析，发现界面处的断面上粘有一薄层浇铸推进剂，说明断裂应该是在抗拉强度较低的一方(即浇铸推进剂)，如图 5-4-6 所示。力学性能测试数据和断裂现象说明螺压推进剂表面经打磨处理后，浇铸工艺和螺压工艺组合的装药界面可以获得较好的黏结效果。样品拉伸断裂面元素分析见表 5-4-11。

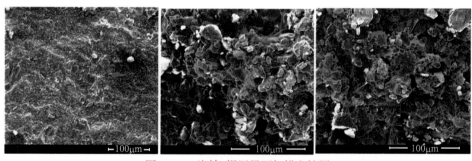

图 5-4-6　浇铸-螺压界面扫描电镜图

表 5-4-11　浇铸、螺压及其组合装药样品拉伸断裂面元素分析数据

样品	$w(\mathrm{C})$/%	$w(\mathrm{N})$/%	$w(\mathrm{O})$/%	$w(\mathrm{Al})$/%	$w(\mathrm{Cu})$/%	$w(\mathrm{Pb})$/%
螺压	18.22	26.02	52.52	3.24	—	—
浇铸	19.27	24.34	54.40	1.00	0.50	0.49
浇铸-螺压组合	19.31	24.10	53.70	1.90	0.43	0.40

3) 分析讨论

为研究组合装药中单配方推进剂的力学性能参数对界面区域推进剂力学性能

的影响，以单配方推进剂的 $\sigma_{m,i}$ (其中， $\sigma_{m,J}$ 表示浇铸工艺推进剂的最大抗拉强度， $\sigma_{m,Y}$ 表示螺压工艺推进剂的最大抗拉强度)为自变量，以界面区域推进剂的 σ_m 为因变量，采用线性回归法得到 σ_m 的回归方程如表 5-4-12 中式(5-4-13)~式(5-4-15)所示，采用相同的处理方法得到 ε_m 的回归方程如表 5-4-12 中式(5-4-16)~式(5-4-18)所示。

表 5-4-12　浇铸-螺压组合 σ_m - $\sigma_{m,i}$ 和 ε_m - $\varepsilon_{m,i}$ 回归方程

公式编号	回归方程	测试温度/℃	相关系数 R	剩余标准差 s
(5-4-13)	$\sigma_m = -3.600 + 1.635\sigma_{m,J} + 0.199\sigma_{m,Y}$	20	1	0
(5-4-14)	$\sigma_m = -0.537 + 2.118\sigma_{m,J} + 0.005\sigma_{m,Y}$	50	1	0
(5-4-15)	$\sigma_m = 24.097 - 0.954\sigma_{m,J} + 0.117\sigma_{m,Y}$	-40	1	0
(5-4-16)	$\varepsilon_m = -0.717 + 8.618\varepsilon_{m,J} + 0.637\varepsilon_{m,Y}$	20	1	0
(5-4-17)	$\varepsilon_m = 0.107 - 0.722\varepsilon_{m,J} + 0.580\varepsilon_{m,Y}$	50	1	0
(5-4-18)	$\varepsilon_m = 0.070 + 0.109\varepsilon_{m,J} - 1.356\varepsilon_{m,Y}$	-40	1	0

式(5-4-13)~式(5-4-18)中包含两种推进剂的相关参数，说明在常温、高温和低温单向拉伸力学性能测试中，组合装药界面区域推进剂的最大抗拉强度和最大断裂伸长率与组合中两种推进剂均相关。式(5-4-13)~式(5-4-17)中，与浇铸工艺推进剂相关参数($\sigma_{m,J}$ 、 $\varepsilon_{m,J}$)系数的绝对值，大于与螺压工艺相关参数($\sigma_{m,Y}$ 、 $\varepsilon_{m,Y}$)的系数绝对值，说明除了低温断裂伸长率之外，浇铸工艺推进剂对组合装药界面区推进剂的力学性能影响更为显著。

进一步研究了组合装药中单配方推进剂的主要组分 NG、NC、RDX、Al 等含量对界面区域推进剂力学性能的影响。以单配方推进剂中发生变化的组分含量为自变量，浇铸推进剂中的 NG 和 NC(其含量分别记作 $X_{NG,J}$ 和 $X_{NC,J}$)，螺压推进剂中的 NG、NC、RDX 和 Al(其含量分别记作 $X_{NG,Y}$ 、 $X_{NC,Y}$ 、 $X_{RDX,Y}$ 和 $X_{Al,Y}$)，以界面区域推进剂的 σ_m 和 ε_m 为因变量，采用逐步回归法得到 σ_m 或 ε_m 的回归方程，在逐步回归法中，对因变量影响不显著的自变量在回归方程中会被舍去，在上述 6 个自变量中，回归方程中只保留对因变量影响较大的 2 个自变量。计算得到的回归方程如表 5-4-13 中式(5-4-19)~式(5-4-24)所示。

表 5-4-13　浇铸-螺压组合 σ_m - X_i 和 ε_m - X_i 回归方程

公式编号	回归方程	测试温度/℃	相关系数 R	剩余标准差 s
(5-4-19)	$\sigma_m = -62.426 + 264.600X_{NC,J} - 22.940X_{Al,Y}$	20	1	0

续表

公式编号	回归方程	测试温度/℃	相关系数 R	剩余标准差 s
(5-4-20)	$\sigma_{m} = -8.478 + 36.000X_{NC,J} - 0.200X_{Al,Y}$	50	1	0
(5-4-21)	$\sigma_{m} = 223.957 - 809.400X_{NC,J} - 122.560X_{Al,Y}$	−40	1	0
(5-4-22)	$\varepsilon_{m} = 3.600 - 14.134X_{NC,J} + 1.543X_{Al,Y}$	20	1	0
(5-4-23)	$\varepsilon_{m} = 1.395 - 4.954X_{NC,J} + 0.406X_{Al,Y}$	50	1	0
(5-4-24)	$\varepsilon_{m} = -0.013 + 0.186X_{NC,J} - 0.215X_{Al,Y}$	−40	1	0

式(5-4-19)～式(5-4-24)中包含两种推进剂的相关参数，说明组合装药界面区域推进剂的最大抗拉强度和最大断裂伸长率与组合中两种推进剂均相关。这 6 个公式中自变量均为 $X_{NC,J}$ 和 $X_{Al,Y}$，说明浇铸推进剂中 NC 含量和螺压推进剂中 Al 含量是界面区域推进剂力学性能的显著影响因素。式(5-4-19)～式(5-4-23)中，与浇铸工艺推进剂相关参数($X_{NC,J}$)系数的绝对值大于与螺压工艺相关参数($X_{Al,Y}$)系数的绝对值，说明除了低温断裂伸长率之外，浇铸工艺推进剂对组合装药界面区推进剂的力学性能影响更为显著，与式(5-4-13)～式(5-4-17)反映的规律一致。

4. 浇铸工艺与浇铸工艺组合

1) 试验设计

为考察改性双基推进剂浇铸工艺和浇铸工艺组合装药界面区推进剂力学性能，制备单配方推进剂及浇铸 A-浇铸 B、浇铸 C-浇铸 B、浇铸 D-浇铸 B 三组组合装药。组合装药的制备工艺如下：采用浇铸工艺先制备一种推进剂，70℃预固化 2d 后，采用浇铸工艺浇铸上另一种推进剂，70℃固化 3d 后脱模得到组合药柱。

2) 性能测试

测得单配方推进剂和界面区域推进剂的常温(20℃)、高温(50℃)、低温(−40℃)单向拉伸力学性能数据如表 5-4-14 所示。

表 5-4-14　浇铸−浇铸组合装药单配方及界面区推进剂力学性能

配方	σ_{m} /MPa			ε_{m} /%		
	20℃	50℃	−40℃	20℃	50℃	−40℃
浇铸 A	1.74	0.32	11.90	9.32	12.90	1.61
浇铸 B	2.78	0.49	13.80	8.34	19.50	1.58
浇铸 C	1.52	0.35	9.46	37.50	21.90	1.04
浇铸 D	2.30	0.45	17.63	15.88	23.07	2.77

续表

配方	σ_m /MPa			ε_m /%		
	20℃	50℃	−40℃	20℃	50℃	−40℃
浇铸 A-浇铸 B	1.67	0.34	7.66	6.38	12.90	1.08
浇铸 C-浇铸 B	1.81	0.41	15.80	7.87	19.90	1.61
浇铸 D-浇铸 B	2.48	0.45	14.20	11.20	24.20	3.60

从表 5-4-14 的数据可以看出，界面区域推进剂的最大抗拉强度和最大断裂伸长率基本可以达到或超过组合中强度较低的一种推进剂的水平。在拉伸试验中，断裂发生在抗拉强度较低的一方。力学性能测试数据和断裂现象说明浇铸工艺和浇铸工艺组合的装药界面可以获得较好的黏结效果。

3) 分析讨论

为研究组合装药中单配方推进剂的力学性能参数对界面区域推进剂力学性能的影响，以单配方推进剂的 $\sigma_{m,i}$ (其中，$\sigma_{m,J1}$ 表示第一种浇铸推进剂的最大抗拉强度，本小节中该推进剂固定为浇铸 B，$\sigma_{m,J2}$ 表示第二种浇铸推进剂的最大抗拉强度，分别为浇铸 A、浇铸 C 和浇铸 D)为自变量，以界面区域推进剂的 σ_m 为因变量，采用线性回归法得到 σ_m 的回归方程如表 5-4-15 中式(5-4-25)～式(5-4-27)所示，采用相同的处理方法得到 ε_m 的回归方程如表 5-4-15 中式(5-4-28)～式(5-4-30)所示。

表 5-4-15 浇铸-浇铸组合 σ_m-$\sigma_{m,i}$ 和 ε_m-$\varepsilon_{m,i}$ 回归方程

公式编号	回归方程	测试温度/℃	相关系数 R	剩余标准差 s
(5-4-25)	$\sigma_m = 0.185 + 0.972\sigma_{m,J2}$	20	0.905	0.068
(5-4-26)	$\sigma_m = 0.122 + 0.750\sigma_{m,J2}$	50	0.930	0.001
(5-4-27)	$\sigma_m = 11.996 + 0.043\sigma_{m,J2}$	−40	0.742	0.371
(5-4-28)	$\varepsilon_m = 0.085 + 0.051\varepsilon_{m,J2}$	20	0.970	0.001
(5-4-29)	$\varepsilon_m = 4.350\times10^{-5} + 0.985\varepsilon_{m,J2}$	50	0.961	0.001
(5-4-30)	$\varepsilon_m = -0.024 + 0.056\varepsilon_{m,J2}$	−40	0.920	0.002

式(5-4-25)～式(5-4-30)中不包含第一种浇铸推进剂的相关参数，因为在本小节研究的浇铸-浇铸组合装药中，第一种浇铸推进剂固定为浇铸 B，对应的 $\sigma_{m,J1}$、$\varepsilon_{m,J1}$ 等参数固定不变，在回归方程中无法以变量的形式体现，方程中只包含第二种浇铸推进剂对应的变量。回归方程只表现了第二种浇铸推进剂的相关力学参数对界面区

域推进剂力学性能的影响,而事实上组合装药中的两种推进剂对界面区域的力学性能均有影响,因此部分方程的回归效果一般,表现在其相关系数小于 1。

进一步研究了组合装药中单配方推进剂的主要组分 NG、NC、RDX 等含量对界面区域推进剂力学性能的影响。以单配方推进剂中含量发生变化的组分(只有第二种浇铸推进剂中的 NG 和 NC)含量为自变量(记作 $X_{NG,J2}$ 和 $X_{NC,J2}$),以界面区域推进剂的 σ_m 和 ε_m 为因变量,采用线性回归法得到的回归方程如表 5-4-16 中式(5-4-31)~式(5-4-36)所示。

表 5-4-16　浇铸−浇铸组合 σ_m-X_i 和 ε_m-X_i 回归方程

公式编号	回归方程	测试温度/℃	相关系数 R	剩余标准差 s
(5-4-31)	$\sigma_m = -83.445 + 156.833 X_{NG,J2} + 134.000 X_{NC,J2}$	20	1	0
(5-4-32)	$\sigma_m = -6.846 + 15.167 X_{NG,J2} + 9.000 X_{NC,J2}$	50	1	0
(5-4-33)	$\sigma_m = -13.650 + 331.667 X_{NG,J2} - 320.000 X_{NC,J2}$	−40	1	0
(5-4-34)	$\varepsilon_m = -4.377 + 8.457 X_{NG,J2} + 6.660 X_{NC,J2}$	20	1	0
(5-4-35)	$\varepsilon_m = -6.951 + 15.150 X_{NG,J2} + 8.600 X_{NC,J2}$	50	1	0
(5-4-36)	$\varepsilon_m = -2.548 + 4.753 X_{NG,J2} + 3.980 X_{NC,J2}$	−40	1	0

式(5-4-31)~式(5-4-36)中的自变量只有 $X_{NG,J2}$ 和 $X_{NC,J2}$,因为其他组分含量在本小节中没有变化,无法以自变量的形式体现。从式(5-4-31)~式(5-4-36)可以看出,$X_{NG,J2}$ 的系数绝对值较大,说明在本小节涉及的推进剂配方范围内,第二种浇铸推进剂中 NG 含量对组合装药界面区域推进剂力学性能的影响更为显著。

5.4.4　多次固化对推进剂性能的影响规律及其控制技术

多次固化对推进剂的燃烧性能、力学性能和安全性能有影响,固化次数、固化时间对推进剂的安全性能有重要的影响。

按照最原始的成型工艺,分三次浇铸三次固化,考察三次固化对推进剂安全性能的影响,主要考察推进剂安定剂含量随固化时间的变化情况,同时研究固化时间对推进剂维也里试验的影响,试验采用复合安定剂和单一安定剂两种安定方法,分析了安定剂对推进剂安全性能的影响。

1. 单一安定剂对推进剂安定性的影响

从表 5-4-17 中的试验数据可以看出,随着固化时间的增加,推进剂中安定剂的含量是减少的,当固化时间为 216h 时,推进剂表面有微小的孔,这说明推进剂中安定剂的含量不足以满足推进剂的安定性,出现 NG 的分解。从表 5-4-18

和表 5-4-19 中可以看出，甲基紫的变色时间也是随固化时间加长减少的，但是固化 6d5h 是不燃不爆的，由于维也里试验中样品严重膨胀，试验无法继续进行。

表 5-4-17　不同固化时间对推进剂安定剂含量的影响

固化时间/h	C2 质量分数/%
72	1.24
96	1.18
120	1.18
144	1.15
168	1.10
216	表面稍微有点孔
240	推进剂大量的孔

注：采用高压液相色谱检验安定剂含量。

表 5-4-18　不同固化时间对推进剂安定剂含量的影响(甲基紫试验)

固化时间/h	变色时间/min	爆燃情况
72	65	5h 不燃不爆
96	62	5h 不燃不爆
120	59	5h 不燃不爆
144	56	5h 不燃不爆

表 5-4-19　固化时间对安定性的影响(维也里试验)

固化时间/h	重复法(十次)	备注
72	42h	加热到第 6 次，样品严重膨胀，试验无法进行
96	35h	加热到第 5 次，样品严重膨胀，试验无法进行
120	28h	加热到第 4 次，样品严重膨胀，试验无法进行
144	21h	加热到第 3 次，样品严重膨胀，试验无法进行

由上述的试验结果可得到：对于推进剂多次固化来说，复合安定剂含量按 C2 为 1.5%和安定剂(2-NDPA)为 1.2%就能满足推进剂的安全使用要求。

2. 复合安定剂对推进剂安定性的影响

采用 2 号中定剂和 2-NDPA 为复合安定剂,固化温度为 70℃条件下考察了使用复合安定剂对推进剂安全性能的影响，其试验结果如表 5-4-20~表 5-4-22 所示。

表 5-4-20　不同固化时间对推进剂安定剂含量的影响

固化时间/h	C2 质量分数/%	2-NDPA 质量分数/%
24	1.18	0.98
48	1.22	0.92
60	1.26	0.94
72	1.34	0.94
144	1.34	0.83
216	1.26	0.73(有析出)

表 5-4-21　不同固化时间对推进剂安定剂含量的影响(甲基紫试验)

固化时间/h	变色时间/min	爆燃情况
72	62	5h 不燃不爆
96	59	5h 不燃不爆
120	56	5h 不燃不爆
144	52	5h 不燃不爆
192	54	5h 不燃不爆
216	50	5h 不燃不爆

表 5-4-22　维也里试验考察固化时间对安定性的影响

固化时间/h	重复法(十次)	备注
72	63h	加热到第 9 次，样品严重膨胀，试验无法进行
96	68.5h	加热 10 次后无明显异常现象
120	65.5h	加热 10 次后无明显异常现象
144	65.5h	加热 10 次后无明显异常现象
192	64.5h	加热 10 次后无明显异常现象
216	64.5h	加热 10 次后无明显异常现象

从表 5-4-20～表 5-4-22 的试验数据结果来看，推进剂药柱在固化 9d 后，没有出现异常现象，同时推进剂中的 C2 也没有大幅度减少，证明其安定性是可以满足安全性使用要求的。

固化 8d 后推进剂表面有少量的安定剂(2-NDPA)析出，这是因为随着固化时间的延长，2-NDPA 在推进剂中的含量有最高限值；从两种安定剂的消耗速率来看，2-NDPA 的消耗速率比 C2 快，因为推进剂在刚开始固化时，推进剂中的硝酸酯分解，分解的产物被安定剂吸收，而在这两种安定剂中 2-NDPA 的作用强，主要吸收硝酸酯分解的产物，因此消耗 2-NDPA 的量比较多。复合安定剂和单一安定剂固化后的推进剂样品见图 5-4-7~图 5-4-10。

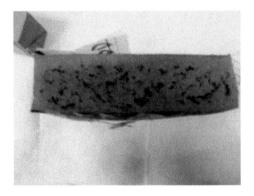

图 5-4-7　单一安定剂固化 240h 的推进剂

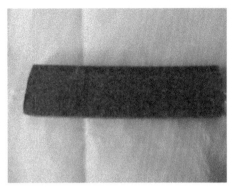

图 5-4-8　复合安定剂固化 360h 的推进剂

图 5-4-9　复合安定剂固化 216h 的推进剂

图 5-4-10　单一安定剂固化 240h 的推进剂

从试验数据和图片结果来看，使用复合安定剂推进剂的安全性能得到一定的保证，虽然使用单一的安定剂 C2 固化 6d，推进剂没有出现反应孔，但是固化 9d 后就出现了反应孔，同时推进剂有鼓包现象，固化 10d 后鼓包现象更为明显，说明安全性得不到有效的保证。综合试验数据，续航级和增速级两级推进剂因为固化时间长，所以使用复合安定剂；发射级只需固化一次，所以采用单一安定剂。

3. 多次固化对推进剂燃烧性能与力学性能的影响

根据三级推进剂组合装药的实际工程化应用情况，试验设计了不同固化次数、不同固化时间对推进剂燃烧性能、力学性能和安全性能的影响，其试验结果见表 5-4-23。

表 5-4-23　不同固化时间和温度对推进剂性能的影响

p/MPa	r/(mm/s)		
	24h	48h	72h
3	8.81	10.63	11.85
5	12.51	15.02	16.97
10	19.31	22.81	24.47
15	23.55	26.09	27.45
20	26.62	28.41	28.96
22	27.83	29.94	29.35

力学特性	24h			48h			72h		
	20℃	50℃	−40℃	20℃	50℃	−40℃	20℃	50℃	−40℃
抗拉强度/MPa	2.683	0.500	18.757	3.018	0.429	14.500	2.302	0.450	17.627
断裂伸长率/%	7.526	22.605	2.514	8.426	26.271	2.724	15.567	23.067	2.769

从表 5-4-23 所示的试验数据来看，对于高压推进剂，其燃速随着固化时间的延长增加，但是在高压 20MPa 以后，燃速随固化时间的延长先增加后减少，其燃速压强指数则是随着固化时间的延长而降低的。对于力学性能，高温和低温的抗拉强度随着固化时间的延长先减小后增加，而常温下的抗拉强度是先增加后减小；常温和低温的断裂伸长率则随着固化时间的增加而增加，高温的断裂伸长率则是先增加后减小。

对于低压推进剂来说，随着固化时间的增加，燃速在 1MPa 以下时是先减小后增加的，在 1MPa 以上燃速是一直增加的，而燃速压强指数基本不随固化时间的改变而改变。

推进剂安定剂含量及推进剂维也里试验数据可得到，推进剂安定剂含量随着固化时间的增加，推进剂的安定剂变化趋势与高压推进剂的变化趋势相同。

为了保证推进剂的正常工作，以及满足推进剂的工作稳定性，一定要控制推进剂中的安定剂使用方式，这样才能满足推进剂的安全使用要求。

4. 黏结界面的处理

1) 螺压推进剂与浇铸推进剂组合界面处理研究

①在界面上车环形槽；②用砂纸打磨界面；③用车刀将界面车毛。处理后的样品如图 5-4-11 所示。

(a)车环行槽　　　(b) 粗砂打磨　　　(c) 车毛

图 5-4-11　螺压推进剂界面处理方式

2) 螺压推进剂与螺压推进剂组合界面处理研究

采用了①界面用砂纸打磨；②界面不用砂纸打磨；③黏合剂用 P 黏合剂各一组；④黏合剂用 C 黏合剂各一组。螺压推进剂组合界面样品如图 5-4-12。

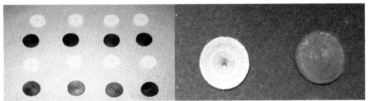

(a) 螺压药黏结样品　　　(b) 含铝粉螺压样品砂纸打磨前后对比图

(c) 含RDX螺压样品砂纸打磨前后对比图　　(d) C黏合剂未打磨

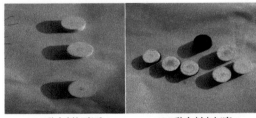

(e) C黏合剂打磨后　　　(f) P黏合剂未打磨

(g) P黏合剂打磨后　　　(h) 拉伸装置

(i) 螺压推进剂黏结界面断裂图

图 5-4-12　螺压推进剂组合界面样品图

3) 试验结果与分析

扯离试验结果如表 5-4-24 所示，表中数据表明，P 黏合剂的黏结强度大于 C 黏合剂，打磨后的黏结强度大于未打磨样品，但所有样品的抗拉强度均大于 2MPa，说明黏结是可靠的。

表 5-4-24　扯离试验结果

样品编号	试验温度/℃	抗拉强度 σ_m/MPa	备注
P 黏合剂未打磨		4.09	——
P 黏合剂打磨后	20	6.17	最大 7.30MPa
C 黏合剂未打磨		2.44	——
C 黏合剂打磨后		3.18	——

5.4.5　包覆层对组合装药性能的影响

为实现单室多推力方案，不同航段推进剂界面间需可靠黏结，装药几何燃烧方式必须得到可靠保证。因此，包覆层的可靠阻燃对于多推力组合装药特别重要。

包覆层、过渡层的性能对装药界面的黏结强度及装药寿命影响较大；推进剂中小分子如增塑剂向包覆层中的迁移将影响装药工作可靠性；续航时间较长的多推力组合装药对包覆层的耐烧蚀、抗冲刷性能要求更高。

针对组合装药对包覆层/推进剂界面黏结可靠性较高的要求，开展低密度、耐烧蚀的三元乙丙(EPDM)包覆层和低黏度、耐烧蚀的不饱和聚酯(UP)包覆层配方设计及工艺技术研究，系统研究配方中各组分含量对界面黏结强度的影响，保证组合装药包覆层与推进剂黏结可靠，为提供多推力方案提供技术支持。

1. 包覆层配方研究

根据总体设计要求，研制了较低密度、耐烧蚀三元乙丙包覆层，以此配方为基础作为方案阶段包覆层，其配方见表 5-4-25，试制发动机装药 70 余发，进行了高温、低温、常温发动机验证试验，试验结果表明包覆层可以满足技术指标和使用要求。

表 5-4-25　包覆层配方

序号	组分名称	代号/化学式	质量分数/%
1	耐烧蚀胶料	D302	81.3±4
2	氢氧化铝	Al(OH)$_3$	12.2±1
3	功能助剂	P1#	4.88±2
4	其他	FL	1.62±0.2

通过发动机试验，试验曲线正常，参数满足总体设计要求，图 5-4-13 为产品发动机地面静止试验后包覆层残留情况。

图 5-4-13　发动机工作完成后残留包覆层照片

在配方中引入芳纶纤维、氢氧化铝阻燃剂有效改善包覆层抵抗推进剂装药工作时高温高压燃气的冲刷能力。该配方母混炼胶成炭能力强(烧蚀炭化率达 80%以上)，芳纶纤维对烧蚀炭化层起到增强作用，改善炭化层与原始材料层的结合能力，从而提高其抗冲刷能力，提高了工作后包覆层的残留率。

2. 研究成果与分析

目的：测试三元乙丙包覆层中各组分及其含量变化对包覆层与推进剂的黏结强度，总结组分含量对黏结性能的影响规律。

1) 黏合剂种类及质量份数对黏结性能的影响

研究了 2402 酚醛树脂用量对三元乙丙橡胶力学性能与推进剂黏结性能的影响。以表 5-4-26 配方为基础，进行了 2402 树脂质量份数分别为 0、5、10、20、30 时，三元乙丙包覆材料的性能研究，制作力学性能和轮剥离强度试验件，在 20℃下进行性能测试。结果如图 5-4-14、图 5-4-15 所示。

表 5-4-26　材料基本配方组成

原材料	三元乙丙橡胶	黏土	磷酸酯	氧化锌	DCP	S	2402 树脂
质量份数	100	20	5	5	5	0.25	变量

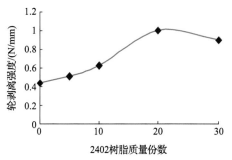

图 5-4-14　2402 树脂质量份数对推进剂界面轮剥离强度的影响

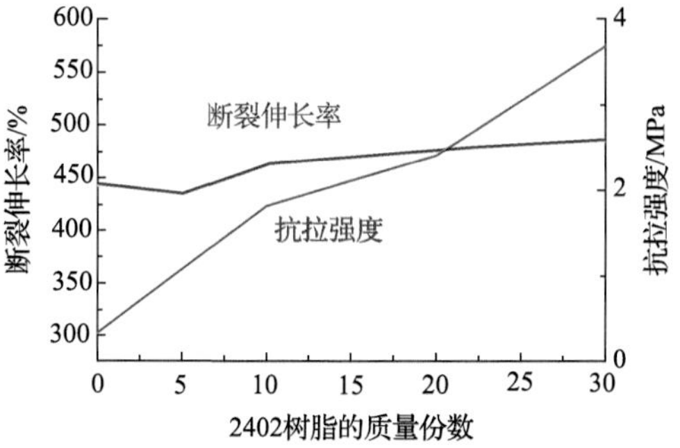

图 5-4-15　2402 树脂质量份数对力学性能的影响

从图 5-4-14 可以看出，随着配方中 2402 树脂质量份数的增加，包覆层与推进剂黏结的轮剥离强度呈上升的趋势，说明 2402 树脂增加了基体材料的分子极性，能显著提高与推进剂界面两相的结合力，增强了界面黏结性能。当质量份数为 20 时，轮剥离强度达到一个峰值，原因是当 2402 树脂在配方中质量份数太高时，胶料在炼制过程中极易黏辊，胶料各组分不能分散均匀，影响了胶料的各向均一性，制成的样品在剥离过程中容易被破坏，影响了黏结性能数据的准确性。

2402 树脂质量份数对材料的力学性能也有较大程度的提高(图 5-4-15)。一方面，跟三元乙丙橡胶相比，2402 树脂分子量较小，与三元乙丙相混合实际上是一种内增塑的作用，可以显著提高材料的断裂伸长率。另一方面，2402 树脂是一种脆性较大的材料，本身强度很高，随着其含量的增大，还可以使混炼胶的抗拉强度得到增强。

探究了硼酚醛树脂质量份数(0、5、10、20、30)对三元乙丙橡胶力学性能与推进剂黏结性能影响。以表 5-4-27 配方为基础，进行了硼酚醛树脂分别为 0、5、10、20、30 份时的三元乙丙包覆材料性能研究，制作力学性能和轮剥离强度试验件，在 20℃下进行性能测试。结果如图 5-4-16、图 5-4-17 所示。

表 5-4-27　基本配方组成

原材料	三元乙丙橡胶	黏土	磷酸酯	氧化锌	DCP	S	硼酚醛树脂
质量份数	100	20	5	5	5	0.25	变量

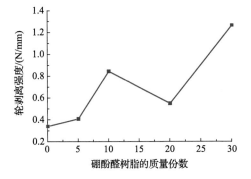

图 5-4-16　硼酚醛树脂质量份数对推进剂界面　　　图 5-4-17　硼酚醛树脂质量份数
　　　　　　轮剥离强度的影响　　　　　　　　　　　　　　对力学性能的影响

从图 5-4-16、图 5-4-17 可以看出，硼酚醛树脂对材料的黏结性能和力学性能的影响规律与 2402 树脂类似，基本上都是随着质量份数增加，性能变好。不同的是硼酚醛树脂的加入，影响三元乙丙橡胶的硫化工艺，使其在正常的硫化条件下不能完全硫化，从而得到当硼酚醛树脂质量份数大于 20 时，其黏结性能反而下降的试验数据。

对比 2402 树脂和硼酚醛树脂这两种黏合剂对三元乙丙包覆材料性能的影响规律，可以得到如下几个结论：

①黏合剂能够有效提高包覆层与推进剂的黏结性能；②与硼酚醛树脂相比，2402 树脂能更稳定地提高三元乙丙包覆层的黏结性能；③黏合剂的添加量一般不要超过 20 份，否则将会影响胶料的加工性能和综合力学性能。

2) 补强剂种类及质量份数对黏结性能的影响

补强剂选择白炭黑、纳米层状硅酸盐进行试验。以表 5-4-28 配方为基础，进行了白炭黑质量份数分别为 0、10、20、30 时三元乙丙包覆材料的性能研究，制作力学性能和轮剥离强度试验件，在 20℃下进行性能测试，结果如图 5-4-18、图 5-4-19 所示。

表 5-4-28　含补强剂基本配方

原材料	三元乙丙橡胶	2402 树脂	磷酸酯	氧化锌	DCP	S	丁腈橡胶	白炭黑
质量份数	100	10	5	5	5	0.25	10	变量

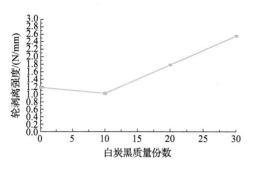

图 5-4-18　白炭黑质量份数对推进剂界面轮剥
离强度的影响

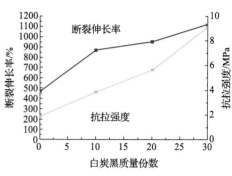

图 5-4-19　白炭黑质量份数对力学
性能的影响

从图 5-4-18、图 5-4-19 可以看出，白炭黑作为目前三元乙丙包覆材料中应用最广泛的补强剂，对材料的综合力学性能的提高具有非常好的效率，并且还能有效提高包覆材料与推进剂的黏结性能。本次试验选用的是经过表面改性的沉淀法白炭黑，其表面活性强，能与三元乙丙紧密结合，并能参与硫化反应，大幅度提高三元乙丙的抗拉强度和断裂伸长率。白炭黑的表面经过处理添加到包覆层体系后，可提供较多的活性基团，如羟基和氨基等，参与黏合剂的固化反应，提高其交联密度，增强界面黏结性能。

研究了纳米层状硅酸盐质量份数分别为 0、10、20、30 时三元乙丙包覆材料的性能，制作力学性能和轮剥离强度试验件，在 20℃下进行性能测试，结果如图 5-4-20、图 5-4-21 所示。

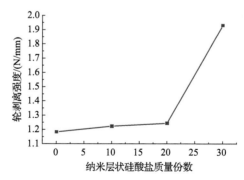

图 5-4-20　纳米层状硅酸盐质量份数对推进剂界面轮剥离强度的影响

从图 5-4-20、图 5-4-21 可以看出，纳米层状硅酸盐与白炭黑类似，可大幅度提高三元乙丙材料的综合性能。纳米层状硅酸盐是一种由硅氧八面体和铝氧四面体形成的含有大量活性羟基的层状结构矿物，经处理后可用于橡胶材料的补强。

经过合理的分散，使得高分子插入多层之间，相互之间作用力较强，单体分

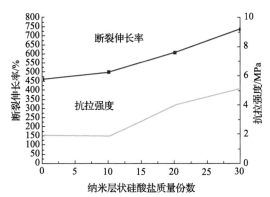

图 5-4-21　纳米层状硅酸盐质量份数对力学性能的影响

子链进入黏土片层中间，其分子链受到束缚，运动能力下降，同时由于层状硅酸盐已进行有机处理，与三元乙丙的相容性较好。层状硅酸盐片层的比表面积很大，两者的界面作用很强，能够起到物理交联点的作用，从而增强了橡胶的强度和界面黏结能力。同时，纳米层状硅酸盐片层均匀分散在三元乙丙基体中，当基体受到外力载荷时，粒子与基体之间产生微裂纹(银纹)，三元乙丙发生塑性变形吸收作用能，从而达到提高材料断裂伸长率的效果。

综上所述，白炭黑、纳米层状硅酸盐都能大幅度提高包覆层的综合力学性能和界面黏结性能。通过以上结果可以得到以下结论：①白炭黑是一种综合性能较好的补强剂，能够显著提高包覆层的综合性能；②纳米层状硅酸盐跟白炭黑相比，在补强等方面的效果略逊一筹，但是可以降低对操作人员身体的伤害，防止"硅肺"的发生。

3) 纤维种类及质量份数对黏结性能的影响

本部分选择碳纤维、芳纶纤维进行试验研究。

研究了碳纤维质量份数分别为 0、2、4、6、8、10 时三元乙丙包覆材料的性能，制作力学性能和轮剥离强度试验件，在 20℃下进行性能测试，结果如图 5-4-22、图 5-4-23 所示。

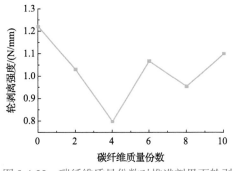

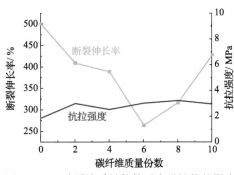

图 5-4-22　碳纤维质量份数对推进剂界面轮剥　图 5-4-23　碳纤维质量份数对力学性能的影响
　　　　　离强度的影响

研究了芳纶纤维质量份数分别为 0、2、4、6、8、10 时三元乙丙包覆材料的性能，制作力学性能和轮剥离强度试验件，在 20℃下进行性能测试，结果如图 5-4-24、图 5-4-25 所示。

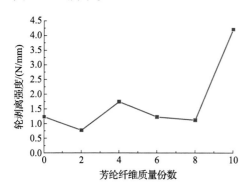

图 5-4-24 芳纶纤维质量份数对推进剂界面轮剥离强度的影响 　图 5-4-25 芳纶纤维质量份数对力学性能的影响

可以看出，碳纤维和芳纶纤维都可以增加三元乙丙的强度，试验曲线都表现出较强的渐增趋势。

4) 增塑剂种类及质量份数对黏结性能的影响

选择磷酸酯和 7#机油进行试验研究。

研究了磷酸酯增塑剂质量份数分别为 0、3、5、7、10 时三元乙丙包覆材料的性能，制作力学性能和轮剥离强度试验件，在 20℃下进行性能测试，结果如图 5-4-26、图 5-4-27 所示。

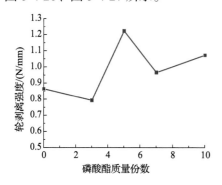 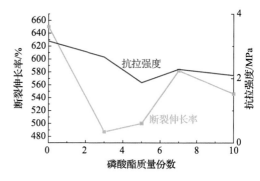

图 5-4-26 磷酸酯质量份数对推进剂界面轮剥离强度的影响 　图 5-4-27 磷酸酯质量份数对力学性能的影响

研究了 7#机油增塑剂质量份数分别为 0、3、5、7、10 时三元乙丙包覆材料的性能，制作力学性能和轮剥离强度试验件，在 20℃下进行性能测试，结果如图 5-4-28、图 5-4-29 所示。

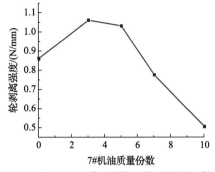 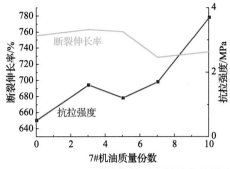

图 5-4-28　7#机油质量份数对推进剂界面轮剥　　图 5-4-29　7#机油质量份数对力学性能的影响
　　　　　离强度的影响

从图 5-4-26～图 5-4-29 可以看出,磷酸酯和 7#机油作为增塑剂对界面黏结性能也产生了影响,其中磷酸酯能够提高界面黏结性能,7#机油降低了界面黏结性能。磷酸酯是一种含氯元素的阻燃增塑剂,加入三元乙丙橡胶中提高了分子极性,增强了界面亲和力。

从图 5-4-27 可以看出,磷酸酯的加入,降低了材料的抗拉强度,对断裂伸长率的影响则没有表现出较强的规律性,可能跟两种材料的相容性不好有关。

图 5-4-29 显示的结果表明,7#机油反而能够提高材料的抗拉强度,对断裂伸长率的影响没有表现出规律性。

5) 并用胶种类对黏结性能的影响

选择氯丁橡胶、氯磺化聚乙烯橡胶和丁腈橡胶进行对比研究,如表 5-4-29 所示。

表 5-4-29　并用胶对胶料性能影响

并用胶种类	轮剥离强度/(N/mm)	抗拉强度/MPa	断裂伸长率/%
无	0.438	2.059	303
氯丁橡胶	1.729	1.872	538
氯磺化聚乙烯橡胶	2.068	2.518	1138
丁腈橡胶	2.600	2.300	545

进行了氯丁橡胶、氯磺化聚乙烯橡胶和丁腈橡胶作为三元乙丙并用胶的性能研究。从表 5-4-29 可以看出,三种并用胶都能大幅度提高材料的断裂伸长率和界面黏结性能。其中,丁腈橡胶在各方面的表现都较好。

5.4.6　螺压推进剂与浇铸推进剂的组合形式

1. 螺压推进剂与浇铸推进剂组合成双层变燃速装药

推进剂分层燃烧,层次不同燃速则不同,随着燃烧的推进,燃速在不断变化,这样使燃烧得到有效控制，从而得到不断变化的推力，主要是针对小初始容积下实施潜载导弹水下发射问题，使潜载导弹在水下弹射初期工质气体流量较小，满足弹射启动的要求，又不产生高过载，在弹射的后期增大工质气体流量，满足导弹弹射速度增加的要求，能够有效解决小初始容积下实施导弹水下弹射问题。具体为用螺压工艺先制备大孔高燃速的外层推进剂，用大孔径螺压推进剂充当模具，将低燃速药浆浇在螺压推进剂中固化成型，制成外层为高燃速螺压推进剂，内层为低燃速浇铸推进剂的双层变燃速组合推进剂，对该组合推进剂外侧及两端面包覆限燃，制成内孔燃烧组合装药，从而使装药的燃气流量得到有效控制，达到预设弹道设计的需要，如图 5-4-30 所示。

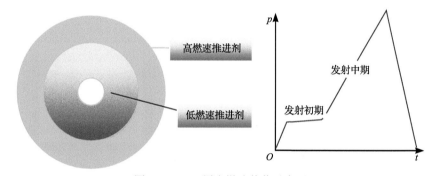

图 5-4-30　双层变燃速装药示意图

2. 螺压推进剂与浇铸推进剂组合成高燃速推进剂

双基和改性双基推进剂的燃速通常为 2～35mm/s。为了制造燃速高于 40mm/s 的端面燃烧高能无烟双基推进剂，法国火炸药公司研究了组合装药的新技术。推进剂装药由两种推进剂组成，一部分为基本的主体装药，它是高能无烟螺压推进剂；另一部分为控制燃速的装药，它是高燃速推进剂。由这两部分推进剂形成组合装药，就可制成高能高燃速无烟推进剂。具体方法如下：用压伸工艺先制成外径 90～150mm/s 的 7 孔(孔径 12mm)装药，再将燃速为 30～60mm/s 的药浆浇入压伸推进剂的内孔中固化形成药芯，如图 5-4-31 所示。速燃药控制整个药柱的燃速、压强指数和温度系统，使整个装药燃速达到 40mm/s。经发动机试验和熄火试验，燃面与预定相符，装药的各种性能良好。还可以将药芯换成直径为 1mm、3mm 或 6mm 的负压强指数的螺压推进剂药条，平行排列于高能推进剂的主装药中，装药压强指数由药芯推进剂控制，能量由主体装药决定，所以整个装药具有高能、

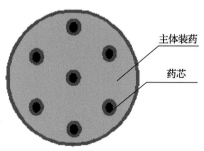

图 5-4-31　螺压推进剂与浇铸推进剂
组合成高燃速推进剂

低压强指数的特性。

5.4.7　螺压推进剂与其他推进剂的组合形式

固体推进剂除压伸法外还有浇铸工艺的粒铸法和淤浆法，压伸法和粒铸法的优点是硝化纤维素塑化好，催化剂等固体颗粒在推进剂中分散均匀，对推进剂燃烧性能的改良效果好。淤浆法的优点是可以安全地混入高能敏感成分制成高能、高燃速推进剂，其浇铸工艺可以制备大尺寸装药。由于各工艺制备的推进剂各有所长，所以可以采用组合装药对推进剂的性能进行集成来实现动力系统的特殊要求。

组合装药的界面问题主要是两种推进剂界面的黏结强度。为了提高两种推进剂的界面黏结强度，应对螺压推进剂的黏结面进行预处理，通常方法为在接触界面车削小矩形或 V 形槽、对接触面进行打磨等，如图 5-4-32 和图 5-4-33 所示。通过预处理可以改善界面黏结力，实现螺压推进剂与浇铸推进剂的组合。螺压推进剂与浇铸推进剂组成的组合装药可以在 4~22MPa 的级间压差下正常工作。

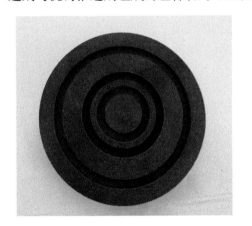

图 5-4-32　开矩形槽的界面

图 5-4-33　打磨后的界面

螺压推进剂与浇铸推进剂组合扯离试验结果见表 5-4-30。

表 5-4-30　螺压推进剂与浇铸推进剂组合扯离试验结果

温度/℃	最大载荷处应力/MPa	最大载荷处应变/%	自动断裂点应力/MPa	自动断裂点应变/%	配方中的主要组分	断裂位置
−40	15.479	2.240	15.479	2.240	浇铸推进剂配方：NC 与 NG 质量比 24.5/32	在浇铸级断裂
20	2.577	14.317	2.549	15.271		在浇铸级断裂
50	0.512	17.729	0.232	26.300	螺压推进剂配方：NC、NG、RDX 质量比 40.7/27.3/18.0	在浇铸级断裂

螺压推进剂与浇铸推进剂组合后经过低温-55℃冷储 48h，缓慢降至常温，再高温 65℃热储 48h，常温后经 X 射线无损检测，界面完好，未出现脱黏等异常现象，如图 5-4-34 所示。

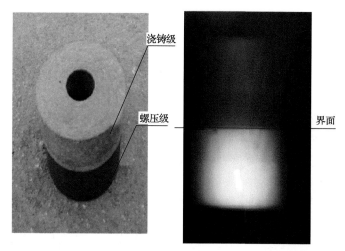

浇铸级

螺压级

界面

图 5-4-34　螺压与浇铸药的组合温冲试验后界面 X 射线无损检测情况

温度冲击后的螺压推进剂与浇铸推进剂组合装药发动机试验压强-时间(p-t)曲线如图 5-4-35 所示。

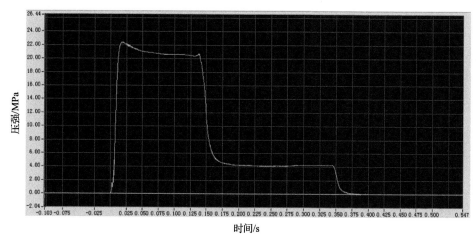

图 5-4-35　螺压与浇铸推进剂组合装药在 4~22MPa 下工作的 p-t 曲线

构成组合装药的两种推进剂的力学性能应尽可能接近,实现力学性能的匹配,组合装药的力学性能取决于单体推进剂中力学性能较差的一方,单体推进剂的力学性能均应满足战技指标及使用要求。

5.5　工艺方案

通过对三种工艺分别进行研究,确定改性双基推进剂组合装药具体试验方案:先浇铸续航级,然后连续浇铸增速级,续航级和增速级界面完好过渡采用一定尺寸的花板进行控制,待浇铸完毕后,一起固化、整形,再浇铸发射级。浇铸装药设备如图 5-5-1。

图 5-5-1　500kg 自动加料立式混合机

按照设计的工艺流程制备组合装药试验件,分析如下性质:①单一安定剂随固化时间对推进剂安定性的影响;②复合安定剂随固化时间对推进剂安定性的影响;③多次固化对推进剂燃烧性能、力学性能的影响;④对黏结界面的处理方式进行系统研究,获得多次固化过程中浇铸装药的安全时间点。

在研究的过程中,设计出改性双基推进剂组合装药工艺流程,按照工艺流程制备出三种不同性能改性双基推进剂组合装药。造粒工艺流程如图 5-5-2 所示,浇铸整体工艺流程如图 5-5-3 所示,负压回流工艺如图 5-5-4 所示。

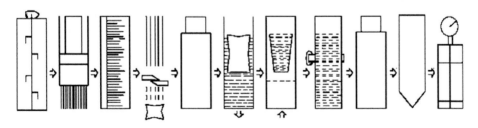

图 5-5-2　造粒工艺流程示意图

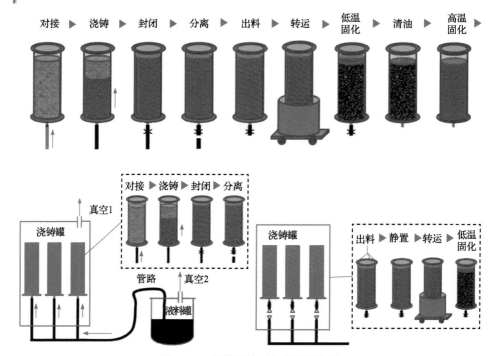

图 5-5-3　浇铸整体工艺流程示意图

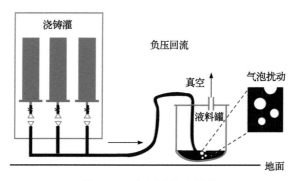

图 5-5-4　负压回流示意图

第6章　组合装药综合性能评估

发射级药柱由 NC、NG、高能添加剂、弹道稳定剂和燃烧催化剂组成，采用淤浆浇铸工艺制备成型，其主要功能是为导弹飞行提供初始动力。

续航级药柱由 NC、NG、高能添加剂、弹道稳定剂和燃烧催化剂组成，采用造粒浇铸工艺制备成型，其主要功能是为导弹飞行提供续航动力。

包覆层由三元乙丙橡胶、多种功能添加剂、固化剂和固化促进剂组成，采用预制包覆工艺制备发动机装药。其主要功能是限制燃面，并起到绝热作用，使推进剂装药按设计要求平稳工作。

6.1　组合装药安全性检测与评估方法

组合装药的发射级药柱和续航级药柱为改性双基推进剂，主要由 NC、NG、RDX 和 HMX 等组成，属于高能物质，在生产、存贮、试验、维护及使用中均具有一定燃烧或爆炸的危险性。

发射级药柱和续航级药柱分别采用淤浆浇铸和造粒浇铸工艺成型，其主要工序包括：原材料烘干、推进剂药浆混合、推进剂浇铸和固化等。推进剂药浆混合和推进剂浇铸工序是生产推进剂最危险的工序，可能会发生燃烧或爆炸的危险，是推进剂安全试制、生产的关键控制环节。

装药成型后的整形需进行车削加工，是危险工序，可能存在燃烧的危险。

装药的发动机试验可能会发生发动机爆炸等事故，具有一定的危险性。

生产推进剂过程中需特别注意：

(1) 烘干工序：烘干原材料的烘箱应及时清洗，应严格禁止各种原材料混烘。

(2) 推进剂药浆混合和浇铸工序：严格按照安全操作规程进行操作，人机隔离，需要人员现场操作时必须确保设备停止，定期对设备进行维护、检修。

(3) 装药整形工序：严格控制车床转速和进刀速度，人机隔离操作，严禁采用钢质刀具和工装卡具。

装药制备后，应严格按照有关标准进行无损检测，避免装药带病试验或使用，推进剂装药安全评估数据如表 6-1-1 所示。

表 6-1-1　推进剂安全性评估数据

序号	试验对象	试验项目	设计要求	测试结果 1	测试结果 2	测试结果 3
1		撞击感度/cm	GJB 770B—2005	31.6/33.1	29.5/32.4	33.9/31.6
2		摩擦感度/%	GJB 770B—2005	48/44	48/44	48/44
3		静电感度	GJB 5891.27—2006	未发火	未发火	未发火
4	发射级推进剂	爆发点(5s)/℃	GJB 770B—2005	250/250	254/253	298/298
5		化学安定性/min	GJB 770B—2005	60/60	65/65	67/67
6		加速贮存试验	GJB 770B—2005		17a	
7		撞击感度/cm	GJB 770B—2005	33.9/31.6	32.4/36.6	33.1/31.8
8		摩擦感度/%	GJB 770B—2005	76/72	72/68	72/76
9		静电感度	GJB 5891.27—2006	未发火	未发火	未发火
10	续航级推进剂	爆发点(5s)/℃	GJB 770B—2005	284/284	288/287	288/286
11		化学安定性/min	GJB 770B—2005	68/68	67/67	69/69
12		加速贮存试验	GJB 770B—2005		38a	
13		包覆层与推进剂相容性	GJB 770B—2005	—	相容	—
14	包覆层	包覆层贮存性能	GJB 92.1—1986	—	类比满足	—
15		3m 跌落	是否不燃不爆		是	
16		贮存性能	加速贮存试验		是	

注：设计要求对应的标准分别为《火药试验方法》(GJB 770B—2005)、《火工品药剂试验方法　第 27 部分：静电火花感度试验》(GJB 5891.27—2006)、《热空气老化法测定硫化橡胶贮存性能导则　第一部分：试验规程》(GJB 92.1—1986)。"/"两侧分别为 2 次平行试验结果。

6.2　组合装药贮存性检测与评估方法

6.2.1　组合装药续航级药柱安全贮存寿命预估

通过在 85℃、75℃、65℃和 55℃条件下对组合装药续航级药柱进行热加速老化，跟踪测定有效安定剂含量的变化，以有效安定剂消耗 50%作为安全贮存寿命的临界点，应用贝瑟洛特(Berthlot)方程外推，预测了组合装药续航级药柱在常温下的安全贮存寿命，并测定了老化分解温度系数[15,53]。

试样选择组合装药续航级药柱。测试方法为乙醚提取-溴化法，老化温度选择 85℃、75℃、65℃和 55℃，采用贝瑟洛特方程 $T = A + B\lg\tau$，推算可得安全贮存寿命(安全期)。其中，系数 B、A 分别为

$$B = \frac{n\sum(\lg\tau_i T_i) - \sum\lg\tau_i \sum T_i}{n\sum(\lg\tau_i)^2 - (\sum\lg\tau_i)^2}$$

$$A = \frac{\sum T_1 - B\sum\lg\tau_i}{n}$$

计算可得安全贮存寿命 $\tau_{30} = 10^{(30-A)/B}$，温度系数 $r_{10} = 10^{-10/B}$。

对老化温度下安定剂含量跟踪测量数据进行统计，将统计数据根据有效安定剂含量对老化时间作图，在图上求出各老化温度下有效安定剂消耗 50%所对应的老化时间，即安全期，如表 6-2-1 所示。

表 6-2-1　续航级药柱老化数据统计

老化温度/℃	85	75	65	55
安全期/d	3.75	15.54	63.87	304.15

通过贝瑟洛特方程进行回归，求得方程的实验式：

$$T = 93.8544 - 15.7614\lg\tau \quad (R=-0.9997)$$

外推至常温，求得组合装药续航级药柱在常温的安全贮存寿命 τ_{30}=38a，温度系数 r_{10}=4.31。

综上，用热加速老化试验法预测组合装药续航级药柱常温 30℃下的安全贮存寿命为 38a。续航级药柱试验数据如表 6-2-2 所示，不同温度下安定剂消耗曲线如图 6-2-1 和图 6-2-2 所示。

表 6-2-2　续航级药柱试验数据表

85℃		75℃		65℃		55℃	
t /d	安定剂质量分数/%	t /d	安定剂质量分数/%	t /d	安定剂质量分数/%	t /d	安定剂质量分数/%
0	1.96	0	1.96	0	1.96	0	1.96
1	1.91	2	1.83	10	1.91	29	1.88
2	1.62	4	1.74	20	1.71	60	1.72
3	1.33	7	1.60	30	1.62	123	1.58

85℃		75℃		65℃		55℃	
t/d	安定剂质量分数/%	t/d	安定剂质量分数/%	t/d	安定剂质量分数/%	t/d	安定剂质量分数/%
3.5	1.15	10	1.43	50	1.13	185	1.42
4	0.77	15	0.97	65	0.97	290	1.05
5	0.60	22	0.63	89	0.62	360	0.74

注：t 为老化时间。

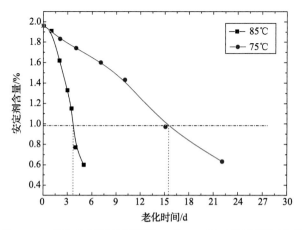

图 6-2-1　组合装药续航级药柱(85℃、75℃)安定剂消耗曲线

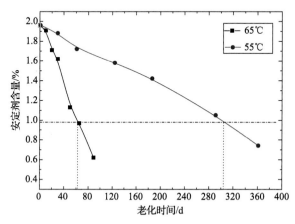

图 6-2-2　组合装药续航级药柱(65℃、55℃)安定剂消耗曲线

6.2.2　组合装药发射级药柱安全贮存寿命预估

通过在 85℃、75℃、65℃ 和 55℃ 条件下对组合装药发射级药柱进行热加速老化，跟踪测定有效安定剂含量的变化，以有效安定剂消耗 50%作为安全贮存寿命

的临界点，应用贝瑟洛特方程外推，预测了组合装药发射级药柱在常温下的安全贮存寿命，并测定了老化分解温度系数。

试样选择组合装药发射级药柱。测试方法为乙醚提取-溴化法，老化温度选择 85℃、75℃、65℃和55℃，采用贝瑟洛特(Berthlot)方程 $T = A + B\lg\tau$，推算可得安全贮存寿命(安全期)。其中，系数 B、A 分别为

$$B = \frac{n\sum(\lg\tau_i T_i) - \sum\lg\tau_i\sum T_i}{n\sum(\lg\tau_i)^2 - \left(\sum\lg\tau_i\right)^2}$$

$$A = \frac{\sum T_1 - B\sum\lg\tau_i}{n}$$

计算可得安全贮存寿命 $\tau_{30} = 10^{(30-A)/B}$，温度系数 $r_{10} = 10^{-10/B}$。

对各老化温度下安定剂含量跟踪测量数据进行统计，将表中数据以有效安定剂含量对老化时间作图，在图上求出各老化温度下有效安定剂消耗 50%所对应的老化时间，如表 6-2-3 所示。

表 6-2-3　发射级药柱老化数据统计

老化温度/℃	85	75	65	55
安全期/d	4.36	11.00	47.07	218.38

通过贝瑟洛特方程进行回归，求得方程的实验式：

$$T = 94.5457 - 17.2468\lg\tau \qquad (R=-0.9941)$$

外推至常温，求得组合装药发射级药柱在常温的安全贮存寿命 τ_{30}=17a、τ_{25}=29a，温度系数 r_{10}=3.80。

综上，用热加速老化试验法预测组合装药发射级药柱常温 30℃下的安全贮存寿命为 17a，25℃下的安全贮存寿命为 29a。发射级药柱试验数据如表 6-2-4 所示，不同温度下安定剂消耗曲线如图 6-2-3 和图 6-2-4 所示。

表 6-2-4　发射级药柱试验数据表

85℃		75℃		65℃		55℃	
t/d	安定剂质量分数/%	t/d	安定剂质量分数/%	t/d	安定剂质量分数/%	t/d	安定剂质量分数/%
0	1.58	0	1.58	0	1.58	0	1.58
1	1.50	2	1.48	12	1.43	29	1.35
2	1.32	4	1.35	19	1.27	70	1.20
3	1.08	6	1.12	32	1.09	125	1.10
4	0.88	9	1.00	47	0.76	181	0.91
5	0.64	12	0.68	69	0.51	240	0.72

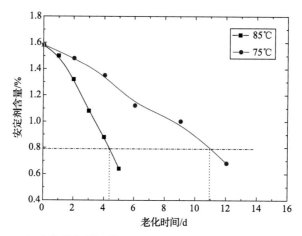

图 6-2-3　组合装药发射级药柱 201802 批(85℃、75℃)安定剂消耗曲线

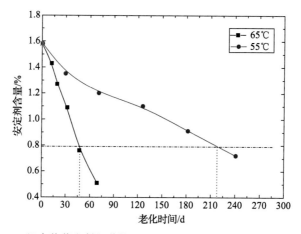

图 6-2-4　组合装药发射级药柱 201802 批(65℃、55℃)安定剂消耗曲线

　　用热加速老化试验法预测组合装药续航级药柱常温 30℃下的安全贮存寿命为 38a。用热加速老化试验法预测组合装药发射级药柱常温 30℃下的安全贮存寿命为 17a，25℃下的安全贮存寿命为 29a。

6.3　组合装药界面性能检测与评估方法

6.3.1　组合装药内表面性能检测及内部质量性能评估方法

1. 内表面性能检测目的及内容

　　推进剂研制过程和试验中，不论是螺压工艺、粒铸工艺或浇铸工艺，药柱内表面都可能出现微小裂纹、划伤、凹陷，或者是未塑化好等缺陷，这些缺陷在常规 X 射线检测中不易被发现[54]，但它严重影响推进剂的燃烧性能，使得工作曲线异常，甚至发生爆炸。

从技术手段来看，内表面性能检测靠工业内窥镜完成。目前，国内外主要用于工业管道、设备内腔、密闭容器的检查。国内推进剂行业也只用于定性检测。通过检测内表面性能，衡量推进剂质量，向设计和研制者传递有关测量数据，以便解决在研发过程中可能出现的影响内表面性能的质量问题[55]。

通过内窥光学成像检测技术可对组合装药内表面性能进行检测，发现影响组合装药内表面性能的各种缺陷，并对缺陷进行定性、定量分析，在组合装药的研制过程中达到质量控制的目的。

2. 检测方法

1) 测试原理

根据内窥镜本身的放大作用，完成推进剂内表面缺陷的定性检测；根据内窥镜的平面及深度测量功能，完成推进剂内表面缺陷的定量检测。从而获得产品性能及质量监控的重要信息，达到质量控制的目的。

2) 系统组成

工业内窥视频镜由主机部分、探头部分、控制、显示连接部分组成。

(1) 主机部分：由内置中央处理器(CPU)、系统内存、电源、75W 高亮度金属弧光灯等组成，是系统的数据处理和通信中心；

(2) 探头部分：由视频内窥探头、导向关节、摄像头、温度传感器、物镜转接头、电动杆状连接器、照明光纤接口扭力缓冲关节组成；

(3) 控制、显示、连接部分：由功能按键显示屏、发光二极管(LED)、供电接口、电缆等组成。

3) 系统研究

(1) 探头位置与角度对检测结果的影响。

探头与观察区域的距离是决定能否获得最大清晰度、分辨率、图像放大倍数的主要因素。

内窥镜是利用其探头端部透镜来搜集从物体表面反射的光线，获得物体图像。当透镜靠近物体时，图像的放大倍数、清晰度会逐渐增加；当镜头距离物体表面太近时，图像会变虚；距离太远时，受照明条件的影响，光线减弱，图像会变暗。通过大量试验验证，通常在距离检测区域 5~25mm 时观察效果最好。

探头与观察物体平面在 45°~90°时可以达到较好的观察效果，在实际工作中是通过反复改变探头与观察点的位置与角度来找到合适观察位置的，并取得最佳的检测效果。

(2) 分辨率对检测结果的影响。

内窥镜的分辨率反映的是通过内窥镜能清晰观察到最小物体尺寸的能力。常用可检测最小缺陷的尺寸来说明。一般情况下，内窥镜探头的直径越大其观察的图像越清晰；内窥镜的放大倍数越高，对细节的检测能力越强，但伴随的是检测范围缩小。因此，检测过程中根据不同的质量控制要求，可以选择适宜的探头直径和放大倍数。

(3) 照明条件对检测结果的影响。

照明条件对内窥镜检测有很大的影响，良好的照明可极大提高内窥镜检测的分辨能力。一般情况下，要求内窥镜检测照明不低于5600K，照明光通量不低于2600lm。在检测范围较大时，需要考虑辅助照明设备。辅助照明一般应提供光照度不少于500lx。

使用内窥镜照明应注意几个问题：尽量使用最佳的光线方向有利于观察；避免强光反射；注意选择光源的颜色；使用与表面反射性质相适应的照明条件。

(4) 物体表面反射率对检测结果的影响。

内窥镜的照明是为了获得物体表面足够的反射光线。吸光或发暗的表面往往需要较高的光通量；粗糙度低的表面对光线有很强的反射能力，容易产生眩光。实际操作中，需要通过改变光强度与探头的角度来减弱物体表面反射率对检测结果的影响。

3. 技术应用

该检测方法用于某型号产品内表面质量检测，能较准确地发现推进剂内表面的各种缺陷。后来又扩大应用至另外两种型号产品的检测，通过对被判报废药的解剖结果证明该检测方法的检测结论正确，适用于现场检测及阵地探伤。

采用内窥镜对某单室双推力组合装药进行内部表面质量检测，发现星形底部有裂纹痕迹，对该装药进行发动机试验，结果初始压强剧增，发动机脱扣。根据设计图纸与试验结果分析可知，出现裂纹的原因为装药结构与推进剂性能不匹配。于是对同类装药进行检测，发现类似缺陷问题。证明采用内窥镜检测组合装药内表面质量的手段是合理的。该组合装药局部缺陷如图 6-3-1 所示，发动机试验后装药内表面有裂纹缺陷，如图 6-3-2 所示。

在某型号装药内表面检测时内窥镜技术指标：探头直径为 5.0mm，工作长度为 2000mm，探头导向为 360°，探头工作温度为 –25~80℃，测量误差以平均系统误差计，为 5%。内窥镜系统对某组合装药的内表面检测如图 6-3-3 所示，检测出的内表面裂纹如图 6-3-4 所示。

图 6-3-1　表面局部裂纹缺陷

图 6-3-2　发动机试验后装药内表面的裂纹缺陷

图 6-3-3　某组合装药内表面检测

图 6-3-4　内表面裂纹缺陷

6.3.2　组合装药界面性能检测方法

1. 界面性能检测目的

推进剂装药的工艺过程、后处理及勤务时，由于受到多种因素的影响可能在内部出现多种形式的缺陷。药柱缺陷大致可以分为下列几种情况[56]：

(1) 药柱气孔或孔洞。浇铸期间排气不好或浇铸过程中药浆流动性太差都容易形成气孔或孔洞。

(2) 药柱裂缝。推进剂力学性能不良易形成药柱裂缝。

(3) 药柱表面裂纹。拔模时的拉伤或温度降低到超出环境温度范围，都会产生裂纹。

(4) 夹杂。异物落入没有固化好的药柱中会造成夹杂。

(5) 包覆层脱黏。黏结不良或储存老化等会造成包覆层脱黏。

装药内部界面的缺陷质量检测一般有如下技术手段：

(1) 超声检测技术：主要检测壳体黏结发动机装药包覆层界面脱黏缺陷。

(2) X 射线无损检测技术：主要检测装药内部缺陷及自由状态装药包覆界面质量缺陷。

由于自由装填型推进剂装药包覆层脱黏故障采用 X 射线无损检测方法进行，而且技术非常成熟。因此，本部分研究重点结合壳体黏结发动机组合装药包覆层界面检测方法进行。

2. 装药包覆层脱黏等故障的检测与表征技术

1) 检测方法

利用超声波的反射特性对固体火箭发动机壳体/绝热层界面黏结质量进行检测，发现影响固体推进剂火箭发动机性能的脱黏缺陷，并对缺陷进行定性、定量分析，结合数值模拟技术，研究缺陷质量的危害，结合实际试验情况，进行组合装药质量可靠性的判据研究。

2) 检测方法

(1) 组合装药用超声波检测仪的选取。

根据研制进度和阶段目标，针对绝热层与金属壳体之间界面脱黏特点，筛选出满足检测精度及标准要求的组合装药用超声波检测仪是完成组合装药界面检测技术项目的前提。选用 SONIC 1200S+超声波检测仪的技术指标如下：

水平线性±1%，垂直线性±2%，动态范围≥34dB，灵敏度≥200μV，分辨率≥0.5%，测量范围 1.23～7511mm，声速范围 635～15240m/s。

(2) 检测原理。

超声波检测脉冲反射法是将持续时间极短的超声波脉冲发射到被检件内，根据反射波的幅度和时间来显示反射体的存在及其位置的检验方法。反射波的位置确定缺陷位置，反射波的幅度确定缺陷大小。超声波测试系统原理如图 6-3-5 所示。

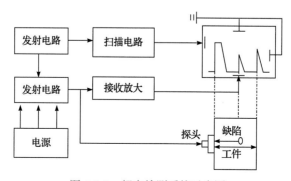

图 6-3-5　超声检测系统示意图

(3) 技术方案。

固体火箭发动机结构如图 6-3-6 所示。

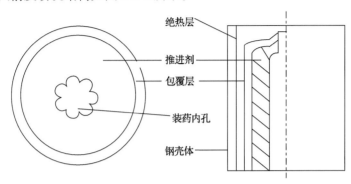

图 6-3-6　固体火箭发动机结构示意图

超声换能器向被测胶接结构中发射宽带窄脉冲超声波，声波在传播过程中遇到不同声阻抗的异质界面，会产生反射现象，两介质声阻抗差异越大，反射率 R 就越大。将有关数字代入反射率计算公式可得如下结果：

钢与绝热层材料之间的反射率：

$$R = (Z_{绝} - Z_{钢}) / (Z_{绝} + Z_{钢}) = 88\%$$

钢与空气之间反射率：

$$R = (Z_{空} - Z_{钢}) / (Z_{空} + Z_{钢}) \approx 95\%$$

绝热层材料与空气之间的反射率：

$$R = (Z_{空} - Z_{绝}) / (Z_{空} + Z_{绝}) \approx -1$$

式中，$Z_{绝}$ 为绝热层的声阻抗；$Z_{钢}$ 为钢壳体材料的声阻抗；$Z_{空}$ 为脱黏部分空气的声阻抗。

可以看出，在壳体与绝热层黏结良好的界面上，入射到壳体的声波在壳体钢与绝热层界面的声压反射率为 88%；被界面反射回来的声波，再被钢/空气界面反射回去，反射率约为 95%。当壳体与绝热层界面脱黏时，由于壳体与脱黏间隙内气体组成的界面特性阻抗相差非常大，因此超声波几乎 100% 被反射，如表 6-3-1 所示。反映在仪器荧屏上，脱黏区比黏结良好区波幅增高，波次增多，据此，可以很容易地将脱黏区与黏结良好区分辨开来，进而评价黏结质量。

表 6-3-1　固体火箭发动机主要材料声学参数

名称	材料	密度/(g/cm³)	声速/(km/s)	衰减系数	声阻抗/[kg/(s·m²)]	厚度/mm
壳体	钢	7.8	5.9	0.02	45.3	1.2~3
绝热层	三元乙丙橡胶	1.1	1.5~2.5	200~400	1.5~2.5	1.0~7.0
空气	—	0.0013	0.344	—	0.00004	—

脉冲反射式超声波探伤仪是根据荧光屏显示的缺陷波的位置和高度来评价被检件中缺陷的位置和大小，所以仪器的性能、探头的性能、仪器与探头的配用性能及受检件的材质与表面粗糙度都会直接影响检测结果。

主要通过以下途径控制检测结果：

① 超声波探伤仪水平线性、垂直线性、动态范围的检测；

② 超声波探伤仪增益参数、脉冲参数、抑制参数的调节；

③ 超声波探伤仪扫描速度、探伤灵敏度的调节；

④ 探头形式、晶片尺寸、频率的选择；

⑤ 受检件材质、表面粗糙度的规定。

(4) 设备仪器水平线性、垂直线性、动态范围的校验。

仪器的水平线性影响缺陷的定位。调节水平线性的目的就是根据缺陷回波出现在水平线上的位置来确定缺陷在工件中的位置。仪器水平线性的调节主要包括两个方面：一方面是要使基线刻度与在材料中声传播的速度成一定比例，即比例调节。另一方面，还要将声程零位与基线上的零刻度对齐，称为零位调节。垂直线性又称为放大线性。垂直线性指的是荧光屏上显示的反射波高度与输入接收器的信号幅度能够按正比关系显示的能力。垂直线性影响缺陷定量的精度。仪器的动态范围就是在增益不变时，超声检测仪荧光屏上能分辨的最大反射波高与最小反射波高之比。也就是仪器能探测的最大缺陷与最小缺陷之比。

仪器水平线性的校验用 CSK—IA 标准试块：

① 调节范围菜单延迟与声速软键，使得第一回波上升沿与 2 号方格线对齐；

② 调节范围菜单增益软键，使第一回波幅值近似为 80%满屏高；

③ 调节范围菜单延迟与声速软键，使得第一回波上升沿与最后一个方格线对齐；

④ 调节范围菜单延迟与声速软键，使得第一回波上升沿尽量与 4、6、8 号方格线对齐；

⑤ 观察记录第一回波上升沿在 4、6、8 号方格线处的水平刻度偏差 α_4、α_6、α_8；

⑥ 计算水平线性误差：

$$\delta = \frac{|\alpha_{\max}|}{0.8b} \times 100\%$$

式中，$\alpha_{\max}$ 为 α_4、α_6、α_8 中的最大者；b 为荧光屏水平满刻度值，《A 型脉冲反射式超声探伤仪通用技术条件》(JB/T 10061—1999)标准规定仪器的水平线性误差≤2%。

水平线性调试波形如图 6-3-7 所示。

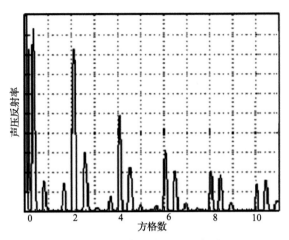

图 6-3-7　水平线性调试波形

仪器垂直线性校验用 CSK—IA 标准试块：

① 调节接收菜单抑制软键至"0"，衰减保留 30dB 余量；

② 调节接收器菜单增益软键使底波达荧光屏满幅度 100%，但不饱和，作为 0dB；

③ 固定增益数值，调节接收器菜单抑制软键，每次衰减 2dB，记录相应回波高度 H_i，直至回波消失；

④ 计算实测相对波高和理想相对波高如下：

$$实测相对波高 = \frac{衰减 \Delta_i 后的波高 H_i}{衰减 0dB 后的波高 H_0} \times 100\%$$

$$理想相对波高 = \left(\frac{H_i}{H_0}\right) \times 100\% = 10^{\frac{\Delta_i}{20}} \times 100\% \left(20\lg\frac{H_i}{H_0} - \Delta_i\right)$$

⑤ 垂直线性误差计算如下：

$$D = \left(|d_1| + |d_2|\right)\%$$

式中，d_1 为实测值与理想值的最大正偏差；d_2 为实测值与理想值的最大负偏差。《A 型脉冲反射式超声探伤仪通用技术条件》(JB/T 10061—1999)标准规定仪器的垂直线性误差≤8%。

动态范围的校验用 CSK—IA 试块：

① 调节接收器菜单抑制软键至"0"，衰减保留 30dB 余量；

② 调节接收器菜单增益软键使第 2 方格处底波达满幅度 100%；

③ 固定增益数值，记录这时衰减余量 N_1，调节衰减软键使第 2 方格处底波降至 1mm，记录这时的衰减余量 N_2；

④ 计算动态范围为

$$\Delta = N_2 N_1 (\text{dB})$$

《A 型脉冲反射式超声探伤仪通用技术条件》(JB/T 10061—1999)标准规定仪器的动态范围≥26dB。

SONIC 1200S＋超声波检测仪性能指标均符合《A 型脉冲反射式超声探伤仪通用技术条件》(JB/T 10061—1999)标准规定的要求。

(5) 探头的选取。

探头的作用，就是将超声检测仪产生的电脉冲转换成超声波能发射到被检件中，又将反射回来的超声波能转换成高频电能，送回超声检测仪。在实际操作中，探头对控制超声波的传播方向、波型转换和声场的特征都起着关键性的作用，所以探头规格的选用非常重要。一般探头的频率越高、脉冲越短，回波信号的分辨率就越高，结果就越可靠。

SONIC 1200S+超声波检测仪规定的探头频率范围为 0.3～20MHz。为此分别采用 1MHz、2.25MHz、2.5MHz、5MHz、10MHz、15MHz 的探头对固体火箭发动机壳体/绝热层对比试块界面脱黏部位、界面黏结良好的部位进行检测，通过对检测回波最佳检测效果的比较，确定选用 2.25MHz 的探头频率。探头晶片直径一般在 6～25mm。

(6) 受检件材质、表面粗糙度对检测结果的影响。

受检件材质对缺陷定位的影响可从声速和内应力两方面来讨论。当受检件与对比试块的声速不同时，就会使探头的 K(试件横波折射角的正切值)发生变化。另外，受检件内应力较大时，将使声波的传播速度和方向发生变化。当应力方向与波的传播方向一致时，若应力为压缩应力，则应力作用使受检件弹性增加，这时声速加快。反之，若应力为拉伸应力，则声速减慢。当应力与波的传播方向不一致时，波动过程中质点振动轨迹受应力干扰，使波的传播方向产生偏离，影响缺陷定位。对比试块的制作必须符合下列技术要求：

① 对比试块材质应选用与受检件的规格、材质、表面状态及声学性能相同或相近的材料。

② 对比试块缺陷的尺寸和分布应满足固体火箭发动机技术条件的要求。

③ 对比试块人工缺陷的制作可以采用涂脱模剂、贴膜等方法。

④ 对比试块要求非模拟缺陷处无针孔、疏松等缺陷，绝热层与金属壳体黏结良好。

受检件表面粗糙，不仅耦合不良，而且由于表面凹凸不平，声波进入受检件的时间产生差异，就犹如一个正负交替变化的次声源作用在受检件上，使进入受检件的声波互相干涉形成分叉，从而使缺陷定位困难。另外，受检件底面与探测面的平行度及底面的光洁度、干净程度对缺陷定量有较大影响。当受检件底面与探测面不平行、底面粗糙或沾有水迹、油污时将会使底波下降，这样利用底波调节的灵敏度将会偏高，缺陷定量误差增加。因此，受检件表面状态应符合下列要求：

① 对每个受检件都应进行目视检查，以保证受检件表面没有松动的氧化皮、折叠、毛刺、油污、切削或磨削颗粒等有碍超声检查的任何表面状态。

② AAA 级受检件要求表面粗糙度 R_a 不高于 1.6μm；AA 级和 A 级受检件要求表面粗糙度 R_a 不高于 3.2μm；B 级受检件要求表面粗糙度 R_a 不高于 6.3μm。

(7) 耦合剂的选取。

超声耦合是指超声波在探测面上的声强投射率，声强投射率高，超声耦合就好。

耦合剂的作用在于排除探头与受检件表面之间的空气，使超声波能有效地传入受检件，达到探伤的目的，常用耦合剂的声阻抗列于表 6-3-2。此外耦合剂还有减少摩擦的作用。

表 6-3-2 常用耦合剂的声阻抗

耦合剂	甘油	机油	水	水玻璃
$Z/[kg/(m \cdot s)]$	0.243	0.128	0.150	0.217

所选用的耦合剂不得有损于探头和受检件且应性能稳定易于清洗。推荐使用机油或甘油。耦合剂的黏度应根据受检件的表面粗糙度来选择。表 6-3-3 中列出了实际操作中不同表面粗糙度推荐的耦合剂。

表 6-3-3 不同表面粗糙度时推荐的耦合剂

近似表面粗糙度 R_a/μm	耦合剂(GB443)
0.08～2.5	N22 机械油
1.25～3.2	N46 机械油
2.5～5	N100 机械油

(8) 扫描速度的调节。

检测前应根据探测范围调节扫描速度，使仪器示波屏上时基扫描线的水平刻度值与实际声程成一定比例。

3) 应用举例

固体火箭发动机壳体/绝热层脱黏将导致火焰或高温燃气直接与壳体接触，引起壳体过热失强甚至壳体烧穿。尤其是燃烧室的前后封头部位，药柱燃烧使绝热层提前暴露，更容易烧穿绝热层导致壳体失强，造成发动机工作异常。超声波脉冲反射法能很好地解决这一问题，被成功地应用于壳体/绝热层界面的脱黏检测。

超声波脉冲反射法是将持续时间极短的超声波脉冲发射到被检件内，根据反射波的幅度和时间来显示反射体的存在及其位置的检验方法。反射波的位置确定缺陷位置，反射波的幅度确定缺陷大小。图6-3-8～图6-3-11为超声检测波形。

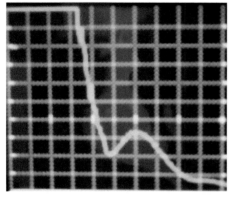
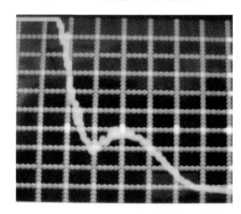

图 6-3-8　Φ=5mm 缺陷波形　　　　　　图 6-3-9　Φ=10mm 缺陷波形

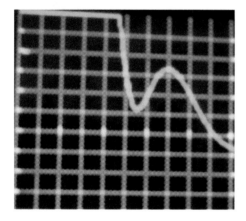
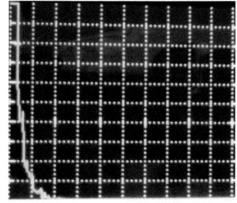

图 6-3-10　Φ=20mm 缺陷波形　　　　　　图 6-3-11　无缺陷波形

6.3.3　组合装药外界面结构完整性评估方法

装药结构完整性分析的目的，既是校核装药结构设计成败，更具工程意义的则是可为装药结构设计提供定量的数值依据，指出装药结构中的薄弱部位和薄弱环节，指导工程设计人员改进、完善和优化设计方案。装药结构完整性分析的方法，无外乎理论解析、工程估算、数值模拟仿真和试验研究等几种。组合装药对于推进剂/绝热层/衬层/人工脱黏层之间黏结界面性能的研究，课题庞大复杂，包括固体药柱、绝热层、衬层、人工脱黏层等多层结构，还须考虑发动机壳体和其他支撑结构的变形约束关系。因此，即便采用成熟的 FEM 数值模拟计算技术来开展装药结构完整性分析，难度仍然很大。

　　组合装药的结构完整性研究将采用理论计算结合试验验证的方式进行，为此开展评估装置研究：根据国外成功的经验，针对固体火箭发动机的典型结构特征，设计一种评估装置模拟装药及其黏结界面在实际服役条件下的典型应力状态，考核装药界面的结构完整性。通过试验评估装置考核并测定装药黏结界面破坏的极限载荷。然后，运用试验数据校正并核准有限元计算模型。

　　参照国外的技术路线，研究法国 SNPE 公司 PHI 和 FIANICOL 模拟发动机的技术方案。FIANICOL 是 PHI 的改进型的模拟发动机，除了模拟发动机装药内沟槽处(A 区域)的高应力特征外，还可以反映装药与壳体界面间(B 区域)的黏结状况，如图 6-3-12 所示。设计中最大应力点的位置及界面可能脱黏的位置很明确，在试验过程中主要观测这两个关键区域。根据相关报告，模拟发动机的设计思想通过筛选合适的设计尺寸，控制模拟发动机的质量，在给定的载荷条件下在目标区域观测到裂纹的产生。

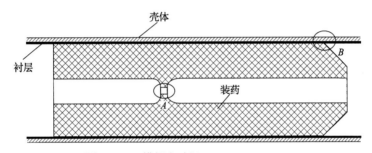

图 6-3-12　模拟发动机 FIANICOL(SNPE)

　　依据弹性力学知识，假设 A 区域小孔处内半径为 a，外半径为 b，简化成轴对称平面应变问题，在受到温度载荷时，内孔与外孔的比值直接决定了应变。在模拟发动机的结构设计中，关键的设计尺寸决定于 a/b，a/b 越小意味着应力应变集中的程度越高，越容易产生裂纹。在固定工况下，A 区域的高应力状态与小孔的内外径比密切相关，即内外径比越大，该区域的应力集中越明显，越易产生裂纹。B 区域发生开裂现象仅通过弹性力学还不能给出显示表达，直观判断与界面的黏结强度及装药与壳体形成的几何角直接相关。界面的黏结强度越高，越能够抵抗由于温度梯度和材料热膨胀系数不同带来的变形不协调，越不容易引起界面开裂。几何角对于界面开裂的影响通过模拟发动机试验进行研究。经过分析和初步的计算，形成了模拟发动机的设计方案雏形。评定装置试验原理见图 6-3-13。

　　评定试验采取从高温向低温单向降温的加载方式，考虑到保温箱保温误差在 ±2℃，且评定装置肉厚为 8mm，保透的时间在 36h，采用线性降温方式不可取。因此，采用分段在不同加载温度点进行保温并观测固体装药结构的变形状况，逐

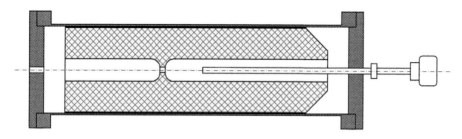

图 6-3-13　评定装置试验原理图

渐逼近裂纹产生的温度点。评定试验采用内窥镜(放大 10 倍)作为观测手段，试验结果以拍摄照片形式记录，并作为固体装药结构失效破坏的判读依据。

通过分段降温，逼近裂纹产生的温度段，若在 T_n 温度观测小孔未观测到裂纹，降温到 T_{n+1}，保温 36h 后再观测，若仍未见到裂纹，继续降温，若观测到裂纹，说明裂纹产生的温度在 $T_n \leqslant T_c \leqslant T_{n+1}$。如果评定装置数量允许，在温度[$T_n$，$T_{n+1}$]重复上述试验过程。本部分试验降温梯度确定为 10℃。结构完整性评定装置试验如图 6-3-14 所示。

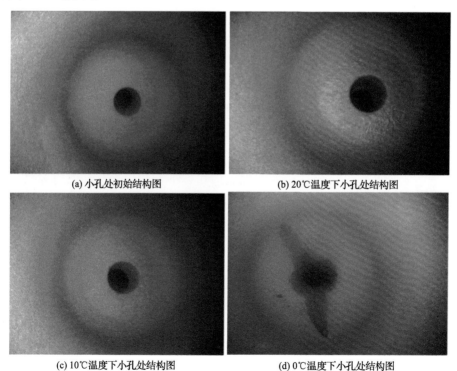

(a) 小孔处初始结构图　　　　　　　　(b) 20℃温度下小孔处结构图

(c) 10℃温度下小孔处结构图　　　　　　(d) 0℃温度下小孔处结构图

图 6-3-14　结构完整性评定装置试验

建立的固体装药结构新的完整性评定体系，其主要特点是克服传统评定方法的缺陷，将有限元法引入评定体系，大大降低固体装药的试验测试次数和试验成本，同时，对于固体装药结构设计中的薄弱环节有充分的认识，有利于结构设计改型工作。

6.4　改性双基推进剂环境适应性

6.4.1　改性双基推进剂装药高低温贮存试验

通过以上研究，制备了 500g 级推进剂样品，浇铸了 Φ50mm 标准发动机用药柱，进行了高温(70℃)贮存、低温(-55℃)贮存试验，将试验后的推进剂药柱进行了 Φ50mm 标准发动机试验，如图 6-4-1、图 6-4-2 所示。

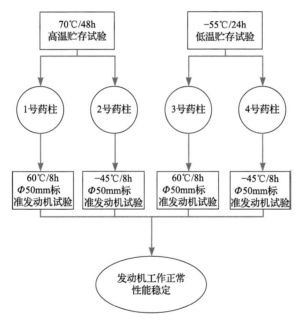

图 6-4-1　Φ50mm 标准发动机药柱温度适应性试验流程图

从 Φ50mm 标准发动机温度适应性考核试验可以看出，4 发 Φ50mm 标准推进剂药柱，经过-55～70℃的环境适应性试验后，进行了标准发动机试验，试验曲线正常。推进剂贮存温度上限由原 65℃拓宽到 70℃，推进剂适用温度范围为-55～70℃，其中高温贮存温度 70℃，低温贮存温度-55℃。

6.4.2　温度冲击下改性双基推进剂典型平台性能验证

发动机集成验证试验用的装药，采用陆航直升机载某空地导弹发动机装药设

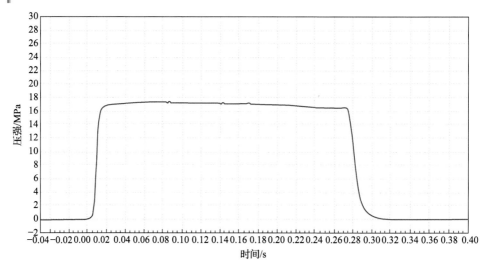

图 6-4-2　Φ50mm 标准发动机温度适应性试验曲线

计图进行制样。宽温度适应性改性双基推进剂装药采用浇铸工艺制造，按照配方与工艺评审时确定的配方与工艺，并结合陆航直升机载某空地导弹发动机装药项目要求，进行发动机装药的制备，经 X 射线无损检测检验合格后，完成整形。试验发动机外形如图 6-4-3 所示。

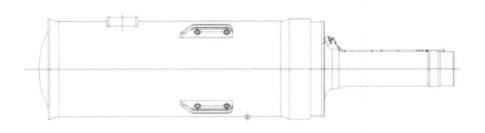

图 6-4-3　试验发动机外形示意图

参照《军用装备实验室环境试验方法　第 3 部分：高温试验》(GJB 150.3A—2009)、《军用装备实验室环境试验方法　第 4 部分：低温试验》(GJB 150.4A—2009)及《直升机载空地导弹武器系统设计定型试验规程》(GJB 8328—2015)中规定的相关环境适应性试验的要求，对发动机装药进行环境适应性试验。参考《火药试验方法》(GJB 770B—2005)中的方法 704.1 压力-时间曲线和推力-时间曲线发动机静止试验法中规定方法进行数据处理，试验方案如图 6-4-4 所示，发动机装药地面试车如图 6-4-5 所示。

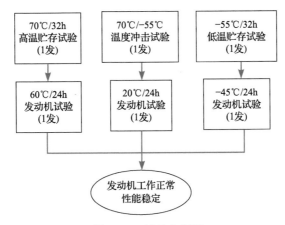

图 6-4-4　试验方案图

图 6-4-5　发动机装药地面试车

高温贮存：发动机装药随同发动机进行 70℃±2℃，32h 的高温贮存试验，恢复 24h 后(保温箱停机 24h 后取出)，应满足发动机高温工作要求。

低温贮存：发动机装药随同发动机进行-55℃±2℃，32h 的低温贮存试验，恢复 24h 后(保温箱停机 24h 后取出)，应满足发动机低温工作要求。

温度冲击：发动机装药随同发动机进行高温 70℃、低温-55℃，高温段、低温段持续时间为各 1h 的温度冲击试验，高温、低温转换时间≤1min。试验从高温开始(即首先从室温升至高温)共进行三个循环，试验完成后进行恢复处理(不少于 24h)，应满足发动机低温工作要求。

高温工作：发动机装药随同发动机进行高温 60℃±2℃，24h 的高温保温后，发动机进行地面点火试验，工作曲线如图 6-4-6 所示。

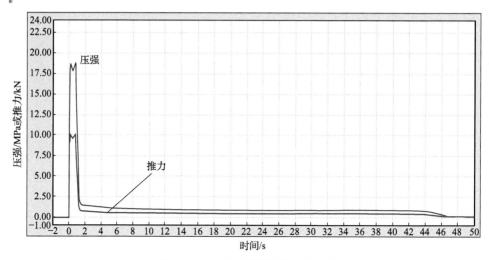

图 6-4-6　发动机装药高温工作曲线

低温工作：发动机装药随同发动机进行高温-45℃±2℃，24h 的低温保温后，发动机进行地面点火试验，工作曲线如图 6-4-7 所示。

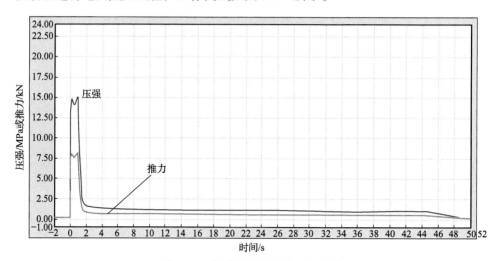

图 6-4-7　发动机装药低温工作曲线

常温工作：发动机装药随同发动机进行常温 20℃±2℃，24h 的保温后，发动机进行地面点火试验，工作曲线如图 6-4-8 所示。

根据试验结果可以看出，高温贮存-高温工作、温度冲击-常温工作、低温贮存-低温工作的发动机工作曲线无异常，装药高低常温工作结构保持完整，装药适用温度范围试验合格。

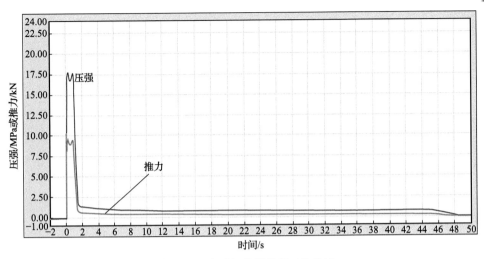

图 6-4-8　发动机装药常温工作曲线

参 考 文 献

[1] 卜昭献, 覃光明, 李宏岩. 单室多推力固体推进剂发动机[M]. 北京: 国防工业出版社, 2013.

[2] 张平, 等. 固体火箭发动机原理[M]. 北京: 北京理工大学出版社, 1992.

[3] 杨涛, 方丁酉, 唐乾刚. 火箭发动机燃烧原理[M]. 长沙: 国防科技大学出版社, 2008.

[4] 何洪庆, 等. 固体火箭发动机气体动力学[M]. 西安: 西北工业大学出版社, 1988.

[5] 董师颜, 张兆良. 固体火箭发动机原理[M]. 北京: 北京理工大学出版社, 1996.

[6] 莱兹别格 Б А, 等. 固体火箭系统工作过程理论基础[M]. 刘光宇, 梅其志, 译. 北京: 国防工业出版社, 1987.

[7] 眭英, 胡克娴. 固体火箭发动机[M]. 北京: 北京理工大学出版社, 1990.

[8] 卜昭献, 周玉燕, 杨月先. 固体火箭发动机手册[M]. 北京: 国防工业出版社, 1988.

[9] 叶万举, 常显奇, 曹泰兵. 固体火箭发动机工作过程理论基础[M]. 长沙: 国防科技大学出版社, 1985.

[10] 张平, 孙维申, 眭英. 固体火箭发动机原理[M]. 北京: 北京理工大学出版社, 1992.

[11] 叶罗辛. 固体火箭发动机设计的理论基础[M]. 张中钦, 冯文澜, 译. 北京: 国防工业出版社, 1987.

[12] 王元有. 固体火箭发动机设计[M]. 北京: 国防工业出版社, 1984.

[13] 刘征哲. 新型高燃速固体推进剂制备及燃速调控[D]. 南京: 南京理工大学, 2021.

[14] 周起槐, 任务正. 火药物理化学性能[M]. 北京: 国防工业出版社, 1983.

[15] 谭惠民. 固体推进剂化学与技术[M]. 北京: 北京理工大学出版社, 2015.

[16] 侯林法. 复合固体推进剂[M]. 北京: 宇航出版社, 1994.

[17] 潘文达. 改性双基推进剂的燃速特性[D]. 北京: 北京工业学院, 1964.

[18] 张端庆, 等. 固体火箭推进剂[M]. 北京: 兵器工业出版社, 1991.

[19] 付小龙, 樊学忠, 李吉祯, 等. 有机铅盐对高能改性双基推进剂燃烧性能和热分解的影响[J]. 火炸药学报, 2008, 31(2): 49-52.

[20] 付小龙, 李吉祯, 樊学忠, 等. 有机铜盐对 RDX-CMDB 推进剂的燃烧性能和高压热分解的影响[J]. 含能材料, 2010, 18(4): 364-367.

[21] 付小龙, 李吉祯, 刘小刚, 等. 铅盐对高能无烟改性双基推进剂燃烧性能的影响[J]. 含能材料, 2007, 15(4): 329-331.

[22] 周起槐, 陈仁敏, 刘继华, 等. 复合改性双基(CMDB)推进剂燃烧特性译文集[M]. 北京: 北京工业学院出版社, 1979.

[23] 赖华锦. 固体贫氧推进剂辐射点火与燃烧过程研究[D]. 南京: 南京理工大学, 2017.

[24] 黄耀. 基于呋咱类配体的新型金属配合物的合成、单晶结构及其对高氯酸铵的催化性能研究[D]. 绵阳: 西南科技大学, 2021.

[25] 扈颖慧. 高氯酸铵基复合含能材料的制备及分解与燃烧性能的研究[D]. 哈尔滨: 哈尔滨工业大学, 2020.

[26] 王守范. 固体火箭发动机燃烧与流动[M]. 北京: 北京工业学院出版社, 1987.

[27] 王克秀, 李葆萱, 吴心平. 固体火箭推进剂及燃烧[M]. 北京: 国防工业出版社, 1983.

[28] 谢明召, 衡淑云, 刘子如, 等. RDX-CMDB 推进剂的催化热分解Ⅱ. 分解气体产物和催化作用机理[J]. 含能材料, 2008, 16(6): 716-720.

[29] 宁晃, 高歌. 燃烧室气动力学[M]. 北京: 科学出版社, 1987.

[30] 钟雷, 商黎鹏, 李吉祯. 纳米燃烧催化剂在固体推进剂中的应用研究[J]. 飞航导弹, 2008, 3: 47-49.

[31] 张晓宏. 纳米级氧化铅在双基推进剂中的应用研究[D]. 北京: 北京理工大学, 2000.

[32] 胥会祥, 樊学忠, 刘关利. 纳米材料在推进剂应用中的研究进展[J]. 含能材料, 2003, 11(2): 94-98.

[33] 张晓宏, 龙村, 王铁成, 等. 纳米级氧化铅对双基推进剂燃烧性能影响的研究[J]. 火炸药学报, 2002, 2: 39-41.

[34] 王瑛, 张晓宏, 陈雪莉, 等. 改性双基推进剂组合装药界面力学性能[J]. 含能材料, 2011, 19(3): 287-290.

[35] 张平. 燃烧诊断学[M]. 北京: 兵器工业出版社, 1988.

[36] 孙维申. 固体火箭发动机不稳定燃烧[M]. 北京: 北京工业学院出版社, 1988.

[37] 苗瑞生, 居贤铭. 火箭气体动力学[M]. 北京: 国防工业出版社, 1988.

[38] 张佩, 张晓宏. 固体推进剂高熔点燃烧稳定剂的研究进展[J]. 飞航导弹, 2010, 8: 91-94.

[39] 庞爱民, 等. 固体火箭推进剂理论与工程[M]. 北京: 宇航出版社, 2014.

[40] 孙朝翔. 宽泛应变率和温度下改性双基推进剂本构模型及应用研究[D]. 南京: 南京理工大学, 2017.

[41] 张建彬. 双基推进剂屈服准则及粘弹塑性本构模型研究[D]. 南京: 南京理工大学, 2013.

[42] 刘远祥, 胡少青, 张亚俊, 等. 不同拉伸速率下改性双基推进剂的力学特性[J]. 推进技术, 2022, 43(1): 200757.

[43] 张亚俊, 李吉祯, 唐秋凡, 等. 不同含氮量 NC 对 CMDB 推进剂力学性能的影响[J]. 火炸药学报, 2018, 41(6): 605-610.

[44] 王晗, 樊学忠, 刘小刚, 等. 浇铸型高能 CMDB 推进剂的力学性能[J]. 含能材料, 2010, 18(1): 88-92.

[45] 张亚俊, 樊学忠, 李吉祯, 等. 湿热环境对无烟改性双基推进剂性能的影响[J]. 火炸药学报, 2013, 36(4): 65-68.

[46] 魏晓林, 周建辉, 李宏岩, 等. 固体推进剂装药结构完整性分析的研究进展[J]. 兵器装备工程学报, 2022, 43(1): 19-26.

[47] 刘远祥, 卢莹莹, 胡少青, 等. 温度冲击下变截面圆孔装药的热力耦合分析[J]. 航空动力学报, 2021, 36(4): 851-860.

[48] 任玉立, 陈少镇. 火炸药化学与工艺学[M]. 北京: 国防工业出版社, 1981.

[49] 王贵恒. 高分子材料成型加工原理[M]. 北京: 化学工业出版社, 1991.

[50] 庞爱民. 固体推进剂性能与技术[J]. 含能材料, 2022, 30(8): 758.

[51] 田长华, 谢五喜, 王琳, 等. 浇铸单室双推固体推进剂界面力学性能研究[J]. 科学技术与工程, 2015, 15(22): 153-156.

[52] 徐建华, 王泽山. 改性双基球形药的制备工艺研究[J]. 火炸药学报, 2001, 2: 9-11.

[53] 萨顿, 比布兹拉. 火箭发动机基础[M]. 洪鑫, 等, 译. 北京: 科学出版社, 2003.

[54] 孙万玲. X 射线检测问答[M]. 北京: 国防工业出版社, 1984.

[55] 张丽涵, 薛琪, 王瑛, 等. 基于内窥检测技术的固体推进剂装药缺陷检测方法[J]. 测控技术, 2014, 33(8): 41-44.

[56] 李涛, 张乐, 赵锴, 等. 固体火箭发动机缺陷分析及其无损检测技术[J]. 无损检测, 2006, 28(10): 541-544.